绿色建筑与绿色施工
(第2版)

郝永池　郭东海　主　编
薛　勇　杨晓青　李学勇　副主编

清华大学出版社
北　京

内 容 简 介

本书共分为 8 章，内容包括认知绿色建筑和绿色施工，绿色建筑之安全耐久，绿色建筑之健康舒适，绿色建筑之生活便利，绿色建筑之资源节约，绿色建筑之环境宜居，绿色建筑之提高与创新，绿色施工。每一章都有相应的实训训练。

本书为高等职业教育建筑设计类专业规划教材，可作为土木工程、建筑工程、工程管理等相关专业的教材，也可供有关工程技术人员参考。

图书在版编目(CIP)数据

绿色建筑与绿色施工/郝永池，郭东海主编. —2 版. —北京：清华大学出版社，2021.5
ISBN 978-7-302-57193-3

Ⅰ. ①绿…　Ⅱ. ①郝…　②郭…　Ⅲ. ①生态建筑—建筑施工—高等职业教育—教材　Ⅳ. ①TU74

中国版本图书馆 CIP 数据核字(2020)第 260285 号

责任编辑： 石　伟
装帧设计： 刘孝琼
责任校对： 周剑云
责任印制： 宋　林
出版发行： 清华大学出版社
网　址：http://www.tup.com.cn, http://www.wqbook.com
地　址：北京清华大学学研大厦 A 座　　邮　编：100084
社 总 机：010-62770175　　邮　购：010-62786544
投稿与读者服务：010-62776969, c-service@tup.tsinghua.edu.cn
质量反馈：010-62772015, zhiliang@tup.tsinghua.edu.cn
课件下载：http://www.tup.com.cn, 010-62791865
印 装 者： 三河市龙大印装有限公司
经　销： 全国新华书店
开　本： 185mm×260mm　　**印　张：** 13.75　　**字　数：** 334 千字
版　次： 2015 年 1 月第 1 版　2021 年 6 月第 2 版　　**印　次：** 2021 年 6 月第 1 次印刷
定　价： 39.00 元

产品编号：084980-01

前　言

随着经济的发展、科技的进步，以及人们生活水平的不断提高，人们的生存环境越来越受到广泛的关注，绿色建筑已成为土木建筑业发展的主要方向。因此，绿色建筑对提高建筑业的整体技术水平，规范建筑设计与施工，保证建筑工程的安全耐久、健康舒适、节能环保，具有十分重要的意义。建设绿色建筑是建筑行业中重要的内容，在建筑工程中有着重要地位。

为满足建筑行业高职高专教育的需要，培养适应新型工业化生产、建设、服务和管理等一线需要的高素质技术技能人才，我们组织编写了本书。本书正是结合高职高专教育的特点，突出了教材的实践性和新颖性。本书编写在力求做到保证知识的系统性和完整性的前提下，以项目划分教学章节，共分为：认知绿色建筑和绿色施工、绿色建筑之安全耐久、绿色建筑之健康舒适、绿色建筑之生活便利、绿色建筑之资源节约、绿色建筑之环境宜居、绿色建筑之提高与创新、绿色施工等 8 个教学项目。每个教学项目在介绍基本知识的同时，增加了操作训练，让学生在真实环境下进行实训练习，强化专业技能的培养。

本书在编写过程中，吸取了当前绿色建筑和绿色施工中应用的施工新技术、新方法，并认真贯彻我国现行规范及有关政策，从而增强了应用性、综合性，具有时代性的特征。每个教学项目除有一定量的习题和思考题外，还增加了具有行业特点且内容较全面的工程案例，以求通过案例来培养学生的综合应用能力。

本书由河北工业职业技术学院郝永池、河北农林科学院郭东海任主编，河北工业职业技术学院薛勇、杨晓青、李学勇任副主编，韩宏彦、刘玉、曹宽等参加了本书的编写。全书由郝永池统稿、修改并定稿。河北工业职业技术学院袁利国审阅了此书，并提出宝贵意见。在本书编写过程中，得到了有关单位和个人的大力支持。另外，在编写过程中还参考了许多教材、文献、专著等，在此一并表示感谢。

限于作者水平，加上时间仓促，本书难免存在不少疏漏和不足之处，敬请读者提出宝贵意见，以便我们改正。

编　者

目　录

第 1 章　认知绿色建筑和绿色施工

【内容提要】

本章以绿色建筑和绿色施工为对象，主要讲述绿色建筑和绿色施工的基本概念、分类和特点；绿色建筑的产生与发展，中国绿色建筑和绿色施工评价标准；绿色建筑的特点和基本要求等内容，对绿色建筑和绿色施工有一个初步的认知和了解。并以绿色建筑和绿色施工调研报告作为本教学单元的实践训练项目，使学生初步认知绿色建筑和绿色施工。

【技能目标】

- 通过对绿色建筑基本知识的识读，巩固已学的相关绿色建筑的基础知识以及了解绿色建筑的概念、特点及发展历程。
- 通过对绿色建筑评价标准的识读，掌握绿色建筑的规范、标准、法律法规及相关基本要求。
- 通过对绿色施工的识读，了解绿色施工的概念、特点及绿色施工评价标准。

本章是为了全面训练学生对绿色建筑和绿色施工的基本知识、绿色建筑和绿色施工基本规定等的认知能力，要求学生对绿色建筑和绿色施工基础知识进行认知和理解而设置的。

【项目导入】

在 1992 年巴西的里约热内卢“联合国环境与发展大会”上，与会者第一次明确提出了“绿色建筑”的概念，绿色建筑由此渐成一个兼顾环境关注与舒适健康的研究体系，并在越来越多的国家实践推广中，成为当今世界建筑发展的重要方向。

1.1　绿色建筑基本知识

【学习目标】了解绿色建筑的基本概念、特点和发展历程，掌握绿色建筑的全寿命周期理念。

1. 绿色建筑的基本概念

绿色建筑正是遵循了保护环境、节约资源、确保人居环境质量这样一些可持续发展的基本原则，由西方发达国家于 20 世纪 70 年代率先提出的这样一种建筑理念。

英国人 A.Gordon 在 1964 年提出的“全寿命周期成本管理”理论，对建筑物而言，其前期决策、勘察设计、施工、使用维修乃至拆除各个阶段的管理相互关联而又相互制约，构成一个全寿命管理系统，为保证和延长建筑物的实际使用年限，必须根据其全寿命周期来制定质量安全管理制度。

美国加利福尼亚环境保护协会对绿色建筑的定义：绿色建筑也叫可持续建筑，是一种在设计、修建、装修或在生态和资源方面有回收利用价值的建筑形式。

我国国家标准《绿色建筑评价标准》GB/T 50378—2019中给出了明确的定义：它是指在全寿命周期内，节约资源、保护环境、减少污染，为人们提供健康、适用、高效的使用空间，最大限度地实现人与自然和谐共生的高质量建筑。

从概念上来讲，绿色建筑主要包含三点：①节约资源，包含建筑的节能、节水、节材、节地，主要是强调减少各种资源的浪费；②保护环境，强调的是减少环境污染，减少二氧化碳排放；③满足人们使用上的要求，为人们提供“健康”“适用”和“高效”的使用空间。只有做到了以上三点，才可称之为绿色建筑。

“健康”“适用”和“高效”这三个词就是绿色建筑概念的缩影，“健康”代表以人为本，满足人们使用需求；“适用”则代表节约资源，不奢侈浪费，不做豪华型建筑；“高效”则代表着资源能源的合理利用，同时减少二氧化碳排放和环境污染。绿色建筑代表了现代建筑的发展方向：建造与自然和谐共生、相依相存，注重人的恬静以及人与天然环境的和谐，而且坚固耐久的高质量建筑。

2. 绿色建筑的特点

绿色建筑安全、健康、舒适、高效卫生、与自然和谐共处、可持续发展，其主要特点如下。

1) 绿色建筑的全寿命周期性

绿色建筑的实现要求我们建造的建筑物要最低限度地影响环境，最大限度地节约资源，要求必须从规划、设计、施工、使用等方面综合考虑。在建筑规划、选址时就要考虑减少资源的消耗、与周围环境的和谐相处和对周围环境的保护；在施工过程中通过科学有效的管理和技术革新，最大限度地节约资源并减少对环境负面影响；在规划、设计和施工中要考虑建筑物的使用，综合考虑建造成本、使用成本和维修成本，体现出绿色建筑的全寿命周期性。

2) 绿色建筑的环保性

绿色建筑要求尽可能节约资源、保护环境、循环利用、降低污染。在设计和建造绿色建筑时，使用清洁的可再生能源(太阳能、风能、水能、地热等)和应用高科技无污染的施工技术，避免对自然环境的干扰。

3) 绿色建筑的综合性

在绿色建筑的设计和施工中应从场地质量、环境影响、能源消耗、水资源消耗、材料与资源、室内环境质量等多方面着手，力求与周围环境的和谐，尽量少地破坏和恢复原有自然状态，充分利用可再生能源，节约材料消耗。这就需要加强新材料的研发、新技术的应用、绿色施工方案的评估、高效的施工管理等综合能力的提高。

4) 绿色建筑的经济性

通过合理地设计和施工组织可以减少能源消耗、降低重复劳动、充分利用自然资源、降低全寿命周期成本，体现出绿色建筑的经济性。

3. 国外绿色建筑发展

20 世纪 60 年代，美国建筑师保罗・索勒瑞提出了生态建筑的新理念。

1969 年，美国建筑师麦克哈格著《设计结合自然》一书，标志着生态建筑学的正式诞生。

20 世纪 70 年代，石油危机使得太阳能、地热、风能等各种建筑节能技术应运而生，节能建筑成为建筑发展的先导。

1980 年，世界自然保护组织首次提出“可持续发展”的口号，同时节能建筑体系逐渐完善，并在德、英、法、加拿大等发达国家广泛应用。

1987 年，联合国环境署发表《我们共同的未来》报告，确立了可持续发展的思想。

1992 年，“联合国环境与发展大会”使可持续发展思想得到推广，绿色建筑逐渐成为发展方向。

4. 我国绿色建筑评价体系发展历程

2004 年 9 月，建设部“全国绿色建筑创新奖”的启动标志着我国的绿色建筑进入了全面发展阶段。

2005 年 3 月，召开的首届国际智能与绿色建筑技术研讨会暨技术与产品展览会(每年一次)，公布“全国绿色建筑创新奖”获奖项目及单位，同年发布了《建设部关于推进节能省地型建筑发展的指导意见》。

2006 年 6 月，国家标准《绿色建筑评价标准》GB/T 50378—2006 发布实施。

2007 年 8 月，出台《绿色建筑评价标识管理办法(试行)》和《绿色建筑评价技术细则(试行)》。

2008 年，成立城市科学研究会节能与绿色建筑专业委员会。

2008 年 4～8 月，组织开展第一批绿色建筑设计评价标识项目申报、评审、公示，15 个项目授予标识(截至 2012 年 3 月，全国共评出 371 个绿色建筑标识项目)。

2009 年 6 月，印发《关于推进一二星级绿色建筑评价标识工作的通知》(建科〔2009〕109 号)、《一二星级绿色建筑评价标识管理办法(试行)》。

2009 年 11 月月底，在积极迎接哥本哈根气候变化会议召开之前，我国政府作出决定，到 2020 年单位国内生产总值二氧化碳排放将比 2005 年下降 40%～45%，作为约束性指标纳入国民经济和社会发展中长期规划，并制定相应的国内统计、监测、考核。

2010 年，各省市已制定地方标准并开展绿色建筑一二星级评价标识工作。

2009 年、2010 年，分别启动了《绿色工业建筑评价标准》《绿色办公建筑评价标准》《绿色医院建筑评价标准》编制工作，出版《民用建筑绿色设计规范》JGJ/T 229—2010、《建筑工程绿色施工评价标准》GB/T 50640—2010。

2014 年，国家标准《绿色建筑评价标准》GB/T 50378—2014 发布实施，替代《绿色建筑评价标准》GB/T 50378—2006。

2015 年 7 月，出台新版《绿色建筑评价技术细则》。

2019年，国家标准《绿色建筑评价标准》GB/T 50378—2019发布实施，替代《绿色建筑评价标准》GB/T 50378—2014。

我国绿色建筑历经10余年的发展，已实现从无到有、从少到多、从个别城市到全国范围，从单体到城区、到城市规模化的发展，直辖市、省会城市及计划单列市保障性安居工程已全面强制执行绿色建筑标准。绿色建筑实践工作稳步推进、绿色建筑发展效益明显，从国家到地方、从政府到公众，全社会对绿色建筑的理念、认识和需求逐步提高，绿色建筑蓬勃开展。《住房城乡建设事业“十三五”规划纲要》不仅提出到2020年城镇新建建筑中绿色建筑推广比例超过50%的目标，还部署了进一步推进绿色建筑发展的重点任务和重大举措。

随着我国生态文明建设和建筑科技的快速发展，我国绿色建筑在实施和发展过程中遇到了新的问题、机遇和挑战。建筑科技发展迅速，建筑工业化、海绵城市、建筑信息模型、健康建筑等高新建筑技术和理念不断涌现并投入应用。党的十九大报告指出，中国特色社会主义进入新时代，我国社会主要矛盾已经转化为人民日益增长的美好生活需要和不平衡不充分的发展之间的矛盾；指出增进民生福祉是发展的根本目的，要坚持以人民为中心，坚持在发展中保障和改善民生，不断满足人民日益增长的美好生活需要，使人民获得感、幸福感、安全感更加充实；提出推进绿色发展，建立健全绿色低碳循环发展的经济体系，构建市场导向的绿色技术创新体系，推进资源全面节约和循环利用，实施国家节水行动，降低能耗、物耗，实现生产系统和生活系统循环链接，倡导简约适度、绿色低碳的生活方式，开展创建节约型机关、绿色家庭、绿色学校、绿色社区和绿色出行等行动。

1.2 绿色建筑评价标准

【学习目标】了解《绿色建筑评价标准》GB/T 50378—2019的基本内容和绿色建筑评价技术细则，掌握绿色建筑的等级划分。

住房和城乡建设部发布公告，批准新版国家标准《绿色建筑评价标准》GB/T 50378—2019自2019年8月1日起实施，原《绿色建筑评价标准》GB/T 50378—2014同时废止。

1. 《绿色建筑评价标准》GB/T 50378—2019

《绿色建筑评价标准》是我国发布的有关绿色建筑的综合性国家标准，从住宅和公共建筑全寿命周期出发，多目标、多层次对绿色建筑进行综合性评价的推荐性国家标准。

《绿色建筑评价标准》GB/T 50378—2019共分9章，主要技术内容是：总则、术语、基本规定、安全耐久、健康舒适、生活便利、资源节约、环境宜居、提高与创新等。

《绿色建筑评价标准》用于评价民用建筑，规定绿色建筑评价指标体系由安全耐久、健康舒适、生活便利、资源节约、环境宜居等5类指标组成。

2. 《绿色建筑评价标准》编制原则

(1) 借鉴国际先进经验，结合我国国情。

(2) 重点突出“四节”与环保要求。

(3) 体现过程控制。

(4) 定量和定性相结合。

(5) 系统性与灵活性相结合。

3. 绿色建筑评价标准基本规定

1) 总则

为贯彻落实绿色发展理念，满足人民日益增长的美好生活的需要，节约资源，保护环境，推进绿色建筑高质量发展，制定《绿色建筑评价标准》。

《绿色建筑评价标准》适用于民用建筑绿色性能的评价。

绿色建筑评价应遵循因地制宜的原则，结合建筑所在地域的气候、环境、资源、经济及文化等特点，对建筑全寿命期内的安全耐久、健康舒适、生活便利、资源节约、环境宜居等性能进行综合评价。

绿色建筑应结合地形地貌进行场地设计与建筑布局，且建筑布局应与场地的气候条件和地理环境相适应，并应对场地的风环境、光环境、热环境、声环境等加以组织和利用。

绿色建筑的评价除应符合标准的规定外，尚应符合国家现行有关标准的规定。

2) 绿色建筑相关术语

(1) 绿色建筑。在全寿命期内，节约资源、保护环境、减少污染，为人们提供健康、适用、高效的使用空间，最大限度地实现人与自然和谐共生的高质量建筑。

(2) 绿色性能。涉及建筑安全耐久、健康舒适、生活便利、资源节约(节地、节能、节水、节材)和环境宜居等方面的综合性能。

(3) 全装修。在交付使用前，住宅建筑内部墙面、顶面、地面全部铺贴、粉刷完成，门窗、固定家具、设备管线、开关插座及厨房、卫生间固定设施安装到位；公共建筑公共区域的固定面全部铺贴、粉刷完成，水、暖、电、通风等基本设备全部安装到位。

(4) 热岛强度。城市内一个区域的气温与郊区气温的差别，用二者代表性测点气温的差值表示，是城市热岛效应的表征参数。

(5) 绿色建材。在全寿命期内可减少资源消耗和减轻对生态环境影响，具有节能、减排、安全、健康、便利和可循环特征的建材产品。

3) 一般规定

(1) 绿色建筑应以单栋建筑或建筑群为评价对象。评价对象应落实并深化上位法定规划及相应专项规划提出的绿色发展要求；涉及系统性、整体性的指标，应基于建筑所属工程项目的总体进行评价。

(2) 绿色建筑评价应在建设工程竣工验收后进行。在建筑工程施工图设计完成后，可进行预评价。

(3) 申请评价方应对参评建筑进行全寿命期技术和经济分析，选用适宜技术、设备和材料，对规划、设计、施工、运行阶段进行全过程控制，并提交相应分析、测试报告和相关文件。申请评价方应对所提交资料的真实性和完整性负责。

(4) 评价机构应对申请评价方提交的分析、测试报告和相关文件进行审查，出具评价报告，确定等级。

(5) 申请绿色金融服务的建筑项目，应对节能措施、节水措施、建筑能耗和碳排放等进行计算和说明，并应形成专项报告。

4. 评价与等级划分

(1) 绿色建筑评价指标体系由安全耐久、健康舒适、生活便利、资源节约、环境宜居 5 类指标组成，且每类指标均包括控制项和评分项。评价指标体系还统一设置加分项。

(2) 控制项的评定结果应为达标或不达标；评分项和加分项的评定结果应为分值。

(3) 对于多功能的综合性单体建筑，应按本标准全部评价条文逐条对适用的区域进行评价，确定各评价条文的得分。

(4) 绿色建筑评价的分值设定应符合表 1.1 的规定。

表 1.1　绿色建筑评价分值

	控制项基础分值	评价指标评分项满分值					提高与创新加分项满分值
		安全耐久	健康舒适	生活便利	资源节约	环境宜居	
预评价分值	400	100	100	70	200	100	100
评价分值	400	100	100	100	200	100	100

注：预评价时，有关物业管理方面的条款不得分。

(5) 绿色建筑评价的总得分应按式(1-1)进行计算。

$$Q=Q_0+Q_1+Q_2+Q_3+Q_4+Q_5+Q_A \tag{1-1}$$

式中：Q——总得分；

Q_0——基本级绿色建筑的基础分值；

Q_1～Q_5——评价指标体系 5 类指标，分别为安全耐久、健康舒适、生活便利、资源节约、环境宜居；

Q_A——加分项的总附加得分。

(6) 绿色建筑划分为基本级、一星级、二星级、三星级 4 个等级。

(7) 当绿色建筑满足全部控制项要求时，绿色建筑等级为基本级。

(8) 绿色建筑星级等级应按下列规定确定。

① 一星级、二星级、三星级 3 个等级的绿色建筑均应满足本标准全部控制项的要求，且每类指标的评分项得分应不小于其评分项满分值的 30%。

② 一星级、二星级、三星级 3 个等级的绿色建筑均应进行全装修，全装修工程质量、选用材料及产品质量应符合国家现行有关标准的规定。

③ 当总得分分别达到 60 分、70 分、85 分且满足表 1.2 的要求时，绿色建筑等级分别为一星级、二星级、三星级。

表 1.2　一星级、二星级、三星级绿色建筑的技术要求

	一星级	二星级	三星级
围护结构热工性能的提高比例，或建筑供暖空调负荷降低比例	围护结构提高 5%，或负荷降低 5%	围护结构提高 10%，或负荷降低 10%	围护结构提高 20%，或负荷降低 15%

续表

	一星级	二星级	三星级
严寒和寒冷地区住宅建筑外窗传热系数降低比例	5%	10%	20%
节水器具用水效率等级	3 级	2 级	
住宅建筑隔声性能	—	室外与卧室之间、分户墙(楼板)两侧卧室之间的空气声隔声性能以及卧室楼板的撞击声隔声性能达到低限标准限值和高要求标准限值的平均值	室外与卧室之间、分户墙(楼板)两侧卧室之间的空气声隔声性能以及卧室楼板的撞击声隔声性能达到高要求标准限值
室内主要空气污染物浓度降低比例	10%	20%	
外窗气密性能	符合国家现行相关节能设计标准的规定，且外窗洞口与外窗本体的结合部位应严密		

注：1. 围护结构热工性能的提高基准、严寒和寒冷地区住宅建筑外窗传热系数降低基准均为国家现行相关建筑节能设计标准的要求。

2. 住宅建筑隔声性能对应的标准为现行国家标准《民用建筑隔声设计规范》GB 50118。

3. 室内主要空气污染物包括氨、甲醛、苯、总挥发性有机物、氡、可吸入颗粒物等，其浓度降低基准为现行国家标准《室内空气质量标准》GB/T 18883 的有关要求。

1.3 绿色施工

【学习目标】了解绿色施工的基本概念，掌握绿色施工评价标准的基本内容。

1. 绿色施工的概念

绿色施工是指在保证质量、安全等基本要求的前提下，通过科学管理和技术进步，最大限度地节约资源，减少对环境的负面影响，实现“四节一环保”(节能、节材、节水、节地和环境保护)的建筑工程施工活动。

绿色建筑主要是从规划设计阶段对建筑进行评价，对施工环节没有严格的要求，而绿色施工则着手提出施工环节中的“四节一环保”。因此严格地说，绿色建筑应该包括绿色施工。绿色建筑不见得通过绿色施工才能完成，而绿色施工成果也不一定是绿色建筑。当然，绿色建筑能通过绿色施工完成最好。

2. 绿色施工导则

2007 年，我国建设部出台《绿色施工导则》，对绿色施工提出标准化要求与管理。在我国经济快速发展的现阶段，建筑业大量消耗资源、能源，也对环境产生较大影响，建设部编制、出台《绿色施工导则》有极其重要的社会背景和现实意义。

我国尚处于经济快速发展阶段，年建筑量世界排名第一，建筑规模已经占到世界的45%，建筑业每年消耗大量能源、资源。如我国已连续20多年蝉联世界第一水泥生产大国，因水泥生产排放的二氧化碳高达5.5亿吨，而美国仅0.5亿吨。年混凝土搅拌与养护用自来水10亿吨，而国家每年缺水60亿吨。

建筑垃圾问题也相当严重。据北京、上海两地统计，施工10 000 m^2的建筑垃圾达500～600吨，均是由新材料演变而生，在施工环节中属明显的资源浪费、材料浪费。

这些高污染、高消耗的数字令人触目惊心。

从目前施工环节来看，存在着如上所述诸多“四不节”现象。推广绿色建筑，旨在开展绿色施工技术的基础性研究，探索实现绿色施工的方法和途径，为在建筑工程施工中推广绿色施工技术、推行绿色施工评价奠定基础，反映建筑领域可持续发展理念，积极引导，大力发展绿色施工，促进节能省地型住宅和公共建筑的发展。

《绿色施工导则》推动作为大量消耗资源、影响环境的建筑业，全面实施绿色施工，承担起可持续发展的社会责任，将绿色的理念贯穿绿色建筑的全过程。

更主要的是，当前气候环境问题已经引起全球的高度重视，我国政府在节能减排方面的态度很坚定，目标也很明确，在这种形势下实施推广绿色施工有着极为鲜明的现实意义。

3. 建筑工程绿色施工评价标准

2010年，制定了《建筑工程绿色施工评价标准》GB/T 50640—2010，确定了绿色施工评价与等级划分。

(1) 绿色施工评价指标体系由施工管理、环境保护、节材与材料资源利用、节水与水资源利用、节能与能源利用、节地与施工用地保护等6类指标组成，每类指标包括控制项、一般项与优选项。

(2) 绿色施工评价以一个施工项目为对象，分为施工过程评价、施工阶段评价、单位工程评价三个层次。

单位工程划分为地基与基础、主体结构(含屋面)、装饰装修与安装三个施工阶段，每个施工阶段又按时间段或形象进度划分为若干个施工过程。

群体工程或面积较大分段流水施工的项目，在同一时间内两个或三个施工阶段同时施工，可按照工程量较大的原则划分施工阶段。

(3) 施工过程、施工阶段和单位工程评价均可按照满足本标准的程度，划分为基本绿色、绿色、满意绿色三个等级。

(4) 绿色施工过程评价方法及等级划分。

① 控制项全部符合要求。

② 各类指标中的一般项满分为100分，按满足要求程度逐项评定得分(最低为0分，最高为该项应得分)，然后计算一般项合计得分。如有不发生项，按实际发生项评定实际得分(实际得分和/应得分和)×100。

③ 每类指标中的优选项满分为20分，按实际发生项满足要求的程度逐项评定加分(最低为0分，最高为该项应加分)，然后计算优选项合计加分。

④ 该类指标合计得分= 一般项合计得分+优选项合计加分。

⑤ 该过程评价总分为 6 类指标合计得分总和。

⑥ 评价总分≥360 分时，评价为基本绿色；评价总分≥450 分时，评价为绿色；评价总分≥540 分时，评价为满意绿色。

(5) 施工阶段绿色施工评价。

① 施工阶段绿色施工评价在该阶段施工基本完成并在过程评价的基础上进行。施工阶段评价包括现场评价和复核过程评价档案资料两个部分。

② 现场评价按照绿色施工过程评价方法进行。

③ 当现场评价为基本绿色，该阶段所有过程评价结果均为基本绿色以上，该施工阶段评价为基本绿色。

④ 当现场评价为绿色，该阶段所有过程评价结果 50%为绿色以上，且所有过程评价总分平均≥450 分，该施工阶段评价为绿色。

⑤ 当现场评价为满意绿色，该施工阶段所有过程评价结果 50%为满意绿色，且所有过程评价总分平均≥540 分，可评价为满意绿色。

注：按本条 ④、⑤ 款确定评价等级时，当不完全满足本款条件时，按下一等级条件确定评价等级，依此类推。

(6) 单位工程绿色施工评价。

① 单位工程绿色施工评价在竣工交验后进行。

② 单位工程评价主要汇总、复核施工阶段评价资料。

③ 当单位工程只有一个施工阶段时(如单独的装饰或安装工程等)，施工阶段评价等级即为单位工程评价等级。

④ 当单位工程含有两个施工阶段时，按以下条件确定评价等级。

a. 一个施工阶段评价为满意绿色，另一个施工阶段评价为绿色以上，单位工程评价为满意绿色。

b. 一个施工阶段评价为绿色以上，另一个施工阶段评价为基本绿色以上且该阶段所有过程评价总分平均≥420 分时，单位工程评价为绿色。

c. 两个施工阶段均评价为基本绿色以上，达不到本款 a、b 项规定条件的，单位工程评价为基本绿色。

⑤ 当单位工程含有三个施工阶段时，按以下条件确定评价等级。

a. 三个施工阶段中有两个评价为满意绿色，其中主体阶段必须为满意绿色，另一个为绿色以上时，单位工程评价为满意绿色。

b. 三个施工阶段中有两个评价为绿色以上，其中主体阶段必须为绿色以上，另一个施工阶段为基本绿色以上且该施工阶段所有过程评价总分≥420 分时，该单位工程评价为绿色。

c. 三个施工阶段均评价为基本绿色以上，达不到本款 a、b 项规定条件的，单位工程评价为基本绿色。

(7) 绿色施工评价组织。

① 施工过程评价由项目经理组织相关人员(亦可聘请外部相关人员参加)进行评价，填写评价记录，收集相关证明资料，并建立评价档案。

② 施工过程评价按时间段或工程形象进度控制评价频率，每个阶段至少评价 2 次；

阶段工期超过一个月的，每月评价一次。

③ 施工阶段和单位工程评价，应由公司(直营公司)组织相关人员进行评价。

4. 绿色施工与文明施工的关系

文明施工在我国施工企业的实施有一定的历史，宗旨是“文明”，也有环境保护等内涵。文明施工是指保持施工场地整洁、卫生，施工组织科学，施工程序合理的一种施工活动。文明施工的基本条件包括：有整套的施工组织设计(或施工方案)，有严格的成品保护措施和制度，大小临时设施和各种材料、构件、半成品按平面布置堆放整齐，施工场地平整，道路畅通，排水设施得当，水电线路整齐，机具设备状况良好，使用合理，施工作业符合消防和安全要求等。

绿色施工是在新的历史时期，为贯彻可持续发展、适应国际发展潮流而提出的新理念，核心是“四节一环保”，除了更严格的环境保护要求外，还要节材、节水、节地、节能，所以绿色施工高于文明施工，严于文明施工。

项 目 实 训

【实训内容】

学生到绿色建筑或绿色施工工程现场初步调研，完成调研报告。

【实训目的】

为了让学生了解绿色建筑或绿色施工工程现场的基本状况，确立绿色建筑或绿色施工的基本理念，通过现场调研综合实践，全面增强理论知识和实践能力，尽快了解企业、接受企业文化熏陶，提升整体素质，为今后的专业学习有个感性认识，为确定学习目标打下思想理论基础。

【实训要点】

(1) 学生必须高度重视，服从领导安排，听从教师指导，严格遵守实习单位的各项规章制度和学校提出的纪律要求。

(2) 学生在实习期间应认真、勤勉、好学、上进，积极主动完成调研报告。

(3) 学生在实习中应做到：①将所学的专业理论知识同实习单位实际和企业实践相结合；②将思想品德的修养同良好职业道德的培养相结合；③将个人刻苦钻研同虚心向他人求教相结合。

【实训过程】

1) 实训准备

(1) 做好实训前相关资料查阅，熟悉绿色建筑现场的基本要求及注意事项。

(2) 联系参观企业现场，提前沟通好各个环节。

2) 调研内容

调研内容主要包括绿色建筑项目概况、绿色建筑或绿色施工工程措施和方法、绿色建筑文化等。

3) 调研步骤

(1) 领取调研任务。

(2) 分组并分别确定实训企业和现场地点。

(3) 亲临现场参观调研并记录。

(4) 整理调研资料，完成调研报告。

4) 教师指导点评和疑难解答

5) 部分带队讲解

6) 进行总结

【实训项目基本步骤表】

步　骤	教师行为	学生行为
1	交代实训工作任务背景，引出实训项目	分好小组； 准备调研工具，施工现场戴好安全帽
2	布置现场调研应做的准备工作	
3	使学生明确调研步骤和内容，帮助学生落实调研企业	
4	学生分组调研，教师巡回指导	完成调研报告
5	点评调研成果	自我评价或小组评价
6	布置下节课的实训作业	明确下一步的实训内容

【实训小结】

项目：		指导老师：
项目技能	技能达标分项	备　注
调研报告	内容完整　得2.0分 符合施工现场情况　得2.0分 佐证资料齐全　得1.0分	根据职业岗位所需、技能需求，学生可以补充完善达标项
自我评价	对照达标分项　得3分为达标 对照达标分项　得4分为良好 对照达标分项　得5分为优秀	客观评价
评议	各小组间互相评价 取长补短，共同进步	提供优秀作品观摩学习

自我评价　　　　　　　　　　　　　个人签名

小组评价　达标率＿＿＿＿＿＿　　　组长签名＿＿＿＿＿＿＿＿

　　　　　良好率＿＿＿＿＿＿

　　　　　优秀率＿＿＿＿＿＿

年　　月　　日

小　结

绿色建筑是指在建筑的全寿命周期内，最大限度地节约资源(节能、节地、节水、节材)、保护环境和减少污染，为人们提供健康、适用和高效的使用空间，与自然和谐共生的建筑。

绿色建筑主要包含了三点：①节约资源，包含建筑的节能、节水、节材、节地，主要是强调减少各种资源的浪费；②保护环境，强调的是减少环境污染，减少二氧化碳排放；③满足人们使用上的要求，为人们提供健康、适用和高效的使用空间。

绿色建筑评价指标体系由安全耐久、健康舒适、生活便利、资源节约、环境宜居等 5 类指标组成。

绿色建筑划分为基本级、一星级、二星级、三星级 4 个等级。

绿色施工是指工程建设中，通过施工策划、材料采购，在保证质量、安全等基本要求的前提下，通过科学管理和技术进步，最大限度地节约资源与减少对环境负面影响的施工活动，强调的是从施工到工程竣工验收全过程的“四节一环保”的绿色建筑核心理念。

绿色施工评价以一个施工项目为对象，分为施工过程评价、施工阶段评价、单位工程评价三个层次。

习　题

思考题

1. 什么是绿色建筑？绿色建筑包含哪些内容？
2. 绿色建筑具有哪些特点？
3. 我国绿色评价体系有哪些阶段性成果？
4. 《绿色建筑评价标准》有哪几类指标？
5. 《绿色建筑评价标准》的编制原则有哪些？
6. 绿色建筑评价指标体系如何构成？
7. 什么是绿色施工？绿色施工导则包含哪些内容？

第2章　绿色建筑之安全耐久

【内容提要】

本章以绿色建筑安全耐久为对象，主要讲述安全耐久的基本概念、含义和重要性。详细讲述了绿色建筑安全性、耐久性的评价标准等内容，并在实训环节提供安全耐久专项评价实训项目，作为本教学章节的实践训练项目，以供学生训练和提高。

【技能目标】

- 通过对绿色建筑安全耐久基本概念的学习，巩固已学的相关建筑结构的基本知识，了解绿色建筑安全耐久的基本概念、含义和重要性。
- 通过对绿色建筑安全性能的学习，要求学生熟练掌握绿色建筑的安全技术。
- 通过对绿色建筑耐久性能的学习，要求学生掌握绿色建筑的耐久性要求。
- 通过对绿色建筑安全耐久评价标准的学习，要求学生掌握绿色建筑安全耐久评价标准。

本章是为了全面训练学生对绿色建筑安全耐久的掌握能力，检查学生对绿色建筑安全耐久内容知识的理解和运用程度而设置的。

【项目导入】

中国是一个发展中大国，又是一个建筑大国，每年新建房屋面积高达17亿～18亿平方米，超过所有发达国家每年建成建筑面积的总和。由于中国无论是城市还是乡镇都正处于全面快速的发展建设时期，建筑工程遍布华夏大地，绿色建筑安全耐久应该成为一个重要的话题来由我们大家共同讨论。

2.1　绿色建筑安全耐久概述

【学习目标】了解绿色建筑安全耐久的基本概念和影响因素，掌握绿色建筑安全耐久检测和目前存在的问题。

1. 建筑安全耐久的基本概念

建筑的结构构件在设计使用年限内应具有足够的安全性、适用性和耐久性。

1) 建筑的安全性

建筑的安全性是指建筑结构在正常设计、正常施工、正常使用条件下，能够承受可能出现的各种作用，如各种荷载、风、地震作用以及非荷载效应(温度效应、结构材料的收缩和徐变、外加变形、约束变形、环境侵蚀和腐蚀等)，即具有足够的承载力。

另外，在偶然荷载作用下，或偶然事件(地震、火宅、爆炸等)发生时和发生后，结构能保持必要的整体稳定性，即结构可发生局部损坏或失效但不应导致结构连续倒塌。

2) 建筑的适用性

建筑的适用性是指建筑结构在正常使用条件下具有良好的工作性能，能满足预定的使用功能要求，其变形、挠度、裂缝及振动等不超过《混凝土结构设计规划》GB 50010—2010和《高层建筑混凝土结构技术规程》JGJ 3—2010等规范规定的相应限值。

3) 建筑的耐久性

建筑的耐久性是指建筑结构在正常使用和正常维护的条件下，应具有足够的耐久性，即在规定的工作环境和预定的设计使用年限内，结构材料性能的恶化不应导致结构出现不可接受的失效概率；钢筋混凝土构件不能因为保护层过薄或裂缝过宽而导致钢筋锈蚀，混凝土也不能因为严重碳化、风化、腐蚀而影响耐久性。

2. 建筑安全耐久的影响因素

1) 建筑安全性能影响因素

影响建筑结构安全性能的因素主要如下。

(1) 外界环境的影响。

① 外力作用的影响。作用在建筑物上的各种外力统称为荷载。荷载可分为恒荷载(如结构自重)和活荷载(如人群、家具、风雪及地震荷载)两类。荷载的大小是建筑结构设计的主要依据，也是结构选型及构造设计的重要基础，起着决定构件尺度、用料多少的重要作用。

② 气候条件的影响。我国各地区地理位置及环境不同，气候条件有许多差异，太阳的辐射热，自然界的风、雨、雪、霜、地下水等构成了影响建筑物的多种因素。故在进行构造设计时，应该针对建筑物所受影响的性质与程度，对各有关构、配件及部位采取必要的防范措施，如防潮、防水、保温、隔热、设伸缩缝、设隔蒸汽层等，以防患于未然。

③ 各种人为因素的影响。在人们生产和生活活动中，建筑往往会遇到火灾、爆炸、机械振动、化学腐蚀、噪声等人为因素的影响，故在进行建筑构造设计时，必须针对这些影响因素，采取相应的防火、防爆、防振、防腐、隔声等构造措施，以防止建筑物遭受不应有的损失。

(2) 建筑技术条件的影响。由于建筑材料技术的日新月异、建筑结构技术的不断发展、建筑施工技术的不断进步，建筑构造技术也不断翻新、丰富多彩。例如，悬索、薄壳、网架等空间结构建筑，点式玻璃幕墙，彩色铝合金等新材料的吊顶，采光天窗中庭等现代建筑设施的大量涌现。可以看出，建筑构造没有一成不变的固定模式，因而在构造设计中要以构造原理为基础，在利用原有的、标准的、典型的建筑构造的同时，不断发展和创造新的构造方案。

(3) 经济条件的影响。随着建筑技术的不断发展和人们生活水平的日益提高，人们对建筑的使用要求也越来越高。建筑标准的变化带来建筑的质量标准、建筑造价等也出现较大差别，对建筑构造的要求也将随着经济条件的改变而发生着大的变化。

2) 建筑耐久性能影响因素

建筑的耐久性是指建筑物在规定的工作环境达到预定的设计使用年限。不同的建筑和环境对建筑的耐久性能的要求也不一样，以钢筋混凝土建筑为例，建筑耐久性能影响因素主要有以下几个方面。

(1) 外部环境的影响。

① 混凝土的冻融。混凝土是多孔的复合材料，外部的水分可以通过毛细作用进入这些孔隙，当温度降至冰点以下时，孔隙中的水冻结膨胀，混凝土构件体积大约可增加 9%。持续冻融的结果是混凝土开裂，甚至崩裂。混凝土的组成、配合比、养护条件和密实度决定了其在饱水状态下抵抗冻融破坏的能力，引气是提高混凝土抗冻性的主要参数。

② 裂缝。混凝土构件尺寸越大，发生温度应力裂缝的可能性也越大。减少混凝土的水泥用量和降低混凝土的初始温度及使用低热水泥、减少混凝土温差等措施，很大程度可避免或减少混凝土的开裂，大大提高了混凝土的耐久性能。

③ 空气中的氯离子。氯离子渗入钢筋表面，会破坏钢筋表面的氧化铁薄膜而引起钢筋锈蚀，锈蚀反应具有膨胀性，可导致混凝土开裂剥落。氯离子渗入引起钢筋锈蚀的破坏速度快，发生非常普遍，往往成为建筑寿命的决定因素。

(2) 内部环境影响。

① 碱-骨料反应。水泥中的碱和骨料中的活性氧化硅发生化学反应，生成碱-硅酸凝胶并吸水产生膨胀压力，致使混凝土开裂的现象称为碱-骨料反应。只有水泥中含有的碱量(折合成 Na_2O)大于 0.6%，而同时骨料中含有活性氧化硅的时候，才可能发生碱-骨料反应。碱-骨料反应通常进行得很慢，因此由碱-骨料反应引起的破坏往往要经过若干年后才会出现。

② 抗冻性。混凝土遭受冻融作用时，冰在毛细管中受到约束而产生巨大的膨胀应力，使内部结构疏松。

③ 体积稳定性。随着环境温湿度的变化，组成混凝土的水泥石和骨料会产生不均匀胀缩变形，在骨料和水泥石的界面上产生分布极不均匀的拉应力，从而形成许多分布很乱的界面裂缝，削弱混凝土的密实性。试验证明，中等的或偏低的强度和弹性模量的骨料对维持混凝土的耐久性很重要。若骨料是可压缩的，则由于湿度和热引起混凝土的体积变化，会在水泥石中产生较低的应力。因此，骨料的可压缩性可减少混凝土的龟裂。此外，粗骨料的粒径尺寸愈大，黏结面积愈小，造成混凝土内部组织的不连续性愈大，特别是水泥用量较多的高强混凝土更为明显。

④ 钢筋锈蚀。

引发钢筋锈蚀主要有两方面原因。

a. 混凝土保护层碳化。在水泥水化过程中生成大量的 $Ca(OH)_2$，使混凝土孔隙中充满饱和的 $Ca(OH)_2$ 溶液，其 pH 大于 12。钢筋在碱性介质中，其表面能生成一层稳定致密的氧化物钝化膜，使钢筋难以锈蚀。但是，碳化会降低混凝土的碱度，当 pH 小于 10 时，钢筋表面的钝化膜就开始被破坏而失去保护作用，并促进锈蚀过程。混凝土的碳化是伴随着 CO_2 向混凝土内部扩散，溶解于混凝土孔隙内的水，再与 $Ca(OH)_2$ 等产物发生反应的复杂的物理化学过程，影响混凝土碳化速度的因素有混凝土的密实度、水化物中 $Ca(OH)_2$ 的含量等内部因素。

b. Cl^-破坏钢筋表面钝化膜。当混凝土中存在 Cl^-且 Cl^-/OH^-的摩尔比大于 0.6 时，即使

pH>12，钢筋表面钝化膜也可以被破坏而遭受锈蚀，这可能是由于钢筋表面的氧化物保护膜在这些条件下或者可渗透或者不稳定所致。提高混凝土的密实度，加大保护层的厚度，能有效阻止外部 Cl^-渗达钢筋表面，避免钢筋锈蚀。但是，混凝土一旦开裂，或者混凝土中本身含有较多 Cl^-，此种方法就无济于事。

⑤ 施工因素。混凝土材料品质低下和混凝土配合比选择不当导致混凝土性能不良，以及施工操作粗糙形成的潜在的混凝土缺陷，都极易使混凝土很快受到破坏，这就需要有良好的施工组织管理来杜绝施工环节的不稳定因素。

⑥ 混凝土养护因素。混凝土的养护是影响混凝土耐久性的又一重要因素。混凝土是一种疏松多孔的混合物，新拌混凝土中存在着大量均匀分布的毛细孔，其中充满水，使水泥进一步进行水化作用，使大孔变成小孔增加混凝土的密实度。因毛细孔是相通的，如外界环境湿度低，毛细孔水会向外蒸发，减少了供给水化的水量。

3. 建筑安全耐久性能检测鉴定

建筑物安全耐久性能鉴定是对民用建筑的结构承载力和结构整体稳定性、耐久性所进行的调查、检测、验算、分析和评定等一系列活动。建筑物安全耐久性检测鉴定包括以下内容。

(1) 对房屋结构安全性、主体工程质量、构件耐久性、使用性存在质疑时的复核检测鉴定。

结构安全性包括地基基础出现不均匀沉降、滑移、变形等；上部承重结构出现开裂、变形、破损、风化、碳化、腐蚀等；围护系统有出现因地基基础不均匀沉降、承重构件承载能力不足而引起的变形、开裂、破损等。

主体工程质量包括混凝土结构以及砖混结构工程的混凝土强度、楼板厚度、钢筋布置情况、截面尺寸、结构布置、钢筋强度、混凝土构件内部缺陷、砖砌体强度、砌筑砂浆强度及施工工艺等；钢结构工程的钢材性能、施工工艺、截面尺寸、结构布置、螺栓节点强度、焊缝质量、涂层厚度等。

(2) 对房屋改变使用用途、拆改结构布置、增加使用荷载、延长设计使用年限、增加使用层数、装修及安装广告屏幕等装修加固改造前的性能检测鉴定或装修加固改造后的验收检测鉴定。

(3) 对受损后的房屋结构安全性进行检测鉴定。

受火灾、台风、雪灾、白蚁侵蚀、化学物品腐蚀及汽车撞击等灾害导致的房屋结构性损伤，应依据原设计要求、国家规范标准及房屋的受灾性质对房屋灾后的结构安全性、使用性及损伤程度进行检测评定，并为后期的使用提供合理有效的加固处理建议。

2.2 绿色建筑安全性能

【学习目标】了解绿色建筑安全性能的基本概念，掌握绿色建筑安全技术。

绿色建筑安全性能包括建筑场地安全、建筑结构安全、建筑围护构件和非结构构件安全、建筑消防及安全疏散等方面。

1. 绿色建筑场地安全

1) 建筑选址的概念

建筑选址是指在建筑实施之前对地址进行论证和决策的过程。首先是指设置的区域以及区域的环境和应达到的基本要求；其次是指建筑具体的地点和方位。

2) 绿色建筑选址基本要求

(1) 根据建筑气候分区，合理进行建筑选址，争取良好的朝向，宜向阳避风。

中国幅员辽阔，地形复杂，由于地理纬度、地势等条件的不同，各地气候相差悬殊，因此，针对不同的气候条件，各地建筑的节能设计都有对应不同的做法。炎热地区的建筑需要遮阳、隔热和通风，以防室内过热；寒冷地区的建筑则要防寒和保温，让更多的阳光进入室内。为了明确建筑和气候两者的科学关系，中国《民用建筑设计统一标准》GB 50352—2019将中国划分为7个主气候区，20个子气候区，并对各个子气候区的建筑设计提出了不同的要求。

(2) 绿色建筑朝向选择考虑因素。

① 冬季有适量的并有一定质量的阳光入射室内。

② 炎热夏季尽量减少太阳直射室内。

③ 夏季有良好的通风，冬季避免冷风吹袭。

④ 充分利用地形并注意节约用地，照顾居住建筑组合的需要。

(3) 绿色建筑节能对建筑选址的要求。

① 建筑主要朝向应注意避开不利风向。

② 利用建筑的组团防御冷风。

③ 设置防风屏障阻隔冷风侵袭。

④ 减少建筑物的冷风渗透耗能。

(4) 绿色建筑组织夏季通风的方法。

① 合理的建筑布局引导气流。

② 建筑物尺寸和风向投射角的影响。

③ 利用绿化进行导风。

④ 利用地理条件组织自然通风。

3) 绿色建筑场地的安全要求

(1) 建筑场地与各类危险源的距离应满足相应危险源的安全防护距离等控制要求，对场地中不利地段或潜在危险源应采取必要的避让、防护或控制、治理等措施，对场地中存在的有毒有害物质应采取有效的治理与防护措施进行无害化处理，确保符合各项目安全标准。

(2) 场地的防洪设计应符合现行国家标准《防洪标准》GB 50201—2014和《城市防洪工程设计规范》GB/T 50805—2012的有关规定，不得在有滑坡、泥石流、山洪等自然灾害威胁的地段进行建设。

(3) 存在噪声污染、光污染的地段，应采取相应的降低噪声和光污染的防护措施。

(4) 场地抗震防灾设计应符合现行国家标准《城市抗震防灾规划标准》GB 50413—2007和《建筑抗震设计规范》GB 50011—2010的有关规定。

(5) 场地电磁辐射应符合现行国家标准《电磁环境控制限值》GB 8702—2014的有关规定。

(6) 土壤存在污染的地段，必须采取有效措施进行无害化处理，并应达到居住用地土壤环境质量的要求。土壤中氡浓度的控制应符合现行国家标准《民用建筑工程室内环境污染控制规范》GB 50325—2010的有关规定。

2. 绿色建筑结构安全

1) 建筑结构的概念

建筑结构是指在房屋建筑中，由各种构件(屋架、梁、板、柱等)组成的能够承受各种作用的体系。所谓作用是指能够引起体系产生内力和变形的各种因素，如荷载、地震、温度变化以及基础沉降等因素。

2) 建筑结构的基本类型

(1) 建筑结构按所用材料不同，分为混凝土结构、砌体结构、钢结构和木结构。

① 混凝土结构。混凝土结构是以混凝土为主要建筑材料的结构，包括素混凝土结构、钢筋混凝土结构和预应力混凝土结构等。混凝土产生于古罗马时期，现代混凝土的广泛应用开始于19世纪中期，随着生产的发展、理论的研究以及施工技术的改进，这一结构形式逐步提升及完善，得到了迅速的发展。

② 砌体结构。砌体结构是由块体(如砖、石和混凝土砌块)及砂浆经砌筑而成的结构，大量用于居住建筑和多层民用房屋(如办公楼、教学楼、商店、旅馆等)中，并以砖砌体的应用最为广泛。砖、石、砂等材料具有就地取材、成本低等优点，结构的耐久性和耐腐蚀性也很好。缺点是材料强度较低、结构自重大、施工砌筑速度慢、现场作业量大等，且烧砖要占用大量土地。

③ 钢结构。钢结构是以钢材为主制作的结构，主要用于大跨度的建筑屋盖(如体育馆、剧院等)、吊车吨位很大或跨度很大的工业厂房骨架和吊车梁，以及超高层建筑的房屋骨架等。钢结构材料质量均匀、强度高，构件截面小、质量轻，可焊性好，制造工艺比较简单，便于工业化施工；缺点是钢材易锈蚀、耐火性较差、价格较贵。

④ 木结构。木结构是以木材为主制作的结构，但由于受自然条件的限制，我国木材相当缺乏，仅在山区、林区和农村有一定的采用，具体应用于单层结构。

(2) 按结构承重体系分类。

① 墙承重结构。用墙体来承受由屋顶、楼板传来的荷载的建筑，称为墙承重受力建筑。如砖混结构的住宅、办公楼、宿舍等，适用于多层建筑。

② 排架结构。采用柱和屋架构成的排架作为其承重骨架，外墙起围护作用，单层厂房是其典型。

③ 框架结构。以柱、梁、板组成的空间结构体系作为骨架的建筑。常见的框架结构多为钢筋混凝土建造，多用于10层以下建筑。

④ 剪力墙结构。剪力墙结构的楼板与墙体均为现浇或预制钢筋混凝土结构，多被用于高层住宅楼和公寓建筑。

⑤ 框架—剪力墙结构。在框架结构中设置部分剪力墙，使框架和剪力墙两者结合起来，共同抵抗水平荷载的空间结构，充分发挥了剪力墙和框架各自的优点，因此在高层建筑中采用框架—剪力墙结构比框架结构更经济合理。

⑥ 筒体结构。筒体结构是采用钢筋混凝土墙围成侧向刚度很大的筒体，其受力特点与

一个固定于基础上的筒形悬臂构件相似。常见的有框架内单筒结构、单筒外移式框架外单筒结构、框架外筒结构、筒中筒结构和成组筒结构。

⑦ 大跨度空间结构。该类建筑往往中间没有柱子，而通过网架等空间结构把荷重传到建筑四周的墙、柱上去，如体育馆、游泳馆、大剧场等。

3) 绿色建筑结构安全的基本要求

(1) 绿色建筑结构设计应满足承载力和建筑使用功能要求。

结构的可靠性应通过合理的设计、符合质量要求的施工以及正常使用和维护来实现。结构的安全性、适用性和耐久性体现在具体设计中的要求不同，与各种材料结构的特点以及是否抗震设防有很大关系。安全性、适用性往往需要通过计算分析确定，并通过截面设计和构造措施来实现；耐久性多数情况下不需要详细计算，而是通过构造措施和防护措施来实现。

建筑结构应考虑的作用通常包括直接作用和间接作用两大类。直接作用即通常所说的荷载，如重力荷载、风荷载，又区分为永久荷载、可变荷载、偶然荷载等；间接作用也称非荷载作用，如支座沉降(地基不均匀变形)、混凝土收缩和徐变、焊接变形、温度变化、地震作用等。无论是直接作用还是间接作用，通常应分两个阶段考虑：施工阶段和使用阶段。从广义上讲，“环境影响”也属于间接作用的范畴，但考虑因素更多、范围更广，如环境对建筑结构的腐蚀、侵蚀作用会影响结构的耐久性，从而影响结构在规定的设计使用年限内的安全性。从结构设计本身而言，“环境影响”往往通过构造措施、防护措施加以考虑。

绿色建筑具体设计应符合现行国家标准《建筑结构荷载规范》GB 50009—2012、《建筑抗震设计规范》GB 50011—2010、《建筑地基基础设计规范》GB 50007—2011、《混凝土结构设计规范》GB 50010—2010、《砌体结构结构设计规范》GB 50003—2011、《钢结构设计规范》GB 50017—2017、《冷弯薄壁型钢结构技术规范》GB 50018—2016、《木结构设计规范》GB 50005—2017、《混凝土结构耐久性设计标准》GB/T 50476—2019等的有关规定，并按有关要求进行维护。

根据现行国家标准《建筑结构荷载规范》GB 50009—2012，提高楼面或屋面主要的荷载取值，有利于增加结构安全储备，以及未来建筑使用功能与建筑空间的灵活变化。提高楼面活荷载或楼面考虑增加1.0 kN/m^2的附加值(楼面非固定隔墙的自重)，可与原设计功能相近的使用功能改变相适应，增加房屋使用的灵活性，并可减少房屋后期加固工程量。采用更高重现期的风雪荷载值，有利于增加结构安全储备，减少不可抗力对结构安全的威胁。

(2) 绿色建筑抗震设计。

绿色建筑抗震设计应符合现行国家标准《建筑抗震设计规范》GB 50011—2010的有关规定。合理、规则的结构体系有利于结构抗震；采用抗震性能化设计能提高抗震安全性或满足使用功能的专门要求；绿色建筑不应采用严重不规则的建筑结构。

采用隔震、消能减震设计是一种有效地减轻地震灾害的技术，在提高结构抗震性能上具有优势。

提高抗震设防类别或抗震措施也能提高结构的抗震安全性。对非结构构件进行抗震设计，有利于自身安全和保障使用功能，提高对生命的保护，减少对主体结构的不利影响。

(3) 绿色建筑小型功能性结构构件的统一设计和施工。

绿色建筑的外遮阳、太阳能设施、空调室外机位、外墙花池等外部设施应与建筑主体结构统一设计、施工，并应具备安装、检修与维护条件。室外小型结构构件的安装不当，可能造成重大的安全隐患，因此对这些承重设施应该与主体结构统一设计和施工，确保连接牢固、安全可靠。

3. 绿色建筑围护构件和非结构构件安全

1) 绿色建筑围护构件安全性要求

绿色建筑外墙、屋面、门窗、幕墙及外保温等围护结构应满足安全、耐久和防护要求。

(1) 建筑门窗的安全要求。

建筑外门窗必须安装牢固，其抗风压性能和气密性、水密性应符合国家现行有关标准的规定。建筑门窗及其配件的力学性能和耐候性能直接影响安全与使用，其设计与选用应符合有关产品标准及应用技术标准的规定。常见的门窗产品国家标准有：《铝合金门窗》GB/T 8478—2020、《建筑用塑料门》GB/T 28886—2012、《建筑用塑料窗》GB/T 28887—2012、《建筑用节能门窗第1部分：铝木复合门窗》GB/T 29734.1—2013、《建筑用节能门窗第2部分：铝塑复合门窗》GB/T 29734.2—2013、《木门窗》GB/T 29498—2013等。

(2) 建筑幕墙的安全要求。

建筑幕墙应进行结构设计，采用满足承载力和变形需要的幕墙结构体系。

建筑幕墙的抗风压、气密性、水密性和平面变形性能符合规范要求。

建筑幕墙的构造和材料性能达到幕墙设计的强度、刚度和使用年限要求。

幕墙常用的设计规范有《铝合金结构设计规范》GB 50429—2007、《玻璃幕墙工程技术规范》JGJ 102—2016、《点支式玻璃幕墙工程技术规程》CECS 127—2016、《点支式玻璃幕墙支承装置》JGJ 138—2016、《吊挂式玻璃幕墙支承装置》JGJ 139—2016、《建筑玻璃应用技术规程》JGJ 113—2019、《建筑幕墙》GB/T 21086—2007、《金属与石材幕墙工程技术规范》JGJ 133—2013等。

(3) 建筑围护结构及装饰装修构件安全要求。

建筑围护结构及装饰装修构件及其与主体建筑结构的连接应按国家现行有关标准进行专门设计。建筑外保温系统应符合现行行业标准《外墙外保温工程技术规程》JGJ 144—2017等国家现行有关标准的规定。围护结构及装饰装修构件安装和检修条件因具体情况而定，如幕墙结构需设置检修通道，住宅建筑则需设置空调室外机安装和检修空间及防护设施等。

2) 保障围护结构、装饰装修构件安全的措施

保障围护结构、装饰装修构件安全的措施如下。

(1) 建筑门窗、幕墙、围栏的玻璃应选择安全玻璃。

建筑室内的玻璃隔断、玻璃护栏等应采用夹胶玻璃。当外围护结构、装饰装修部品构件、家具采用玻璃时还需特别注意防撞击。根据现行国家标准《建筑用安全玻璃》GB 15763—2016对建筑用安全玻璃使用的建议，人体撞击建筑中的玻璃制品并受到伤害主要是由于没有足够的安全防护。为了尽量减少建筑用玻璃制品在冲击时对人体造成的划伤、割伤等，在建筑中使用玻璃制品时需尽可能地采取下列措施。

a. 选择安全玻璃制品时，充分考虑玻璃的种类、结构、厚度、尺寸，尤其是合理选择安全玻璃制品霰弹袋冲击试验的冲击历程和冲击高度级别等。

b. 对关键场所的安全玻璃制品采取必要的其他防护。

c. 关键场所的安全玻璃制品设置容易识别的标识。

钢化玻璃也属于安全玻璃，但是钢化玻璃自爆伤人的情况时有发生。淋浴房、室内玻璃隔断、玻璃护栏等如果采用钢化玻璃，一旦自爆，将可能产生严重后果。因此，在这些部位宜采用夹胶玻璃。

(2) 围护结构、装饰装修部品构件具备抗震、防脱落、防撞击及防倒塌措施。

围护结构、装饰装修部品构件等在抗震设计中不考虑承重以及风、地震等侧向力载，如遇地震容易出现倒塌现象。本条对围护结构、室内外装饰装修进行规定，强调抗震、防脱落、防撞击、防倒塌、力学性能、安装和检修条件设置和检修的实施。

(3) 室内装饰构件及其连接节点具有力学专项设计，所用材料力学性能满足要求并经检测验证。

(4) 设置建筑物外墙饰面、门窗玻璃意外脱落的防护措施，并与人员通行区域的遮阳、遮风或挡雨措施结合。

4. 绿色建筑的安全疏散

(1) 建筑场地内合理设计道路的安全距离、线形和行进路线。利用场地和景观形成缓冲区、隔离带等。

(2) 建筑走廊、疏散通道等通行空间应满足紧急疏散、应急救护等要求，且应保持畅通。建筑应具有安全防护的警示和引导标识系统。

(3) 室内外地面或路面设置防滑措施。在建筑出入口及平台、公共走廊、电梯门厅、厨房、浴室、卫生间等处设置防滑措施。建筑室内外活动场所采用防滑地面。建筑坡道、楼梯踏步设置防滑地面并采用防滑条等防滑构造技术措施。根据现行行业标准《建筑地面工程防滑技术规程》JGJ/T 331—2014 的有关要求，室外及室内潮湿地面工程防滑性能应符合表 2.1 的规定。室内干态地面工程防滑性能应符合表 2.2 的规定。

室内有明水处，尤其在游泳池周围、浴池、洗手间、超市、菜市场、餐厅、厨房、生产车间等潮湿部位应加设防滑垫。

表 2.1　室外及室内潮湿地面工程防滑性能要求

<table>
<tr><th>工程部位</th><th>防滑等级</th></tr>
<tr><td>坡道、无障碍步道等</td><td rowspan="3">A_w</td></tr>
<tr><td>楼梯踏步等</td></tr>
<tr><td>公交、地铁站台等</td></tr>
<tr><td>建筑出口平台</td><td rowspan="2">B_w</td></tr>
<tr><td>人行道、步行街、室外广场、停车场等</td></tr>
<tr><td>人行道支干道、小区道路、绿地道路及室内潮湿地面(超市肉食部、菜市场、餐饮操作间、潮湿生产车间等)</td><td>C_w</td></tr>
<tr><td>室外普通地面</td><td>D_w</td></tr>
</table>

(4) 采取人车分流措施，且步行和自行车交通系统有充足照明。随着城镇汽车保有量大幅提升，交通压力与日俱增，建筑场地内的交通状况直接关系着使用者的人身安全。人车分流将行人和机动车完全分离开，互不干扰，可避免人车争路的情况，充分保障行人尤其

是老人和儿童的安全。提供完善的人行道路网络可鼓励公众步行，也是建立以行人为本的城市的先决条件。

表 2.2　室内干态地面工程防滑性能要求

工程部位	防滑等级
站台、踏步及防滑坡道等	A_w
室内游泳池、厕浴室、建筑出入口等	B_w
大厅、候机厅、候车厅、走廊、餐厅、通道、生产车间、电梯廊、门厅室内平面防滑地面等(含工业、商业建筑)	C_w
室内普通地面	D_w

道路等行人设施如果照明不足，往往会导致人们产生不安全感，特别是在空旷或比较空旷的公共区域。充足的照明可以消除不安全感，对降低犯罪率、防止发生交通事故、提高夜间行人的安全性有重要作用。

夜间行人的不安全感和实际存在的危险与道路等行人设施的照度水平和照明质量密切相关。人行道路照明应以路面平均照度、路面最小照度和垂直照度为评价指标，其照明标准值应不低于现行行业标准《城市道路照明设计标准》CJJ 45—2015 的有关规定。

2.3　绿色建筑耐久性能

【学习目标】了解绿色建筑耐久性能的基本范围，掌握保证绿色建筑耐久的技术措施。

提升绿色建筑耐久性能包括提升建筑的防水性能、提升建筑适变性、提升建筑部品耐久性、提高建筑结构材料耐久性和采用耐久性好的装饰装修材料等方面。

1. 绿色建筑防水性能

1) 建筑防水

建筑防水是为防止水对建筑物某些部位的渗透而从建筑材料和构造上所采取的措施。建筑防水多使用在屋面、地下建筑、建筑物的地下部分和需防水的内室和储水构筑物中。按其采取的措施和手段的不同，分为材料防水和构造防水两大类。材料防水是靠建筑材料阻断水的通路，以达到防水的目的或增加抗渗漏的能力，如卷材防水、涂膜防水、混凝土及水泥砂浆刚性防水以及黏土、灰土类防水等。构造防水则是采取合适的构造形式，阻断水的通路，以达到防水的目的，如止水带和空腔构造等。

2) 绿色建筑防水性能

绿色建筑防水设计使用年限应不小于表 2.3 的规定。

表 2.3　建筑防水设计使用年限要求

屋面工程	外墙工程	室内工程
20 年	25 年	30 年

建筑防水设计使用年限依据建筑的重要程度、破坏或性能降低导致的经济损失、维修

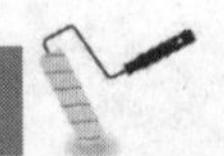

的时间周期、现有的材料、构造性能等因素确定，是作为工程防水的基本要求，防水工程的设计、材料选择、实施等过程均应满足防水设计使用年限的要求。综合不同部位的暴露条件，分别制定设计使用年限的要求。

2. 绿色建筑适变性

建筑适变性包括建筑的适应性和可变性。适应性是指使用功能和空间的变化潜力，可变性是指结构和空间的形态变化。除走廊、楼梯、电梯井、卫生间、厨房、设备机房、公共管井以外的地上室内空间均应视为“可适变空间”。此外，作为商业、办公用途的地下空间也应视为“可适变的室内空间”。绿色建筑适变性主要包括以下几个方面。

1) 采取灵活多变的建筑使用空间

建筑使用功能可变是指外部围护结构或内部空间、组合单元或建筑整体可根据建筑功能的需求而变动、更新。根据变形部位，可以分为内部空间可变、外部形态可变、可重组式可变、柔性结构可变及其他变形等 5 种类型。灵活多变的建筑使用空间可避免室内空间重新布置或者建筑功能变化时对原结构进行局部拆除或者加固处理，可采取的措施包括以下几个方面。

(1) 楼面采用大开间和大进深结构布置。

(2) 灵活布置内隔墙。

(3) 提高楼面活荷载取值，活荷载取值根据其建筑功能要求对应高于《建筑荷载设计规范》GB 50009—2012 中规定值的 25%，且不少于 1 kN/m^2。

(4) 其他可证明满足功能适变的措施。

2) 建筑结构与建筑设备管线分离

管线与结构、墙体的寿命不同，给建筑全寿命期的使用和维护带来了很大的困难。建筑结构与设备管线分离设计，可有利于建筑的长寿化。建筑结构与设备管线分离设计便于设备管线维护更新，可保证建筑能够较为便捷地进行管线改造与更换，从而达到延长建筑使用寿命的目的。

除了采用 SI 体系的装配式建筑可认定实现了建筑主体结构与建筑设备管线分离之外，其他可采用的技术措施如下。

(1) 墙体与管线分离可采用轻质隔墙、双层贴面墙。双层贴面墙的内侧设装饰壁板，架空空间用来安装铺设电气管线、开关、插座；外墙架空空间可同时整合内保温工艺。

(2) 设公共管井，集中布置设备主管线；卫生间架空地面上设同层排水、双层天棚等，可方便铺设设备管线。

(3) 室内地板下面采用次级结构支撑，或者卫生间在架空地面上设同层排水，或者室内设双层天棚等，方便设备管线的铺设。对于公共建筑，也可直接在结构天棚下合理布置管线，采用明装方式。

3) 可移动的设备设施布置或控制方式

可移动设备设施包括家具、水电设备、轻质隔墙、楼梯电梯等。可移动控制装置包括插座、无源无线或移动控制开关等适应空间可变的装置。

可移动设备设施布置方式或控制方式，既能够提升室内空间的弹性利用，也能够提高建筑使用时的灵活度。比如家具、电器与隔墙相结合，满足不同分隔空间的使用需求；采用智能控制手段，实现设备设施的升降、移动、隐藏等功能，满足某一空间的多样化使用需求；还可以采用可拆分构件或模块化布置方式，实现同一构件在不同需求下的功能互换，或同一构件在不同空间的功能复制等。以上所有变化，均不需要改造建筑主体及围护结构。具体实施可表现如下。

(1) 平面布置时，设备设施的布置及控制方式满足建筑空间适变要求，无须大改造即可满足使用舒适性及安全性要求。如层内或户内水、强弱电、采暖通风等竖井及分户计量控制箱位置不改变即可满足建筑适变的要求。

(2) 设备空间模数化设计、设备设施模块化布置，便于拆卸、更换、互换等，包括整体厨卫、标准尺寸的电梯等。

(3) 对于公共建筑，采用可移动、可组合的办公家具、隔断等，形成不同的办公空间，方便长短期的不同人群的移动办公需求。

3. 绿色建筑部品耐久性

绿色建筑部品主要包括建筑使用的管材、管线、管件和活动配件等。绿色建筑应该使用耐腐蚀、抗老化、耐久性能好的管材、管线、管件以及长寿命的五金配件、管道阀门、开关龙头等活动配件，构造上易于更换。同时还应考虑为维护、更换操作提供方便条件。

(1) 提升建筑管材、管线、管件耐久性的措施。

① 室内给水系统采用铜管或不锈钢管，或采用相应产品标准所规定的静液压状态下热稳定性试验和冷热水循环试验的塑料管。

② 暖通系统采用无缝镀锌钢管、UPVC 管。

③ 电气系统采用低烟低毒阻燃型线缆、矿物绝缘类不燃性电缆、耐火电缆等，导体材料采用铜芯。

(2) 提升活动配件的措施。

① 门窗反复启闭性能达到相应产品标准要求的 2 倍。

② 遮阳产品机械耐久性达到相应产品标准要求的最高级。

③ 水嘴寿命达到相应产品标准要求的 1.2 倍。

④ 阀门寿命达到相应产品标准要求的 1.5 倍。

4. 绿色建筑结构材料的耐久性

绿色建筑结构材料的耐久性主要包括混凝土结构、钢结构和木结构等。

(1) 提升混凝土结构耐久性的措施。

高耐久性混凝土是指满足设计要求下，结合具体应用环境，对混凝土抗渗性能、抗硫酸盐侵蚀性能、抗氯离子渗透性能、抗碳化性能及早期抗裂性能等耐久性指标提出合理要求。其各项性能的检测与试验方法应依据现行国家标准《普通混凝土长期性能和耐久性能试验方法标准》GB/T 50082—2009 进行，测试结果符合相关标准要求。

(2) 提升钢结构耐久性的措施。

耐候结构钢须符合现行国家标准《耐候结构钢》GB/T 4171—2008 的要求；耐候型防腐涂料须符合现行行业标准《建筑用钢结构防腐涂料》JG/T 224—2007 中 II 型面漆和长效型底漆的要求。

(3) 提升木结构耐久性的措施。

根据国家标准《多高层木结构建筑技术标准》GB/T 51226—2017，多高层木结构建筑采用的结构木材可分为方木、原木、规格材、层板胶合木、正交胶合木、结构复合木材、木基结构板材以及其他结构用锯材，其材质等级应符合现行国家标准《木结构设计规范》GB 50005—2017 的规定。根据现行国家标准《木结构设计标准》GB 50005—2017，所有在室外使用，或与土壤直接接触的木构件，应采用防腐木材。在不直接接触土壤的情况下，可采用其他耐久木材或耐久木制品。

5. 绿色建筑装饰材料的耐久性

为了保持建筑物的风格、视觉效果和人居环境，装饰装修材料在一定使用年限后会进行更新替换。如果使用易沾污、难维护及耐久性差的装饰装修材料或做法，则会在一定程度上增加建筑物的维护成本，且施工过程中也会带来有毒有害物质的排放、粉尘及噪声等问题。

(1) 提升外饰面材料耐久性的措施。

① 采用水性氟涂料或耐候性相当的涂料。

② 选用耐久性与建筑幕墙设计年限相匹配的饰面材料。

③ 合理采用清水混凝土。

(2) 提升防水密封耐久性的措施。

选用耐久性符合《绿色产品评价 防水与密封材料》GB/T 35608—2017 规定的材料。

(3) 提升室内装饰装修材料耐久性的措施。

① 选用耐洗刷性≥5000 次的内墙涂料。

② 选用耐磨性好的陶瓷地砖(有釉≥4 级，无釉≤127 mm^3)。

③ 采用免装饰面层的做法。

2.4　绿色建筑安全耐久评价标准

【学习目标】掌握绿色建筑安全耐久评价标准。

1. 控制项

(1) 场地应避开滑坡、泥石流等地质危险地段，易发生洪涝地区应有可靠的防洪涝基础设施，场地应无危险化学品、易燃易爆危险源的威胁，应无电磁辐射、含氡土壤的危害。

(2) 建筑结构应满足承载力和建筑使用功能要求。建筑外墙、屋面、门窗、幕墙及外保温等围护结构应满足安全、耐久和防护的要求。

(3) 外遮阳、太阳能设施、空调室外机位、外墙花池等外部设施应与建筑主体结构统一设计、施工，并应具备安装、检修与维护条件。

(4) 建筑内部的非结构构件、设备及附属设施等应连接牢固并能适应主体结构变形。

(5) 建筑外门窗必须安装牢固，其抗风压性能和水密性能应符合国家现行有关标准的规定。

(6) 卫生间、浴室的地面应设置防水层，墙面、顶棚应设置防潮层。

(7) 走廊、疏散通道等通行空间应满足紧急疏散、应急救护等要求，且应保持畅通。

(8) 应具有安全防护的警示和引导标识系统。

2. 评分项

1) 安全

(1) 采用基于安全性能的抗震设计并合理提高建筑的抗震性能，评价分值为10分。

(2) 采取保障人员安全的防护措施，评价总分值为15分，并按下列规则分别评分并累计。

① 采取措施提高阳台、外窗、窗台、防护栏杆等安全防护水平，得5分。

② 建筑物出入口均设外墙饰面、门窗玻璃意外脱落的防护措施，并与人员通行区域的遮阳、遮风或挡雨措施相结合，得5分。

③ 利用场地或景观形成可降低坠物风险的缓冲区、隔离带，得5分。

(3) 采用具有安全防护功能的产品或配件，评价总分值为10分，并按下列规则分别评分并累计。

① 采用具有安全防护功能的玻璃，得5分。

② 采用具备防夹功能的门窗，得5分。

(4) 室内外地面或路面设置防滑措施，评价总分值为10分，并按下列规则分别评分并累计。

① 建筑出入口及平台、公共走廊、电梯门厅、厨房、浴室、卫生间等设置防滑措施，防滑等级不低于现行行业标准《建筑地面工程防滑技术规程》 JGJ/T 331—2014规定的B_d、B_w级，得3分。

② 建筑室内外活动场所采用防滑地面，防滑等级达到现行行业标准《建筑地面工程防滑技术规程》JGJ/T 331—2014规定的A_d、A_w级，得4分。

③ 建筑坡道、楼梯踏步防滑等级达到现行行业标准《建筑地面工程防滑技术规程》JGJ/T 331—2014规定的A_d、A_w级或按水平地面等级提高一级，并采用防滑条等防滑构造技术措施，得3分。

(5) 采取人车分流措施，且步行和自行车交通系统有充足照明，评价分值为8分。

2) 耐久

(1) 采取提升建筑适变性的措施，评价总分值为18分，并按下列规则分别评分并累计。

① 采取通用开放、灵活可变的使用空间设计，或采取建筑使用功能可变措施，得7分。

② 建筑结构与建筑设备管线分离，得7分。

③ 采用与建筑功能和空间变化相适应的设备设施布置方式或控制方式，得4分。

(2) 采取提升建筑部品部件耐久性的措施，评价总分值为10分，并按下列规则分别评分并累计。

① 使用耐腐蚀、抗老化、耐久性能好的管材、管线、管件，得5分。

② 活动配件选用长寿命产品，并考虑部品组合的同寿命性；不同使用寿命的部品组合时，采用便于分别拆换、更新和升级的构造，得5分。

(3) 提高建筑结构材料的耐久性，评价总分值为10分，并按下列规则评分。

① 按100年进行耐久性设计，得10分。

② 采用耐久性能好的建筑结构材料，满足下列条件之一，得10分。

a. 对于混凝土构件，提高钢筋保护层厚度或采用高耐久混凝土。

b. 对于钢构件，采用耐候结构钢及耐候型防腐涂料。

c. 对于木构件，采用防腐木材、耐久木材或耐久木制品等。

(4) 合理采用耐久性好、易维护的装饰装修建筑材料，评价总分值为9分，并按下列规则分别评分并累计。

① 采用耐久性好的外饰面材料，得3分。

② 采用耐久性好的防水和密封材料，得3分。

③ 采用耐久性好、易维护的室内装饰装修材料，得3分。

项 目 实 训

【实训内容】

进行绿色建筑安全耐久的性能评价实训(指导教师选择一个真实的工程项目或学校实训场地，带学生实训操作)，熟悉绿色建筑安全耐久的基本知识，从建筑安全性能、耐久性能等方面分析模拟训练，熟悉绿色建筑安全耐久技术要点和国家相应的规范要求。

【实训目的】

通过课堂学习结合课下实训达到熟练掌握绿色建筑安全耐久技术措施和国家相应的规范要求，提高学生进行绿色建筑安全耐久技术应用的综合能力。

【实训要点】

(1) 通过对绿色建筑安全耐久技术的运行与实训，培养学生加深对绿色建筑安全耐久国家标准的理解，掌握绿色建筑安全耐久设计和评价要点，进一步加强对专业知识的理解。

(2) 分组制订计划与实施，培养学生团队协作的能力，获取绿色建筑安全耐久技术和经验。

【实训过程】

1) 实训准备要求

(1) 做好实训前相关资料查阅，熟悉绿色建筑安全耐久有关的规范要求。

(2) 准备实训所需的工具与材料。

2) 实训要点

(1) 实训前做好交底。

(2) 制订实训计划。

(3) 分小组进行，小组内部分工合作。

3) 实训操作步骤

(1) 按照绿色建筑安全耐久要求，选择绿色建筑安全耐久技术方案。

(2) 进行绿色建筑安全耐久性能分析。

(3) 进行绿色建筑安全耐久性能评价。

(4) 做好实训记录和相关技术资料整理。

(5) 进行小组互评和最终评定。

4) 教师指导点评和疑难解答

5) 实地观摩

6) 进行总结

【实训项目基本步骤表】

步　骤	教师行为	学生行为
1	交代工作任务背景，引出实训项目	分好小组； 准备实训工具、材料和场地
2	布置绿色建筑安全耐久实训应做的准备工作	
3	使学生明确绿色建筑安全耐久实训的步骤	
4	学生分组进行实训操作，教师巡回指导	完成绿色建筑安全耐久实训全过程
5	结束指导点评实训成果	自我评价或小组评价
6	实训总结	小组总结并进行经验分享

【实训小结】

项目：　　　　　　　　　　　　　　　　指导老师：

项目技能	技能达标分项	备　注
绿色建筑安全耐久性能评价	方案完善　得0.5分 准备工作完善　得0.5分 设计过程准确　得1.5分 设计图纸合格　得 1.5分 分工合作合理　得1分	根据职业岗位所需，技能需求，学生可以补充完善达标项
自我评价	对照达标分项　得3分为达标 对照达标分项　得4分为良好 对照达标分项　得5分为优秀	客观评价
评议	各小组间互相评价 取长补短，共同进步	提供优秀作品观摩学习

自我评价＿＿＿＿＿＿＿＿＿　　　　个人签名＿＿＿＿＿＿＿＿＿

小组评价　达标率＿＿＿＿＿＿　　　　组长签名＿＿＿＿＿＿＿＿＿

　　　　　良好率＿＿＿＿＿＿

　　　　　优秀率＿＿＿＿＿＿

年　　月　　日

小 结

建筑的结构构件在设计使用年限内应具有足够的安全性、适用性和耐久性。建筑物安全耐久性能鉴定是对民用建筑的结构承载力和结构整体稳定性、耐久性所进行的调查、检测、验算、分析和评定等一系列活动。

绿色建筑安全性能包括建筑场地安全、建筑结构安全、建筑非结构构件和围护构件安全、建筑消防及安全疏散等方面。

提升绿色建筑耐久性能包括提升建筑的防水性能、提升建筑适变性、提升建筑部品耐久性、提高建筑结构材料耐久性和采用耐久性好的装饰装修材料等方面。

绿色建筑安全耐久评价标准包括控制项和评分项。

习 题

思考题

1. 什么是建筑的安全性？什么是建筑的适用性？什么是建筑的耐久性？
2. 建筑安全性能影响因素有哪些？
3. 建筑耐久性能影响因素有哪些？
4. 建筑物安全耐久性检测鉴定包括哪些方面？
5. 何谓建筑选址？绿色建筑选址有哪些基本要求？
6. 绿色建筑场地的安全要求有哪些？
7. 绿色建筑结构安全的基本要求有哪些？
8. 绿色建筑围护构件安全性要求有哪些？
9. 保障围护结构、装饰装修构件安全的措施有哪些？
10. 绿色建筑的安全疏散措施有哪些？
11. 绿色建筑防水性能有哪些基本要求？
12. 绿色建筑适变性主要包括哪些方面？
13. 提升绿色建筑部品耐久性的措施有哪些？
14. 绿色建筑结构材料的耐久性主要包括哪些方面？
15. 提升绿色建筑外饰面材料耐久性的措施有哪些？
16. 绿色建筑安全耐久评价标准控制项有哪些？

第3章　绿色建筑之健康舒适

【内容提要】

本章以绿色建筑健康舒适为对象，主要讲述健康舒适的基本概念、含义和重要性。详细讲述了绿色建筑的健康舒适的评价标准等内容，并在实训环节提供健康舒适专项评价实训项目，作为本教学章节的实践训练项目，以供学生训练和提高。

【技能目标】

- 通过对室内空气质量概述的学习，巩固已学的相关室内空气质量的基本知识，了解室内空气质量的概念、现状、建筑室内空气环境问题的起因和不同污染物的来源，了解室内空气质量与人体健康。
- 通过对绿色建筑空气环境及其保障技术的学习，要求学生掌握污染源控制手段、室内通风技术和室内空气净化技术。
- 通过对绿色建筑声环境及其保障技术的学习，要求学生掌握绿色住宅建筑室内声环境和降噪保障措施。
- 通过对绿色建筑光环境及其保障技术的学习，要求学生掌握绿色住宅建筑室内光环境技术措施。
- 通过对绿色建筑热湿环境及其保障技术的学习，要求学生掌握绿色住宅建筑室内热湿环境技术措施。
- 通过对绿色建筑健康舒适的评价标准的学习，要求学生掌握绿色建筑健康舒适的评价标准。

本章是为了全面训练学生对绿色建筑健康舒适的掌握能力，检查学生对健康舒适内容知识的理解和运用程度而设置的。

【项目导入】

随着经济的发展、人民生活水平的提高，人们在改善居住条件时，比较习惯于考虑住房的位置、环境、交通是否方便，再就是住房的面积、实用方便性和是否美观等。20世纪70年代爆发了全球性能源危机，一些发达国家为了节省能源，导致设计出的建筑产品出现室内通风不足，室内污染状况恶化，出现了“军团病”和“致病建筑物综合征”等。急性传染性非典型肺炎(SARS)的突然爆发主要是由于室内传播；H1N1 禽流感及超级细菌的出现，都说明建筑环境健康的重要性！很多传染病除在医院传播外，有些是在家里居室由病人或病毒携带者传播给家人的。因此，“健康舒适”的新概念突显其重要意义，也就是绿色建筑应将健康舒适放在首位。

3.1　室内空气质量概述

【学习目标】了解室内空气质量的概念、现状，建筑室内空气环境问题的起因和不同污染物的来源；了解室内空气质量与人体健康。

1. 室内空气质量的基本概念

(1) 室内空气质量(indoor air quality，IAQ)。指室内空气中与人体健康有关的物理、化学、生物和放射性参数。

(2) 可吸入颗粒物(PM10)。指悬浮在空气中，空气动力学当量直径小于等于 10μm 的颗粒物。

(3) 挥发性有机化合物(volatile organic compounds，VOC)。任何能参加大气光化学反应的有机化合物，包括芳香烃(苯、甲苯、二甲苯)、酮类和醛类、胺类、卤代类、硫代烃类、不饱和烃类等。

2. 建筑室内空气环境现状

人生约有 80%的时间是在建筑物内度过的，所呼吸的空气主要来自于室内，与室内污染物接触的机会和时间均多于室外。

室内污染物的来源和种类日趋增多，建筑物内部家具、装饰材料大量散发有毒、有害气体，造成室内空气污染程度在室外空气污染的基础上更加重了一层。

为了节约能源，现代建筑物密闭化程度增加，由于其中央空调换气设施不完善，室内污染物不能及时排出室外，造成室内空气质量的恶化，引发“空调病”“大楼并发症”“富贵病”“军团病”等“病态建筑综合症”，引起头痛，眼、鼻、喉疼痒，咳嗽，免疫力下降。

美国国家环保局将室内空气品质问题列为当今五大环境健康威胁之一。

3. 建筑室内空气环境问题的起因

1) 室内空气污染的概念

室内空气污染是指在室内空气正常成分之外，又增加了新的成分，或原有的成分数量增加，其浓度和持续时间超过了室内空气的自净能力，而使空气质量发生恶化，对人们的健康和精神状态、生活、工作等方面产生影响的现象。

2) 室内空气污染的分类

(1) 根据性质分有物理、化学、生物和放射性污染。

(2) 根据其存在状态分有颗粒物和气态污染物。

(3) 根据来源分有室内和室外两部分。

化学污染是室内的主要污染，据统计，至今已发现的室内空气化学污染物约有 500 多种，其中挥发性有机化合物达307种。

3) 室内空气污染的成因

(1) 建筑装饰装修材料及家具的污染。

(2) 建筑施工过程带来的污染。

(3) 人活动带来的污染。

(4) 加热、通风和空调系统也是空气污染物的来源之一，尤其是维护不当时，如过滤器被污染后，将导致颗粒污染物的再释放，系统处于潮湿环境中将导致微生物污染物的增值，并扩散到整个建筑物中。

4) 室内空气污染的来源

室内空气污染的来源主要有消费品和化学品的使用、建筑和装饰材料以及个人活动等。

(1) 各种燃料燃烧、烹调油烟及吸烟产生的CO、NO_2、SO_2、可吸入颗粒物、甲醛、多环芳烃等。

(2) 建筑、装饰材料、家具和家用化学品释放的甲醛和挥发性有机化合物(VOCs)、氡及其子体等。

(3) 家用电器和某些办公用具产生的电磁辐射等物理污染和臭氧等化学污染。

(4) 通过人体呼出气、汗液、大小便等排出的CO_2、氨类化合物、硫化氢等内源性化学污染物，呼出气中排出的苯、甲苯、苯乙烯等外源性污染物；通过咳嗽、打喷嚏等喷出的流感病毒、结核杆菌、链球菌等生物污染物。

(5) 室内用具产生的生物性污染，如在床褥、地毯中孳生的尘螨等。

5) 室外空气污染的来源

室外空气污染的来源主要如下。

(1) 室外空气中的各种污染物包括工业废气和汽车尾气通过门窗、孔隙等进入室内。

(2) 人为带入室内的污染物，如干洗后带回家的衣服，可释放出残留的干洗剂四氯乙烯和三氯乙烯；将工作服带回家中，可使工作环境中的苯进入室内等。

(3) 在我国北方冬季施工期，施工单位为了加快混凝土的凝固速度和防冻，往往在混凝土中加入高碱混凝土膨胀剂和含尿素的混凝土防冻剂等外加剂，建筑物投入使用后，随着夏季气温升高，氨会从墙体中缓慢释放出来，造成室内空气中氨浓度严重超标，并且氨的释放持续多少年目前尚难确定。

4. 室内不同污染物的来源

1) 化学污染的来源

化学污染物主要包括CO、CO_2、NO_X、SO_2、NH_3、臭氧(O_3)、甲醛、苯系物、挥发性有机物TVOC等。

CO来源于室内燃料的不完全燃烧。

CO_2来源于室内燃料燃烧及代谢活动如人的呼出气和生物的发酵等。

NO_X来源于室内燃料燃烧。

SO_2来源于室内燃料燃烧。

NH_3来源于代谢活动如人体分泌物及代谢物，建筑主体结构中加入的防冻剂、胶粘剂，烫发剂等。

臭氧(O_3)主要由室内使用紫外灯、负离子发生器、复印机、电视机等产生。

甲醛主要来源于室内建筑物使用脲醛树脂、酚醛树脂泡沫塑料隔热材料，家具(使用刨花板、纤维板、胶合板等制作)、墙面(塑料壁纸)、地面装饰材料(地板革、化纤地毯等)，使用含甲醛的黏合剂以及涂料和油漆等；纺织纤维(挂毯、窗帘等)；烹调或取暖用的各种燃料燃烧；烟草烟雾；化妆品、清洁剂、杀虫剂、防腐剂、甲醛消毒剂；办公用品(印刷油墨)等。

苯系物主要来源于室内装饰材料油漆、涂料、胶粘剂等。

挥发性有机物 TVOC 来源包括苯系物、室内装饰用品、燃料燃烧、烹饪、环境烟草烟雾、化妆品等。

2) 颗粒物污染的来源

颗粒物分为化学性和生物性颗粒物；按粒径可分粗细颗粒物，主要来源于燃料燃烧、环境烟草烟雾、尘螨、动物皮毛屑、室内通风、空调系统(产生真菌)、加湿器(产生细菌，包括其抗毒素和内毒素)等。

3) 微生物污染的来源

(1) 室外空气中微生物。

室外空气中微生物主要来源于土壤、植物、地面水、动物以及人类的生产、生活活动等。

土壤中含有微生物的颗粒随风而扩散。

人类所从事的工业生产、农业生产、交通运输等活动可使含微生物的粒子和尘埃进入空气中。

液体气溶胶来源于地面水的流动、撞击等，人类的生产、生活活动也可产生液体气溶胶，如污水排放、污水曝气处理等都会有液体气溶胶形成。

(2) 室内空气中微生物。

室内空气中微生物主要是由于人在室内的活动使各种微生物进入空气中。

当病人或病原体携带者将病原微生物排入空气中，可造成疾病流行。

病人和病原体携带者咳嗽和喷嚏形成气溶胶将病原体排入空气中是造成室内空气污染的主要原因。

咳嗽可使口腔中唾液和鼻腔中的分泌物形成飞沫。较大的飞沫在蒸发之前降落到地面，较小的飞沫可在短时间内因水分蒸发形成飞沫核，直径 1μm 的飞沫核在空气中悬浮时间可达几小时。喷嚏时可将大量飞沫排入空气中，造成室内空气微生物污染。说话时也可形成飞沫并排入空气中。

4) 放射性污染物来源

放射性污染物主要是氡。氡是由放射性元素镭衰变产生，镭来源于铀，只要有铀、镭的地方就会源源不断地产生氡气。室内氡的来源与很多因素有关。

(1) 土壤和岩石是氡的主要来源。土壤或岩石中都含有一定量的镭，镭衰变释放出氡气，而且浓度比地面空气高 1000 倍，不可避免地要释放到大气中。建筑物周围和地基土壤中氡气可以通过扩散或渗流进入室内，有研究表明建筑物地基和周围土壤中的氡占室内氡的60%，主要对三楼以下的建筑物产生影响。

(2) 建筑材料是氡的另一个来源。花岗岩、炭质岩、浮石、明矾石和含磷的一些岩石中铀、镭的含量较高，建筑材料使用工业废料(煤渣砖、矿渣水泥、磷酸盐矿石生产磷酸的副产品磷石膏、铁矾土生产矾的废渣红泥砖、采用锆英砂为乳浊剂的瓷砖、彩釉地砖等)也会释放氡。

(3) 使用地下水和地热水。氡易溶于水，使用这些水氡会释放出来。

(4) 天然气燃烧过程中会将氡释放到室内，但占的比例不是很大，和天然气中氡的含量和使用量有关。

(5) 室外空气。一般不影响，但是特殊地带如铀矿山、温泉附近的局部区域的氡浓度会比较高。通过通风可以从户外进入室内，并在室内积聚。

室内空气污染物与主要来源见表3.1。

表3.1 室内空气污染物与主要来源

项 目	空调系统	室内装饰材料	人体	吸烟	厨房浴厕	室外空气
尘埃粒子	★	★	★	★		★
硫氧化物					★	★
氮氧化物						★
一氧化碳			★		★	★
二氧化碳			★			
甲醛		★				
苯类		★				
细菌	★		★		★	★
霉菌	★		★		★	
异味	★		★	★	★	
香烟烟雾				★		
焦油				★		
氡		★				

5. 室内空气质量与人体健康

1) 化学污染对健康的影响

(1) 燃烧产物对人体健康的影响。主要表现为对呼吸系统的影响，引起呼吸系统功能下降、呼吸道症状增加，严重的可导致慢性支气管炎、哮喘、肺气肿等气道阻塞型疾病恶化和死亡率增高，以及肺癌患病率增加。燃烧产物主要来源包括燃料燃烧、烹调烟油、环境烟草等。

(2) 装修污染对人体健康的影响。主要表现为对人体的各种刺激作用，如对眼、鼻黏膜、咽喉以及颈、头和面部皮肤的刺激，从而引起头昏、失眠、皮肤过敏、炎症反应以及神经衰弱等亚临床症状，严重的甚至导致各种疾病，包括呼吸、消化、神经、心血管系统疾病等。室内装饰材料释放的污染物以甲醛和挥发性有机物为主。

(3) 室内臭氧污染与人体健康。人群短期臭氧暴露后可出现肺功能水平极速降低。可对易感者的眼、鼻及咽部黏膜产生刺激。

(4) 室内空气二次污染与人体健康。室内空气二次污染主要由使用空调引起。空调环境下工作人员容易出现疲乏、头疼、胸闷、恶心、嗜睡、易感冒等症状。另外，空调造成的二次污染还可引起“军团病”。不良建筑综合症指的是在建筑物内生活和工作时会出现的症状，主要表现为：注意力不集中，抑郁，嗜睡，疲劳，头痛，烦恼气味，易感冒，胸闷，黏膜、皮肤、眼睛刺激等，一旦离开这种环境，症状会自然减轻或消失。

2) 微生物污染的健康危害

微生物污染主要是人类呼吸道传染病的传播。呼吸道传染病包括一大类由病毒、细菌、支原体等病原微生物引起的急性和慢性呼吸系统疾病，发病率和死亡率都很高。经空气传播是该类疾病的主要传播途径，如结核病、军团菌病、水痘、麻疹和流感等。

3) 放射性污染的健康危害

放射性污染主要是氡的危害。环境中氡对人体健康的影响是一个非常复杂的问题，主要是关于它的致癌性的研究。

3.2　绿色建筑空气环境保障技术

【学习目标】掌握污染源控制手段、室内通风技术和室内空气净化技术。

绿色建筑空气环境保障技术包括污染源控制、通风和室内空气净化等。

污染源控制是指从源头着手避免或减少污染物的产生；或利用屏障设施隔离污染物，不让其进入室内环境。

通风是借助自然作用力或机械作用力将不符合卫生标准的被污染的空气排放至室外或排至空气净化系统，同时将新鲜空气或净化后空气送入室内。

室内空气净化是利用特定的净化设备将室内被污染的空气净化后循环回到室内或排至室外。

1. 污染源控制

污染源控制方法如下。

(1) 注意所用材料的最优组合(包括板材、涂料、油漆等)，要使材料的质量符合国标要求，选择和开发绿色建筑装饰材料。

(2) 提倡接近自然的装修方式，尽量少用各种化学及人工材料，尽量不要过度装修。

(3) 在施工过程中，通过工艺手段对建筑材料进行处理，以减少污染。

(4) 在室内减少吸烟和进行燃具改造改善燃烧过程。

(5) 减少气雾剂、化妆品的使用。

(6) 控制能够给环境带来污染的材料、家具进入室内。

2. 加强室内通风换气，提高新风稀释效应

室内通风措施如下。

(1) 通新风。开窗通风换气、机械通风。通风换气是改善室内空气质量最简单、经济、有效的措施，当室内平均风速满足通风率的要求时，可减少甲醛的蓄积。

(2) 合理使用空调。空调器的附加功能，如负离子发生器、高效过滤等，对改善室内空

气品质有一定的作用，但所起的作用有限，不能完全依赖。

(3) 保证新风量、新风换气次数、最小新风比。

确定新风量需考虑的因素如下。

① 以室内CO_2允许浓度为标准的必要换气量。CO_2浓度与人体表面积、代谢情况有关。

② 以氧气为标准的必要换气量。人体对氧气需求主要取决于代谢水平。

③ 以消除臭气为标准的必要换气量。人体释放体臭，与人所占的空气体积、活动情况、年龄等有关。

3. 室内空气净化

室内空气净化的方法主要包括空气过滤、吸附方法、紫外灯杀菌、静电吸附、纳米材料光催化、等离子体放电催化、臭氧消毒灭菌、植物净化空气等。

1) 空气过滤去除悬浮颗粒物

过滤器主要功能是处理空气中的颗粒污染。常见误解过滤器像筛子一样，只有当悬浮在空气中的颗粒粒径比滤网的孔径大时才能被过滤掉。其实，过滤器和筛子的工作原理大相径庭，其空气过滤的机理主要包括以下几个方面。

(1) 截留效应。粒径小的粒子惯性小，不脱离流线，在沿流线运动时，可能接触到纤维表面而被截留(>0.5 μm)。

(2) 惯性效应。粒子在惯性作用下，脱离流线而碰到纤维表面(>0.5 μm)。

(3) 扩散效应。随主气流掠过纤维表面的小粒子，可能在类似布朗运动的位移时与纤维表面接触(≤0.3 μm)。

(4) 重力作用。尘粒在重力作用下，产生脱离流线的位移而沉降到纤维表面上(50～100 μm 以上)。

(5) 静电效应。由于气体摩擦和其他原因，可能使粒子或纤维带电。

过滤器的性能包括过滤效率、压力损失、容尘量等。过滤器按照性能可分为以下几种。

(1) 初效过滤器。滤材多为玻璃纤维、人造纤维、金属丝网、粗孔聚氨酯泡沫塑料等。

(2) 中效过滤器。滤材为较小的玻璃纤维、人造纤维合成的无纺布、中细孔聚乙烯泡沫塑料等。

(3) 高效过滤器。滤材为超细玻璃纤维或合成纤维，加工成纸状，称为滤纸。

2) 活性炭吸附气体污染物

吸附对于室内 VOCs 和其他污染物是一种比较有效而又简单的消除技术。目前比较常用的吸附剂是活性炭。固体材料吸附能力的大小和固体的比表面积(即 1g 固体的表面积)有关系，比表面积越大，吸附能力越强。

吸附是由于吸附质和吸附剂之间的范德华力(电性吸引力)而使吸附质聚集到吸附剂表面的一种现象。吸附分为物理吸附和化学吸附两类。物理吸附属于一种表面现象，其主要特征为：①吸附质和吸附剂之间不发生化学反应；②对所吸附的气体选择性不强；③吸附过程快，参与吸附的各相之间瞬间达到平衡；④吸附过程为低放热反应过程，放热量比相应气体的液化潜热稍大；⑤吸附剂与吸附质间吸附力不强，在条件改变时可脱附。

活性炭纤维是 20 世纪 60 年代发展起来的一种活性炭新品种，其含有大量微孔，微孔体积占了总孔体积的 90%左右，因此有较大的比表面积，多数为 500～800 m^2/g。

与粒状活性炭相比，活性炭纤维吸附容量大、吸附或脱附速度快、再生容易、不易粉化、不会造成粉尘二次污染等。

对无机气体(如 SO_2、H_2S、NO_X 等)和有机气体(如 VOCs)都有很强的吸附能力，特别适用于吸附去除 10^{-9}～10^{-6} g/m^3 量级的有机气体，在室内空气净化方面有广阔的应用前景。

活性炭的吸附性能见表3.2。

表3.2　活性炭的吸附性能表

物质名称	SO_2	CO_2	CS_2	C_6H_6(苯)	O_3	烹调臭味	厕所臭味
活性炭饱和吸附量/%	10	15	15	24	能还原为 O_2	30	30

普通活性炭对分子量小的化合物(如氨、硫化氢和甲醛)吸附效果较差，对于这类化合物，一般采用浸渍高锰酸钾的氧化铝作为吸附剂。该类化合污染物在吸附剂表面发生化学反应而被吸附，因此，这类吸附称为化学吸附，吸附剂称为化学吸附剂。表3.3比较了浸渍高锰酸钾的氧化铝和活性炭吸附效果。

表3.3　浸渍高锰酸钾的氧化铝和活性炭对空气污染物吸附效果比较表

物质名称	NO_2	NO	SO_2	甲醛	HS	甲苯
浸渍高锰酸钾的氧化铝/%	1.56	2.85	8.07	4.12	11.1	1.27
活性炭/%	9.15	0.71	5.35	1.55	2.59	20.96

3) 紫外灯杀菌(Ultraviolet germicidal irradiation，UVGI)

紫外辐照杀菌是常用的空气杀菌方法，在医院已被广泛使用。与高效过滤器相比，风道中采用紫外杀菌法，空气阻力小。紫外光谱分为UVA (320～400 nm)、UVB(280～320 nm)和UVC(100～280 nm)，波长短的UVC杀菌能力较强。185 nm以下的辐射会产生臭氧。

一般紫外灯安置在房间上部，不直接照射人，空气受热源加热向上运动缓慢进入紫外辐照区，受辐照后的空气再下降到房间的人员活动区，在这一过程中，细菌和病毒会不断被降低活性，直至灭杀。

紫外灯杀菌需要一定的作用时间，一般细菌在受到紫外灯发出的辐射数分钟后才死亡。

4) 静电吸附

静电吸附工作原理是：含有粉尘颗粒的气体，在接有高压直流电源的阴极线(又称电晕极)和接地的阳极板之间所形成的高压电场通过时，由于阴极发生电晕放电，气体被电离，此时，带负电的气体离子在电场力的作用下，向阳极板运动，在运动中与粉尘颗粒相碰，使尘粒带以负电荷，带负电荷的尘粒在电场力的作用下，亦向阳极运动，到达阳极后，释放所带的电子，尘粒则沉积于阳极板上，而得到净化的气体排出防尘器外。通俗点讲，就是高压静电形成的电场磁力吸附空气中的灰尘，减少灰尘而净化空气。但它不能直接杀死病毒、细菌，分解污染物；若积尘太多未清理或静电吸尘器效率下降，易造成二次污染。由于高压放电的缘故，需配置安全保护装置，在大型公共场所或对消毒条件要求较高的室内场所一般不宜使用，最好不民用。

5) 光催化降解VOCs

光触媒是一种在光的照射下，自身不起变化，却可以促进化学反应的物质。光触媒是利用自然界存在的光能转换为化学反应所需的能量，来产生催化作用，使周围之氧气及水分子激发成极具氧化力的自由负离子的。

光触媒对光源要求如下。

(1) 一般在紫外光照射下 VOCs 才会发生光催化降解。

(2) 光催化反应器中采用的光源多为中压或低压汞灯。

紫外光谱分为：UVC(100～280 nm)、UVB(280～320 nm)、UVA (320～400 nm)。杀菌紫外灯波长一般在 UVC 波段，特别在 254 nm 附近。

6) 等离子体放电催化

等离子体放电催化是通过高压、高频脉冲放电形成非对称等离子体电场，使空气中大量等离子体之间逐级撞击，产生电化学反应，对有毒有害气体及活体病毒、细菌等进行快速降解，从而高效杀毒、灭菌、去异味、消烟、除尘，且无毒害物质产生，被称为21世纪环境与健康科学最值得期待的高新技术。可人机共存，净化同时无须人员离开；节能降耗，同比可以节约 80%的电能；终身免拆洗；具有快速消杀病毒、超强净化能力、高效祛除异味、消除静电功能、增加氧气含量等特点。

7) 臭氧杀菌消毒

臭氧，一种刺激性气体，是已知的最强的氧化剂之一，强氧化性、高效的消毒作用使其在室内空气净化方面有着积极的贡献。

臭氧主要应用于灭菌消毒，它可即刻氧化细胞壁，直至穿透细胞壁与其体内的不饱和键化合而杀死细菌，这种强的灭菌能力来源于其高的还原电位。

室内的电视机、复印机、激光印刷机、负离子发生器等在使用过程中会产生臭氧。

臭氧对眼睛、黏膜和肺组织都具有刺激作用，能破坏肺的表面活性物质，并能引起肺水肿、哮喘等，因此，使用臭氧杀菌应特别注意。

紫外照射、纳米光催化、等离子体放电催化和臭氧杀菌所需时间一般都为数分钟。

8) 植物净化空气

绿色植物除了能够美化室内环境外，还能改善室内空气品质。美国宇航局科学家威廉发现绿色植物对居室和办公室的污染空气有很好的净化作用：24 小时照明条件下，芦荟吸收了 1 m^3 空气中 90%的醛；90%的苯在常青藤中消失；龙舌兰则可吞食 70%的苯，50%的甲醛和 24%的三氯乙烯；吊兰能吞食 96%的一氧化碳，86%的甲醛。

威廉又做了大量的实验证实绿色植物吸入化学物质的能力来自于盆栽土壤中的微生物，而不主要是叶子。与植物同时生长在土壤中的微生物在经历代代遗传后，其吸收化学物质的能力还会加强。可以说绿色植物是普通家庭都能用得起的空气净化器。

有些植物还可以作为室内空气污染物的指示物，例如：

紫花苜蓿：当 SO_2 浓度超过 0.3 ppm 时，接触一段时间，就会出现受害的症状；

贴梗海棠：在 0.5 ppm 的臭氧中暴露半小时就会有受害反应；

香石竹、番茄：在浓度为 0.05～0.1 ppm 的乙烯下几个小时，花萼就会发生异常现象。

利用植物对某些环境污染物进行检测是简单而灵敏的。

3.3 绿色建筑声环境及其保障技术

【学习目标】掌握绿色住宅建筑室内声环境和降噪保障措施。

1. 基本概念

1) 建筑声环境

建筑声环境是指室内音质问题以及振动和噪声控制问题。

2) 理想的声学环境

(1) 需要的声音(讲话、音乐)能高度保真。

(2) 不需要的声音(噪声)不会干扰人的工作、学习和生活。

3) 建筑声环境质量保证目的和措施

(1) 创造一个良好的室内外声学环境。

(2) 针对振动和噪声的控制。

2. 小区声环境污染

生态小区声环境污染包括室外声环境污染和室内声环境污染。

造成室外声环境污染的噪声源主要有：交通噪声、工业噪声、施工噪声及社会噪声等。如生态小区邻近铁路、公路(含高速公路)、城市主干道(含城市高架、轻轨等)，交通噪声就可能对小区造成声污染；如生态小区邻近高噪声工厂(或车间)，工业噪声就可能对小区造成声污染；临近生态小区的建筑工地施工就可能对小区造成施工噪声污染；如生态小区临近舞厅、卡拉 OK 厅、体育场、学校操场(广播体操)，街头群众自娱自乐的活动等社会噪声均可能对小区造成污染。

生态小区室内声环境污染的噪声源主要是：从分户墙、楼板及分户门传入的邻室或楼梯间的讲话声、音乐声，家用电器产生的噪声及各种撞击声等；高层住宅电梯运行时产生的噪声；有时还有抽水马桶及污水管道排污时产生的噪声等。

3. 噪声的控制技术

1) 噪声控制的基本原理和方法

(1) 房间的吸声减噪。

室内有噪声源的房间，人耳听到的是直达声和房间多次反射形成的混响声。

房间吸声减噪量的确定方法：噪声声压级大小与分布取决于房间的形状、各界面材料和家具设备的吸声特性，以及噪声源的性质和位置等因素。

房间吸声减噪法的使用原则：①室内原有平均吸声系数较小时，应用吸声减噪法收效最大，对于室内原有吸声量较大的房间，效果不大。②吸声减噪法仅能减少反射声，因此吸声处理一般只能取得 4～12 dB 的降噪效果。③靠近声源且直达声占支配地位的场所，吸声减噪法不会得到理想的降噪效果。

(2) 减振和隔振。

在仪器和基础设备之间加入弹性元件，以减弱振动传递。如空调主机的避震喉；隔振器有橡胶隔振器、金属弹簧、空气弹簧等；隔震垫有橡胶隔震垫、软木、酚醛树脂玻璃纤维板和毛毡等。

(3) 阻尼减震。

由于阻尼作用，将一部分振动能量转变为热能而使振动和噪声降低的方法，做法是在金属板上涂阻尼材料。阻尼材料和阻尼减震措施具有很高的损耗因子，如沥青、天然橡胶、合成橡胶、涂料、高分子材料等。

2) 隔声原理和隔音措施

(1) 把发声的物体封闭在小空间内，如将鼓风机、空压机、发电机、水泵封闭在控制室或操作室内。

(2) 采用隔声墙、楼板、门、窗等。

(3) 工艺设备采用隔声罩。

3) 噪声控制的途径

(1) 降低声源噪声。

降低声源噪声辐射是控制噪声根本和有效的措施。即使局部地减弱了声源处的辐射强度，也可使噪声在中间传播途径中接收处的噪声控制工作大大简化。可通过改进结构设计、改进加工工艺、提高加工精度、吸声、隔声、减振、安装消声器等控制声源。

(2) 在传播路径上降低噪声。

利用噪声在传播中的自然衰减作用，使噪声源远离安静的地方。声源的辐射一般有指向性，因此控制噪声的传播方向是降低高频噪声的有效措施。

建立隔声屏障或利用隔声材料和隔声结构来阻挡噪声的传播。

应用吸声材料和吸声结构，将传播中的声能吸收消耗。

对固体振动产生的噪声采取隔振措施，减弱噪声传播。

在进行建筑总图设计时，应按照“闹静分开”的原则对噪声源的位置合理布置。

(3) 接收点的噪声控制。

可采用佩戴护耳器，如耳塞、耳罩、防噪头盔等措施并且减少在噪声中暴露的时间。

(4) 掩蔽噪声。

利用电子设备产生的背景噪声来掩蔽令人讨厌的噪声，以解决噪声控制问题。这种人工噪声被比喻为“声学香料”，可以有效拟制突然干扰人们宁静气氛的声音。

通风系统、均匀交通或办公楼内正常活动的噪声都可以成为人工掩蔽噪声。

在有园林的办公室内，通风系统产生的相对较高而又使人易于接受的背景噪声，对掩蔽电话、办公机器和谈话声等噪声有好处，有助于创造一种适宜的宁静环境。

在分组教学教室里，增加分布均匀的背景音乐，能更有效地遮掩噪声。

咖啡厅、酒店大堂等背景音乐。

(5) 城市噪声控制。

城市噪声控制就是把影响建筑声环境的外部干扰降到最低，从建筑规划设计中避免交通噪声、工厂噪声等。从技术角度利用临街建筑物作为后面建筑的防噪屏障，加装声屏障。从城市管理角度严格管理施工噪声，对居住区锅炉房、水泵房、变电站采取消声减噪措施，布置在小区边缘角落处，与住宅有适当的防护距离等。

4) 建筑物防噪主要措施

(1) 采取动静分区的原则进行建筑的平面布置和空间划分，如办公、居住空间不与空调机房、电梯间等设备用房相邻，减少对有安静要求房间的噪声干扰。

(2) 合理选用建筑围护结构构件，采取有效的隔声、减噪措施，保证室内噪声级和隔声性能符合《民用建筑隔声设计规范》GB 50118—2019的要求。

(3) 综合控制机电系统和设备的运行噪声，如选用低噪声设备，在系统、设备、管道(风道)和机房采用有效的减振、减噪、消声措施，控制噪声的产生和传播。

3.4　绿色建筑光环境及其保障技术

【学习目标】掌握光的性质和度量、视觉与光环境、天然采光、人工照明和绿色建筑光环境主要措施等内容。

1. 光的性质和度量

(1) 光通量。光通量是指人眼所能感觉到的辐射功率，它等于单位时间内某一波段的辐射能量和该波段的相对视见率的乘积。由于人眼对不同波长光的相对视见率不同，所以不同波长光的辐射功率相等时，其光通量并不相等。

定义：光源在单位时间内以电磁辐射的形式向外辐射的能量称辐射功率或辐射通量(W)。光源的辐射通量中被人眼感觉到的光的能量(波长 380～780 nm)称光通量。

物理意义：衡量光源向四周发射光的能力的大小。

(2) 发光强度。发光强度是描述点光源发光强弱的一个基本度量，以点光源在指定方向上的立体角元内所发出的光通量来度量，国际单位是 candela(坎德拉)，简写 cd(1 cd=1 lm/sr)。

定义：光源在照射方向上单位立体角内发出的光通量(和距离无关)。

物理意义：反映光源在空间上的能量分布。衡量灯具受灯罩影响在不同方向上的发光能力。

(3) 照度。照度是指物体被照亮的程度，采用单位面积所接受的光通量来表示，单位为勒克斯(Lux，lx)，即 1 m/m^2。1 勒克斯等于 1 流明(lumen，lm)的光通量均匀分布于 1 m^2 面积上的光照度。照度是以垂直面所接受的光通量为标准，若倾斜照射则照度下降，常用于了解工作面或工作室所具有的光强度(光环境)。

$$E=\frac{\mathrm{d}\Phi}{\mathrm{d}A}$$

性质：可叠加性。几个光源同时照射被照面时，实际照度为单个光源分别存在时形成照度的代数和。

(4) 亮度。亮度是指发光体(反光体)表面发光(反光)强弱的物理量。发光体在视线方向单位投影面积上的发光强度，称为该发光体的表面亮度。亮度的单位是坎德拉/平方米(cd/m^2)。

亮度是人对光的强度的感受，它是一个主观的量。与亮度不同，由物理定义的客观的相应的量是光强。这两个量在日常用语中往往被混淆。

物理意义：亮度是引起视感的物理量，取决于进入眼睛的光通量在视网膜物像上的密度/物象照度。

亮度是将某一正在发射光线的表面的明亮程度定量表示出来的量，在光度单位中，它是唯一能引起眼睛视感觉的量。物体表面在各个方向的物理亮度不一定相同。

2. 视觉与光环境

1) 颜色对视觉的影响及颜色产生的心理效果

(1) 颜色不是一个单纯的物理量，包括心理量，涉及物理光学、生理学以及心理物理学。颜色包括表现色和物体色。

① 表现色。直接看到的光源的颜色。

② 物体色。光投射到物体上，物体对光源的光谱辐射有选择地反射或投射对人体所产生的颜色感觉称为物体色。

明度是眼睛对光源和物体表面的明暗程度的感觉，主要是由光线强弱决定的一种视觉经验，对轻重感的影响比色相大。

(2) 歌德把颜色分为积极色和消极色。

① 情绪感觉。积极色：暖色调＋高照度；消极色：冷色调＋低照度。

② 温度感觉。主观温差效果可达3℃～4℃。

③ 大小轻重感觉。高明度者大而轻，低明度者小而重。

(3) 色适应是人们工作、学习、生活中对照明光色度感觉的偏爱。

清晨时，照明系统提供高色温(是表示光源光色的尺度)和高照度的照明，清新的冷色光使人精神十足。

午餐时，降低的照度和暖色光有助于人们放松。

午饭后，人们通常会感到困倦，这时照度又升高，且改为冷白色，以避免午饭后打盹。

下班前，转变为稍冷的白光，以使人们在回家的路上保持警觉。

2) 视觉功效舒适的光环境要素

视觉功效是人借助视觉器官完成一定视觉作业的能力。通常用完成作业的速度和精度来评定视觉功效。除了人的因素外，在客观上，它既取决于作业对象的大小、形状、位置、作业细节与背景的亮度对比等作业本身固有的特性，也与照明密切相关。在一定范围内，随着照明的改善，视觉功效会有显著的提高。研究视觉功效与照明之间的定量关系可为制定照明标准提供视觉方面的依据。

3) 舒适光环境要素与评价标准

(1) 适当的照度或亮度水平。物体的亮度取决于照度，照度过大，会使物体过亮，易引起视觉疲劳和灵敏度降低。

(2) 合理的照度分布。空间内照度最大值、最小值和平均值相差不超过1/6是可以接受的。

(3) 舒适的亮度分布。防止产生眩光、加重眼睛瞬时适应的负担，提高人的工作效率。

(4) 宜人的光色。

(5) 避免眩光干扰。当视野内出现高亮度或过大亮度对比时，会引起视觉上的不舒适、厌烦或视觉疲劳，这种高亮度或亮度对比称为眩光。

(6) 光的方向性。方向性不能太强，否则会出现生硬的阴影；也不能过分漫射，以致被照射体没有立体感，平淡无奇。

3. 天然采光

最好的照明实际上来自天然光线，而人工照明一般都是静态的，与天然采光相比，缺少了活力。人工光源需要耗费大量的常规能源，自然采光是对自然资源的利用。自然采光

房间可以满足室内人员和室内外视觉沟通的心理需求，提高工作效率；无窗的房间无法满足人对日光和外界环境接触的需求。

建筑光环境采光设计评价因素：①是否节能；②是否改善了建筑内部环境质量。

1) 天然光与人工光的视觉效果

人眼习惯于在天然光下看物体，比在人工光下有更高的灵敏度，尤其在低照度下或视看小物体时，这种视觉区别更加显著。在相同照度条件下，天然光的视觉工作能力高于人工光，天然光的视觉效果优于人工光。天然光的光质好，形成的照明质量高。

2) 光气候分区

简单地说就是室外阳光照度。在我国，将光气候根据室外阳光总照度年平均值划分为Ⅰ～Ⅴ类。

3) 不同采光口形式及其对室内光环境的影响

(1) 侧窗。它是在房间的一侧或两侧墙上开的采光口，是最常见的一种采光形式，适用于进深不大的房间采光，例如，教室、住宅、办公室等。

(2) 天窗。房屋屋顶设置的采光口称天窗，这种采光方式称天窗采光或顶部采光，适用于大型工业厂房和大厅房间。具有采光效率高，约为侧窗的 8 倍；照度均匀性较好；很少受到室外的遮挡等特点。

天窗又可分为多种形式，如矩形天窗、锯齿形天窗、平天窗、横向天窗和井式天窗等。

① 矩形天窗。采光效率低、眩光小，便于组织通风，适用于工业厂房。与侧窗联合形成在风压与热压作用下的联合自然通风。

② 锯齿形天窗。单面顶部采光，顶棚为倾斜面，利用顶棚的反射光，提高采光效率，阳光不直射，减小了室内温湿度的波动。

③ 平天窗。采光口位于水平面或接近水平，采光效率高，不宜兼作通风口。会有大量阳光直射入室内，引起室内过冷或过热。同时容易污染，影响透光性能。

4) 不同用途建筑对采光口形式的要求与采光口选择

(1) 对于不允许阳光直射的房间，例如，纺织车间，常用锯齿形天窗为采光口，使射入室内的阳光最少。

(2) 对于有通风要求的房间，例如，展览馆建筑，主要以采光为主，通风次之，可选用高侧窗或平天窗。有大量余热或有害气体产生的车间，矩形天窗通风效果最好。对于有烟气污染的车间，由于通风带烟尘会污染玻璃而影响采光，应将通风口与采光口分开布置。

(3) 对于保温隔热的房间，其开窗面积大，虽然节约了照明能耗，却造成了几倍于照明能耗的采暖空调能耗，应注意各类建筑能耗之间的平衡，达到经济的开窗面积。

(4) 对于有爆炸危险的房间，可设置大面积泄爆窗，从窗的面积和构造处理上解决减压问题，但需注意眩光和过热。

4. 人工照明

人工照明也就是“灯光照明”或“室内照明”，它是夜间的主要光源，同时又是白天室内光线不足时的重要补充。人工照明环境具有功能和装饰两方面的作用。

从功能上讲，建筑物内部的天然采光受到时间和场合的限制，所以需要通过人工照明补充，在室内营造一个人为的光亮环境，满足人们视觉工作的需要。

从装饰角度讲，人工照明除了满足照明功能之外，还要满足美观和艺术上的要求，这两方面是相辅相成的。

根据建筑功能不同，两者的比重各不相同，如工厂、学校等工作场所需从功能来考虑，而休息、娱乐场所，则强调艺术效果。

1) 照明方式

照明方式是指照明设备按其安装部位或光的分布而构成的基本制式。就安装部位而言，有一般照明(包括分区一般照明)、局部照明和混合照明等。按光的分布和照明效果可分为直接照明和间接照明。选择合理的照明方式，对改善照明质量、提高经济效益和节约能源等有重要作用，并且还关系到建筑装修的整体艺术效果。

(1) 一般照明。不考虑局部的特殊需要，为照亮整个室内而采用的照明方式。一般照明由对称排列在顶棚上的若干照明灯具组成，室内可获得较好的亮度分布和照度均匀度，所采用的光源功率较大，而且有较高的照明效率。这种照明方式耗电大，布灯形式较呆板。

一般照明方式适用于无固定工作区或工作区分布密度较大的房间，以及照度要求不高但又不会导致出现不能适应的眩光和不利光向的场所，如办公室、教室等。

均匀布灯的一般照明，其灯具距离与高度的比值不宜超过所选用灯具的最大允许值，并且边缘灯具与墙的距离不宜大于灯间距离的1/2，可参考有关的照明标准设置。

(2) 分区一般照明。为提高特定工作区照度，常采用分区一般照明。根据室内工作区布置的情况，将照明灯具集中或分区集中设置在工作区的上方，以保证工作区的照度，并将非工作区的照度适当降低为工作区的1/3～1/5。分区一般照明不仅可以改善照明质量，获得较好的光环境，而且节约能源。分区一般照明适用于某一部分或几部分需要有较高照度的室内工作区，并且工作区是相对稳定的。如旅馆大门厅中的总服务台、客房，图书馆中的书库等。

(3) 局部照明。为满足室内某些部位的特殊需要，在一定范围内设置照明灯具的照明方式。通常将照明灯具装设在靠近工作面的上方。局部照明方式在局部范围内以较小的光源功率获得较高的照度，同时也易于调整和改变光的方向。局部照明方式常用于局部需要较高照度的、由于遮挡而使一般照明照射不到某些范围的、需要减小工作区内反射眩光的、为加强某方向光照以增强建筑物质感的等场合。但在长时间持续工作的工作面上仅有局部照明容易引起视觉疲劳。

(4) 混合照明。由一般照明和局部照明组成的照明方式。

混合照明是在一定的工作区内由一般照明和局部照明的配合起作用，保证应有的视觉工作条件。良好的混合照明方式可以做到：增加工作区的照度、减少工作面上的阴影和光斑、在垂直面和倾斜面上获得较高的照度、减少照明设施总功率、节约能源等。

混合照明方式的缺点是视野内亮度分布不均匀。为了减少光环境中的不舒适程度，混合照明中一般照明的照度应占该等级混合照明总照度的5%～10%，且不宜低于20勒克斯。

混合照明方式适用于有固定的工作区、照度要求较高并需要有一定可变光的方向照明的房间，如医院的牙科治疗室、缝纫车间等。

2) 进行室内照明的组织设计时须考虑的因素

(1) 光照环境质量因素。合理控制光照度，使工作面照度达到规定的要求，避免光线过强和照度不足两个极端。

(2) 安全因素。在技术上给予充分考虑，避免发生触电和火灾事故，特别是在公共娱乐性场所尤为重要。因此，必须考虑安全措施以及标志明显的疏散通道。

(3) 室内心理因素。灯具的布置、颜色等与室内装修应相互协调，室内空间布局、家具陈设与照明系统应相互融合，同时考虑照明效果对视觉工作者造成的心理反应以及在构图、色彩、空间感、明暗、动静和方向性等方面是否达到视觉上的满意、舒适和愉悦等。

(4) 经济管理因素。考虑照明系统的投资和运行费用，以及是否符合节能的要求和规定；考虑设备系统管理维护的便利性，以保证照明系统正常高效运行。

3) 人工光环境质量及其评价标准

(1) 照度水平的合理选择。不同场合，照度要求不同，应兼顾房间使用目的、舒适性与经济性确定合理的照度。

(2) 适宜的亮度分布。亮度对比越大，越易产生眩光，越容易视觉疲劳。室内各表面亮度比、照度比，越应按适宜选择。被观察物亮度应控制在相近环境的 3 倍；室内各表面亮度应低于被观察物亮度的 1/10。窗户、灯具亮度应控制在被观察物亮度的 40 倍以内。

(3) 光源的色温与显色性。通过选择合理的光源和照明方式实现。

(4) 眩光及其他。眩光是在视野内出现高亮度的光时，使眼睛不能完全发挥机能的现象。在眩光下，瞳孔会缩小，以提高视野的适应亮度，也就降低了眼睛的视觉敏感度。

眩光通常有直接眩光、间接眩光、失能眩光、不快眩光。

眩光产生的原因：不恰当的自然采光口、不合理的光亮度、不恰当的强光方向等。

可能产生眩光的地方：玻璃办公桌面、局部照明的展板、不恰当的工作面照明等。

黄种人眼睛的黑色素较白种人的多，对眩光的忍受力比白种人强，白种人比黄种人的耐暗程度强。

5. 绿色建筑光环境主要措施

(1) 设计采光性能最佳的建筑朝向，发挥天井、庭院、中庭的采光作用，使天然光线能照亮人员经常停留的室内空间。

(2) 采用自然光调控设施，如采用反光板、反光镜、集光装置等，改善室内的自然光分布。

(3) 办公和居住空间的开窗要有良好的视野。

(4) 室内照明尽量利用自然光，如不具备自然采光条件，可利用光导纤维引导照明，以充分利用阳光，减少白天对人工照明的依赖。

(5) 照明系统采用分区控制、场景设置等技术措施，有效避免过度使用和浪费。

(6) 分级设计一般照明和局部照明，将满足低标准的一般照明与符合工作面照度要求的局部照明相结合。

(7) 局部照明可调节，以有利使用者的健康和照明节能。

(8) 采用高效、节能的光源、灯具和电器附件。

6. 建筑人工照明技术

1) 选用绿色照明产品

尽量选用光效高、寿命长、使用方便的光源，如紧凑型节能荧光灯、细管径高光效直管型荧光灯(T5、T8)、金属卤化物灯、无极感应灯、微波硫灯、光纤、半导体照明光源(LED)等。

2) 选用高效率灯具

(1) 注重灯具效率。

(2) 选用光利用系数高的灯具。

(3) 选用高光通量维持率的灯具。

(4) 灯具布置均匀合理。

(5) 采用节能型镇流器。

3) 选用智能化照明控制系统

照明控制与光源、灯具、线路一起构成了照明系统，控制系统决定了照明系统运行的调节程度和功能。

4) 可再生能源利用

(1) 太阳能光伏效应。

(2) 对风能的利用——“风光互补”。

(3) 人工照明和自然采光的综合运用。

3.5　绿色建筑室内热湿环境控制

【学习目标】掌握建筑室内热湿环境控制技术。

1. 建筑热湿环境基本概念

1) 围护结构的热作用形式

围护结构的热作用过程无论是通过围护结构的传热传湿还是室内产热产湿，其作用形式包括对流换热(对流质交换)、导热(水蒸气渗透)和辐射三种形式。

(1) 得热(Heat Gain，HG)。某时刻在内外扰作用下进入房间的总热量叫作该时刻的得热。如果得热<0，意味着房间失去热量。

(2) 围护结构热过程特点。由于围护结构热惯性的存在，其得热量与外扰之间存在着衰减和延迟的关系。

2) 非透明围护结构外表面所吸收的太阳辐射热

不同的表面对辐射的波长有选择性，黑色表面对各种波长的辐射几乎能全部吸收，而白色表面可以反射几乎90%的可见光。

围护结构的表面越粗糙、颜色越深，吸收率就越高，反射率越低。

3) 太阳辐射在玻璃中的传递过程

普通玻璃的光谱透过率在80%左右。

将具有低发射率、高红外反射率的金属(铝、铜、银、锡等)使用真空沉积技术，在玻璃表面沉积一层极薄的涂层，就制成了Low-e(Low-emissivity)玻璃，对太阳辐射有高透和低透的不同性能。

阳光照射到单层半透明薄层时，半透明薄层对太阳辐射的总反射率、吸收率和透过率是阳光在半透明薄层内进行反射、吸收和透过的无穷次反复之后的多项之和。

阳光照射到双层半透明薄层时，还要考虑两层半透明薄层之间的无穷次反射，以及对反射辐射的透过。

4) 室外空气综合温度

围护结构外表面与环境的长波辐射换热 QL 包括大气长波辐射和来自地面、周围建筑及其他物体外表面的长波辐射。

由于热惯性存在，通过围护结构的传热量和温度的波动幅度与外扰波动幅度之间存在衰减和延迟的关系，衰减和滞后的程度取决于围护结构的蓄热能力。

5) 玻璃窗的种类与热工性能

窗框型材有木框、铝合金框、铝合金断热框、塑钢框、断热塑钢框等；玻璃层间可充空气、氮、氩、氪等气体，或做成真空夹层；玻璃层数有单玻、双玻、三玻等；玻璃类别有普通透明玻璃、有色玻璃、低辐射(Low-e)玻璃等；玻璃表面可以有各种辐射阻隔性能的镀膜，如反射膜、Low-e 膜、有色遮光膜等，或在两层玻璃之间的空间中架一层对近红外线高反射率的热镜膜。

我国民用建筑最常见的是铝合金框或塑钢框配单层或双层普通透明玻璃，双层玻璃间为空气夹层，北方地区很多建筑装有两层单玻窗。商用建筑常采用有色玻璃或反射镀膜玻璃。

发达国家寒冷地区的住宅则多装充有惰性气体的双玻窗，商用建筑多采用高绝热性能的 Low-e 玻璃窗。不同结构的窗有着不同的热工性能。

白天，通过玻璃窗的太阳辐射得热；夜间，除了通过玻璃窗的传热以外，还有由于天空夜间辐射导致的散热量。采用 Low-e 玻璃可减少夜间辐射散热。玻璃窗的温差传热量和天空长波辐射的传热量可通过各层玻璃的热平衡求得。

6) 遮阳方式

现有遮阳方式包括内遮阳(普通窗帘、百叶窗帘)和外遮阳(挑檐、可调控百叶、遮阳篷)以及窗玻璃间遮阳(夹在双层玻璃间的百叶窗帘，百叶可调控)。目前我国常见遮阳方式为内遮阳(窗帘)和外遮阳(屋檐、遮雨檐、遮阳篷)。

2. 绿色建筑热湿环境调节技术

1) 绿色建筑整体设计

建筑室内热湿环境形成的最主要原因是各种外扰和内扰的影响。外扰主要包括室外气候参数，如室外空气温湿度、太阳辐射、风速、风向变化，以及邻室的空气温湿度等，均可通过围护结构的传热传湿空气渗透使热量和湿量进入室内，对室内热湿环境产生影响。内扰主要包括室内设备、照明、人员等室内热湿源。如能在建筑设计阶段充分考虑建筑所在地域气候特征，通过建筑围护结构设计，减少夏季热量获取和冬季热量损失，则可以减轻机械采暖空调设备在建筑后期运行的压力，从而通过合理的建筑结构设计营造舒适、健康、节能的绿色建筑。

2) 自然资源在绿色建筑上的体现

自然资源在绿色建筑上的体现包括冬季保温采暖、夏季隔热降温、自然通风、自然采光等方面。利用自然资源的绿色建筑在建造过程中将产生不可避免的较高投资，但如果能够在建筑使用期间合理使用，则在建筑全寿命周期中，相比较普通用能建筑，能够在很大程度上达到节约能源的效果。

3) 不可再生能源的使用

以上两方面设计都是通过建筑物自身设计来实现最大限度地利用自然资源对建筑物室内热湿环境进行控制的，在此基础上，如还不能满足建筑环境要求，则需要借助不可再生能源为建筑提供相应的环境需求量，即采用主动式采暖空调系统。集中式供热或空调系统需要消耗电能、燃料等大量不可再生能源，但只要能够将建筑设计成被动式采暖通风与主动式供热空调系统相结合，就能够大幅度降低不可再生能源的使用，达到既能节约能源，又能营造舒适室内热湿环境的目的，用最小的成本实现绿色建筑社会和经济效应的最大化。

3. 绿色建筑调节热湿环境的节能措施

1) 围护结构节能措施

围护结构的耗热量要占建筑采暖热耗的 1/3 以上，通过改善建筑物围护结构的热工性能，在夏季可减少室外热量传入室内，在冬季可减少室内热量的流失，使建筑热环境得以改善，从而减少建筑冷热消耗。

2) 太阳能系统在绿色建筑中的使用

太阳能系统在绿色建筑中分为被动式和主动式两种，被动式太阳能系统通过建筑围护结构设计以自然方式收集和传递太阳辐射热，主动式太阳能系统则需要通过在建筑上加装的太阳能采集及转换设备来利用太阳能资源。建筑对太阳能的利用主要包括两大方面。

(1) 利用太阳能集热系统，如提供生活热水、取暖(或制冷)等，其中又以热水供应系统的应用最为广泛。

(2) 太阳能光电系统，即将太阳辐射中的能量直接转化为电能，为建筑的设备系统提供清洁的能源。

3) 采暖空调系统节能措施

(1) 室内排风余热回收。

空调系统一般采用回风循环使用的方法来达到节能效果，即将一部分回风与室外新风混合，经过空调机组处理后送入室内，但当室内空气质量与室外有较大差异不能直接回收利用时，应对排风进行余热回收。室内回风在排至室外以前，先和室外进入的新风经显热回收器进行显热交换，经能量回收后再排到室外，而室外进入的新风则经过显热回收器后使室内温度降低或升高，从而达到能量回收的目的。使用显热回收器在北方寒冷地区应注意防冻问题，一般来讲，显热回收器最大能回收 50%左右的能量，而全热回收器则最大能回收 80%左右的能量。

(2) 使用地源热泵作为空调系统冷热源。

空调系统冷热源通常分为自然冷热源和人工冷热源。自然冷热源包括太阳能、地热能等提供的能源；人工冷热源包括以油、煤、燃气作为燃料产生的蒸汽和热水作为供热、制冷源和用电制冷热等。近年来地源热泵在国家节能减排的政策促进下得到了较快的发展，地源热泵是一种利用地下浅层地热资源的既可以供热又可以制冷的高效节能环保型空调系统，按天然资源形式可以分为土壤源热泵、地下水热泵和地表水热泵等。

(3) 实行采暖分户热计量。

集中供暖是我国北方城市主要的采暖形式，采用热量分户计量，按热量收取采暖费用，能够提高公众的节能意识，使公众积极参与节能活动，响应可持续发展的号召。对于采暖系统间歇性运行的大型建筑，通过分户计量的合理运行管理，能够在不需要采暖的时间段大幅度减少能源浪费。对于一个大型供热系统来说，水泵耗电量很大，供热系统分户控制后，由于用户的节能调节而造成的供热负荷的变化，系统除了可以采用质调节的方法调节外，还可以采用变流量调节手段适应负荷的变化，并可通过使用变频泵等具体措施减少运行费用。

3.6　绿色建筑健康舒适评价标准

【学习目标】掌握绿色建筑健康舒适评价标准。

1. 控制项

(1) 室内空气中的氨、甲醛、苯、总挥发性有机物、氡等污染物浓度应符合现行国家标准《室内空气质量标准》 GB/T 18883—2020 的有关规定。建筑室内和建筑主出入口处应禁止吸烟，并应在醒目位置设置禁烟标志。

(2) 应采取措施避免厨房、餐厅、打印复印室、卫生间、地下车库等区域的空气和污染物串通到其他空间；应防止厨房、卫生间的排气倒灌。

(3) 给水排水系统的设置应符合下列规定。

① 生活饮用水水质应满足现行国家标准《生活饮用水卫生标准》GB 5749—2006 的要求。

② 应制订水池、水箱等储水设施定期清洗消毒计划并实施，且生活饮用水储水设施每半年清洗消毒应不少于 1 次。

③ 应使用构造内自带水封的便器，且其水封深度应不小于 50 mm。

④ 非传统水源管道和设备应设置明确、清晰的永久性标识。

(4) 主要功能房间的室内噪声级和隔声性能应符合下列规定。

① 室内噪声级应满足现行国家标准《民用建筑隔声设计规范》GB 50118—2019 中的低限要求。

② 外墙、隔墙、楼板和门窗的隔声性能应满足现行国家标准《民用建筑隔声设计规范》GB 50118—2019 中的低限要求。

(5) 建筑照明应符合下列规定。

① 照明数量和质量应符合现行国家标准《建筑照明设计标准》GB 50034—2019 的规定。

② 人员长期停留的场所应采用符合现行国家标准《灯和灯系统的光生物安全性》GB/T 20145—2006 规定的无危险类照明产品。

③ 选用 LED 照明产品的光输出波形的波动深度应满足现行国家标准《LED 室内照明应用技术要求》 GB/T 31831—2015 的规定。

(6) 应采取措施保障室内湿热环境。采用集中供暖空调系统的建筑，房间内的温度、湿度、新风量等设计参数应符合现行国家标准《民用建筑供暖通风与空气调节设计规范》 GB 50736—2016 的有关规定；采用非集中供暖空调系统的建筑，应具有保障室内热环境的措施或预留条件。

(7) 围护结构热工性能应符合下列规定。

① 在室内设计温度、湿度条件下，建筑非透光围护结构内表面不得结露。

② 供暖建筑的屋面、外墙内部不应产生冷凝。

③ 屋顶和外墙隔热性能应满足现行国家标准《民用建筑热工设计规范》 GB 50176—2016的要求。

(8) 主要功能房间应具有现场独立控制的热环境调节装置。

(9) 地下车库应设置与排风设备联动的一氧化碳浓度监测装置。

2. 评分项

1) 室内空气品质

(1) 控制室内主要空气污染物的浓度，评价总分值为12分，并按下列规则分别评分并累计。

① 氨、甲醛、苯、总挥发性有机物、氡等污染物浓度低于现行国家标准《室内空气质量标准》GB/T 18883—2020规定限值的10%，得3分；低于20%，得6分。

② 室内 PM2.5年均浓度不高于25 μg/m^3，且室内 PM10年均浓度不高于50 μg/m^3，得6分。

(2) 选用的装饰装修材料满足国家现行绿色产品评价标准中对有害物质限量的要求，评价总分值为8分。选用满足要求的装饰装修材料达到3类及以上，得5分；达到5类及以上，得8分。

2) 水质

(1) 直饮水、集中生活热水、游泳池水、采暖空调系统用水、景观水体等的水质满足国家现行有关标准的要求，评价分值为8 分。

(2) 生活饮用水水池、水箱等储水设施采取措施满足卫生要求，评价总分值为9分，并按下列规则分别评分并累计。

① 使用符合国家现行有关标准要求的成品水箱，得4分。

② 采取保证储水不变质的措施，得5分。

(3) 所有给水排水管道、设备、设施设置明确、清晰的永久性标识，评价分值为8分。

3) 声环境与光环境

(1) 采取措施优化主要功能房间的室内声环境，评价总分值为8分。噪声级达到现行国家标准《民用建筑隔声设计规范》GB 50118—2019中的低限标准限值和高要求标准限值的平均值，得4分；达到高要求标准限值，得8分。

(2) 主要功能房间的隔声性能良好，评价总分值为10分，并按下列规则分别评分并累计。

① 构件及相邻房间之间的空气声隔声性能达到现行国家标准《民用建筑隔声设计规范》 GB 50118—2019中的低限标准限值和高要求标准限值的平均值，得3分；达到高要求标准限值，得5分。

② 楼板的撞击声隔声性能达到现行国家标准《民用建筑隔声设计规范》GB 50118—2019中的低限标准限值和高要求标准限值的平均值，得3分；达到高要求标准限值，得5分。

(3) 充分利用天然光，评价总分值为12分，并按下列规则分别评分并累计。

① 住宅建筑室内主要功能空间至少60%面积比例区域，其采光照度值不低于300 lx的小时数平均不少于8 h/d，得9分。

② 公共建筑按下列规则分别评分并累计。

a. 内区采光系数满足采光要求的面积比例达到60%，得3分。

b. 地下空间平均采光系数不小于 0.5% 的面积与地下室首层面积的比例达到 10%以上，得 3 分。

c. 室内主要功能空间至少 60% 面积比例区域的采光照度值不低于采光要求的小时数平均不少于 4 h/d，得 3 分。

③ 主要功能房间有眩光控制措施，得 3 分。

4) 室内热湿环境

(1) 具有良好的室内热湿环境，评价总分值为 8 分，并按下列规则评分。

① 采用自然通风或复合通风的建筑，建筑主要功能房间室内热环境参数在适应性热舒适区域的时间比例达到 30%，得 2 分；每再增加 10%，再得 1 分，最高得 8 分。

② 采用人工冷热源的建筑，主要功能房间达到现行国家标准《民用建筑室内热湿环境评价标准》GB/T 50785—2012 规定的室内人工冷热源热湿环境整体评价Ⅱ级的面积比例，达到 60%，得 5 分；每再增加 10%，再得 1 分，最高得 8 分。

(2) 优化建筑空间和平面布局，改善自然通风效果，评价总分值为 8 分，并按下列规则评分。

① 住宅建筑。通风开口面积与房间地板面积的比例在夏热冬暖地区达到 12%，在夏热冬冷地区达到 8%，在其他地区达到 5%，得 5 分；每再增加 2%，再得 1 分，最高得 8 分。

② 公共建筑。过渡季典型工况下主要功能房间平均自然通风换气次数不小于 2 次/h 的面积比例达到 70%，得 5 分；每再增加 10%，再得 1 分，最高得 8 分。

(3) 设置可调节遮阳设施，改善室内热舒适，评价总分值为 9 分，根据可控遮阳调节设施的面积占外窗透明部分的比例，按表 3.4 的规则评分。

表 3.4　可控遮阳调节设施的面积占外窗透明部分比例评分规则

可控遮阳调节设施的面积占外窗透明部分比例 Sz	得　分
25%≤Sz<35%	3
35%≤Sz<45%	5
45%≤Sz<55%	7
Sz≥55%	9

3. 世界卫生组织(WHO)定义的“健康住宅”15 条标准

根据世界卫生组织的定义，健康住宅是指能够使居住者在身体上、精神上、社会上完全处于良好状态的住宅，健康住宅有 15 项标准。

(1) 会引起过敏症的化学物质的浓度很低。

(2) 为满足第一点的要求，尽可能不使用易散化学物质的胶合板、墙体装修材料等。

(3) 设有换气性能良好的换气设备，能将室内污染物质排至室外，特别是对高气密性、高隔热性来说，必须采用具有管的中央换气系统，进行定时换气。

(4) 在厨房灶具或吸烟处要设局部排气设备。

(5) 起居室、卧室、厨房、厕所、走廊、浴室等要全年保持在 17℃～27℃。

(6) 室内的湿度全年保持在 40%～70%。

(7) 二氧化碳要低于 1000 PPM。

(8) 悬浮粉尘浓度要低于 0.15 mg/m^2。

(9) 噪声要小于 50 分贝。

(10) 一天的日照确保在 3 小时以上。

(11) 设足够亮度的照明设备。

(12) 住宅具有足够的抗自然灾害的能力。

(13) 具有足够的人均建筑面积，并确保私密性。

(14) 住宅要便于护理老龄者和残疾人。

(15) 因建筑材料中含有有害挥发性有机物质，所有住宅竣工后要隔一段时间才能入住，在此期间要进行换气。

项 目 实 训

【实训内容】

进行绿色建筑健康舒适的评价实训(指导教师选择一个真实的工程项目或学校实训场地，带学生实训操作)，熟悉绿色建筑健康舒适的评价标准，从控制项、评分项等全过程模拟训练，熟悉绿色建筑健康舒适的技术要点和国家相应的规范要求。

【实训目的】

通过课堂学习结合课下实训达到熟练掌握绿色建筑健康舒适的评价标准和国家相应的技术要求，提高学生进行绿色建筑健康舒适评价的综合能力。

【实训要点】

(1) 通过对绿色建筑健康舒适的评价和技术措施的实训，培养学生加深对绿色建筑健康舒适国家标准的理解，掌握绿色建筑健康舒适技术要点，进一步加强对专业知识的掌握。

(2) 分组制订计划与实施。培养学生团队协作的能力，获取绿色建筑健康舒适的评价技术和经验。

【实训过程】

1) 实训准备要求

(1) 做好实训前相关资料查阅，熟悉绿色建筑健康舒适有关的规范要求。

(2) 准备实训所需的工具与材料。

2) 实训要点

(1) 实训前做好交底。

(2) 制订实训计划。

(3) 分小组进行，小组内部分工合作。

3) 实训操作步骤

(1) 按照绿色建筑健康舒适的要求，选择建筑室内环境方案。

(2) 进行建筑室内环境设计。

(3) 进行建筑室内环境质量性能分析。

(4) 做好实训记录和相关技术资料整理。

(5) 进行小组互评和最终评定。

4) 教师指导点评和疑难解答

5) 实地观摩

6) 进行总结

【实训项目基本步骤表】

步　骤	教师行为	学生行为
1	交代工作任务背景，引出实训项目	分好小组； 准备实训工具、材料和场地
2	布置绿色建筑健康舒适评价实训应做的准备工作	
3	使学生明确绿色建筑健康舒适评价实训的步骤	
4	学生分组进行实训操作，教师巡回指导	完成绿色建筑健康舒适评价实训全过程
5	结束指导点评实训成果	自我评价或小组评价
6	实训总结	小组总结并进行经验分享

【实训小结】

项目：		指导老师：
项目技能	技能达标分项	备　注
绿色建筑健康舒适	方案完善　　得0.5分 准备工作完善　　得0.5分 评价过程准确　　得1.5分 评价结果符合　　得 1.5分 分工合作合理　　得1分	根据职业岗位所需，技能需求，学生可以补充完善达标项
自我评价	对照达标分项　　得3分为达标 对照达标分项　　得4分为良好 对照达标分项　　得5分为优秀	客观评价
评议	各小组间互相评价 取长补短，共同进步	提供优秀作品观摩学习

自我评价＿＿＿＿＿＿＿＿　　个人签名＿＿＿＿＿＿＿＿

小组评价　达标率＿＿＿＿＿＿　　组长签名＿＿＿＿＿＿＿＿

良好率＿＿＿＿＿＿

优秀率＿＿＿＿＿＿

年　　月　　日

小　　结

室内空气质量是指室内空气中与人体健康有关的物理、化学、生物和放射性参数。人生约有 80%的时间是在建筑物内度过的，所呼吸的空气主要来自于室内，与室内污染物接触的机会和时间均多于室外。

室内空气污染是指在室内空气正常成分之外，又增加了新的成分，或原有的成分增加，其浓度和持续时间超过了室内空气的自净能力，而使空气质量发生恶化，对人们的健康和精神状态、生活、工作等方面产生影响的现象。

绿色建筑空气环境保障技术包括污染源控制、通风和室内空气净化等。

污染源控制是指从源头着手避免或减少污染物的产生；或利用屏障设施隔离污染物，不让其进入室内环境。

通风是借助自然作用力或机械作用力将不符合卫生标准的被污染的空气排放至室外或排至空气净化系统，同时将新鲜空气或净化后空气送入室内。

室内空气净化是利用特定的净化设备将室内被污染的空气净化后循环回到室内或排至室外。

生态小区声环境污染包括室外声环境污染和室内声环境污染。

最好的照明实际上来自天然光线，而人工照明一般都是静态的，与天然采光相比，缺少了活力。人工光源需要耗费大量的常规能源，自然采光是对自然资源的利用。

人工照明也就是“灯光照明”或“室内照明”，它是夜间主要光源，同时又是白天室内光线不足时的重要补充。人工照明环境具有功能和装饰两方面的作用。

围护结构的热作用过程无论是通过围护结构的传热传湿还是室内产热产湿，其作用形式包括对流换热(对流质交换)、导热(水蒸气渗透)和辐射三种形式。

绿色建筑健康舒适评价标准包括控制项和评分项。

习　　题

思考题

1. 什么是室内空气质量？建筑室内空气环境现状如何？
2. 建筑室内空气环境问题的起因有哪些？
3. 室内不同污染物的来源分别有哪些？
4. 室内空气质量对人体健康有哪些危害？
5. 室内空气污染源控制方法有哪些？
6. 室内通风措施有哪些？
7. 物理吸附有何主要特征？
8. 静电吸附工作原理是什么？
9. 绿色植物对室内空气净化有何作用？
10. 噪声控制的基本原理和方法有哪些？

11. 噪声控制的途径有哪些？
12. 绿色建筑光环境主要措施有哪些？
13. 围护结构的热作用形式有哪些？
14. 绿色建筑调节热湿环境的节能措施有哪些？
15. 绿色建筑健康舒适的评价标准包括哪些内容？

第4章 绿色建筑之生活便利

【内容提要】

本章以绿色建筑的生活便利为对象，主要讲述生活便利的基本概念、绿色建筑的生活便利评价标准等内容，并在实训环节提供绿色建筑生活便利专项技术实训项目，作为本教学章节的实践训练项目，以供学生训练和提高。

【技能目标】

◆ 通过对出行与无障碍的学习，巩固已学的相关出行与无障碍的基本知识，了解绿色建筑出行与无障碍的基本概念和设计要求。

◆ 通过对绿色建筑服务设施的学习，要求学生掌握绿色建筑服务设施的概念、居住建筑服务设施和公共建筑服务设施，掌握提高绿色建筑服务设施的设计要求。

◆ 通过对绿色建筑智慧运营的学习，要求学生掌握运营管理的概念和绿色建筑智慧运营的措施，以及我国智能建筑的发展。

◆ 通过对绿色建筑物业管理的学习，要求学生掌握物业管理的概念和绿色建筑物业管理的措施。

◆ 通过对绿色建筑生活便利评价标准的学习，要求学生掌握绿色建筑生活便利的评价标准。

本章是为了全面训练学生对绿色建筑生活便利的掌握能力，检查学生对绿色建筑生活便利内容知识的理解和运用程度而设置的。

【项目导入】

世上的人工设施和组织机构都需要通过精心的规划与执行，去谋求实现当初立意的目标——功能、经济收益、非经济的效果和收益等，这就是“运营管理”。

运营管理在其生命周期中相伴而行，是一项长期的工作与活动，不仅需要持续的人力与资金的投入，还需要有周详的策划与有力的执行。

如果运营管理存在缺陷，那么人工设施和组织机构的建设目标是不可能实现的。

按绿色建筑的理念推进建设，采用绿色技术进行建设，实施智慧运营管理，实现绿色建筑的便利生活服务，已经成为中国建筑业的主流。

绿色建筑生活便利项目主要包括出行与无障碍、服务设施、智慧运营、物业管理等方面。

4.1　出行与无障碍

【学习目标】了解出行与无障碍的基本概念，掌握绿色建筑出行与无障碍的设计要求。

无障碍设计是充分体现和保障不同需求使用者人身安全和心理健康的重要的内容，是提高人民生活质量，确保不同需求的人能够出行便利、安全地使用各种设施的基本保障。

1. 基本概念

(1) 出行。出行是指外出旅行、观光游览，或者车辆、行人从出发地向目的地移动的交通行为。

(2) 无障碍。无障碍是指在发展过程中没有阻碍，活动能够顺利进行。

(3) 无障碍设施。无障碍设施是指为了保障残疾人、老年人、儿童及其他行动不便者在居住、出行、工作、休闲娱乐和参加其他社会活动时，能够自主、安全、方便地通行和使用所建设的物质环境。

它主要包括以下设施：坡道、缘石坡道、盲道；无障碍垂直电梯、升降台等升降装置；警示信号、提示音响、指示装置；低位装置、专用停车位、专用观众席、安全扶手；无障碍厕所、厕位；无障碍标志；其他便于残疾人、老年人、儿童及其他行动不便者使用的设施。

(4) 缘石坡道。位于人行道口或人行横道两端，为了避免人行道路缘石带来的通行障碍，方便行人进入人行道的一种坡道。

(5) 无障碍出入口。在坡度、宽度、高度上以及地面材质、扶手形式等方面方便行动障碍者通行的出入口。

(6) 无障碍通道。在坡度、宽度、高度、地面材质、扶手形式等方面方便行动障碍者通行的通道。

(7) 无障碍楼梯。在楼梯形式、宽度、踏步、地面材质、扶手形式等方面方便行动及视觉障碍者使用的楼梯。

(8) 无障碍电梯。适合行动障碍者和视觉障碍者进出和使用的电梯。

(9) 无障碍机动车停车位。方便行动障碍者使用的机动车停车位。

2. 绿色建筑出行与无障碍要求的社会背景

我国已进入老龄化社会，根据民政部社会服务发展统计公报，目前，我国 60 岁以上老年人口已达 2.4 亿人，占总人口的 16.7%，其中 65 岁以上人口 1.5 亿人，占总人口的 10.8%。据中国市长协会《中国城市发展报告》预测，至 2050 年，老年人口将达到总人口的 34.1%。根据第六次全国人口普查数据，我国 0～14 岁人口为 22 245 万人，占总人口的 16.6%；残疾人口为 8502 万人，其中肢体伤残者占有相当的比例。为老年人、儿童、残疾人提供活动场地及相应的服务设施和方便、安全的居住生活条件等无障碍的出行环境，使老年人能安度晚年、儿童快乐成长、残疾人能享受国家、社会给予的生活保障，营造全龄友好的生活居住环境是绿色建筑设计不容忽略的重要问题。如建筑区内的绿地宜引导服务居民，尤其是老年人和残疾人的康复花园建设等。康复花园一般利用植物栽培和园艺操作活动，如栽培活动、植物陪伴、感受植物、采收成果等对来访者实现保健养生的作用。

3. 绿色建筑出行与无障碍设计要求

(1) 绿色建筑场地设计应坚持以人为本的基本原则，遵循适用、经济、绿色、美观的建筑方针。

(2) 绿色建筑场地设计应为老年人、儿童、残疾人的生活和社会活动提供便利的条件和场所。

(3) 绿色建筑场地应配套设置居民机动车和非机动车停车场(库)，并应符合下列规定。

① 机动车停车应根据当地机动化发展水平、建筑所处区位、用地及公共交通条件综合确定，并应符合所在地城市规划的有关规定。

② 地上停车位应优先考虑设置多层停车库或机械式停车设施，地面停车位数量不宜超过住宅总套数的10%。

③ 机动车停车场(库)应设置无障碍机动车位，并应为老年人、残疾人专用车等新型交通工具和辅助工具留有必要的发展余地。

④ 非机动车停车场(库)应设置在方便居民使用的位置。

⑤ 居住街坊应配置临时停车位。

⑥ 绿色建筑配建机动车停车位应具备充电基础设施安装条件。

(4) 绿色建筑场地内道路的规划设计应遵循安全便捷、尺度适宜、公交优先、步行友好的基本原则，并应符合现行国家标准《城市综合交通体系规划标准》GB/T 51328—2018的有关规定。

(5) 建筑区域的路网系统应与城市道路交通系统有机衔接，并应符合下列规定。

① 建筑区域应采取“小街区、密路网”的交通组织方式，路网密度应不小于8 km/km^2；城市道路间距应不超过300 m，宜为150～250 m，并应与居住街坊的布局相结合。

② 建筑区内的步行系统应连续、安全，符合无障碍要求，并应便捷连接公共交通站点。

③ 在适宜自行车骑行的地区，应构建连续的非机动车道。

④ 旧区改建，应保留和利用有历史文化价值的街道、延续原有的城市肌理。

(6) 绿色建筑场地内附属道路的规划设计应满足消防、救护、搬家等车辆的通达要求，并应符合下列规定。

① 主要附属道路至少应有两个车行出入口连接城市道路，其路面宽度应不小于4.0 m；其他附属道路的路面宽度不宜小于2.5 m。

② 人行出口间距不宜超过200 m。

③ 最小纵坡应不小于0.3%，最大纵坡应符合表4.1的规定；机动车与非机动车混行的道路，其纵坡宜按照或分段按照非机动车道要求进行设计。

表4.1 附属道路最大纵坡控制指标

%

道路类别及其控制内容	一般地区	积雪或冰冻地区
机动车道	8.0	6.0
非机动车道	3.0	2.0
步行道	8.0	4.0

4.2 服务设施

【学习目标】了解绿色建筑服务设施的基本概念和建筑全生命周期成本分析。

1. 服务设施的概念

建筑服务设施是指对应建筑区域分级配套规划建设，并与建筑人口规模或住宅建筑面积规模相匹配的生活服务设施。建筑服务设施主要包括公共管理与公共服务设施、商业服务业设施、市政公用设施、交通场站及社区服务设施、便民服务设施等。

2. 居住建筑服务设施

配套设施应遵循配套建设、方便使用、统筹开放、兼顾发展的原则进行配置，其布局应遵循集中和分散兼顾、独立和混合使用并重的原则。

1) 教育设施

初中、小学的建筑面积规模与用地规模应符合现行国家有关标准的规定。中、小学设施宜选址于安全、方便、环境适宜的地段，同时宜与绿地、文化活动中心等设施相邻。本标准提出学校选址应避开城市干道交叉口等交通繁忙的路段，应考虑车流、人流交通的合理组织，减少学校与周边城市交通的相互干扰。承担城市应急避难场所的学校，应坚持节约资源、合理利用、平灾结合的基本原则并符合相关国家标准的有关规定。学校体育场地是城市体育设施的重要组成部分，合理利用学校体育设施是节约与合理利用土地资源的有效措施，应鼓励学校体育设施向周边居民错时开放。

根据教育部相关研究预测，二孩政策后人口出生率将从目前的 12‰提高到 16‰。据此测算，15 分钟生活圈居住区居住人口规模下限宜配置 2 所 24 班初中，居住人口规模上限宜配置 1 所 24 班初中和 2 所 36 班初中。10 分钟生活圈居住人口规模下限宜配置 1 所 36 班小学，居住人口规模上限宜配置 1 所 24 班小学和 1 所 30 班小学。

根据《城市用地分类与规划建设用地标准》GB 50137—2011，教育机构幼儿园，其用地不属于公共管理与公共服务设施用地，本标准将其纳入社区服务设施章节。

2) 文化与体育设施

根据《公共文化体育设施条例》的规定，公共文化体育设施的数量、种类、规模以及布局，应当根据国民经济和社会发展水平、人口结构、环境条件以及文化体育事业发展的需要，统筹兼顾，优化配置。随着居民生活水平的提升，大众健康和文化意识不断加强，居住区文化体育设施使用人群不断扩大，已经接近全体居民，因此居住区文化体育设施应布局于方便安全、人口集中、便于群众参与活动、对生活休息干扰小的地段。文化体育设施需要一定的服务人口规模才能维持其运行，因此相对集中的设置既有利于多开展一些项目，又有利于设施的经营管理和土地的集约使用。居住区文化体育设施应合理组织人流、车流，宜结合公园绿地等公共活动空间统筹布局，应避免或减少对医院、学校、幼儿园和住宅等的影响。承担城市应急避难场所的文体设施，其建设标准应符合国家相关标准的规定。

本标准增加了大、中型多功能运动场项目，并对设施内容作出详细规定，提出了各类球类场地宜适当结合居住区公园等公共活动空间统筹布局。文化与体育设施中的文化活动中心是服务全体居民的全龄文化设施，应满足老年人休闲娱乐、学习交流、康体健身(室内)等功能的要求。“老年活动中心”职能纳入文化活动中心。

3) 医疗卫生设施

居住区卫生服务设施以社区卫生服务中心为主体，《城市社区卫生服务机构管理办法(试行)》(卫妇社〔2006〕239号)第九条规定“在人口较多、服务半径较大、社区卫生服务中心难以覆盖的社区，可适当设置社区卫生服务站或增设社区卫生服务中心”。社区卫生服务中心应布局在交通方便、环境安静地段，宜与养老院、老年养护院等设施相邻，不宜与菜市场、学校、幼儿园、公共娱乐场所、消防站、垃圾转运站等设施毗邻；其建筑面积与用地面积规模应符合国家现行有关标准的规定。

4) 社会福利设施

社会福利设施项目的设置标准是依据现行国家标准《城镇老年人设施规划规范》GB 50437—2007(2018年版)、《社区老年人日间照料中心建设标准》建标143—2010等相关标准、规范和政策文件确定的。根据《国务院关于加快发展养老服务业的若干意见》(〔2013〕35号文)提出的“生活照料、医疗护理、精神慰藉、紧急救援等养老服务覆盖所有居家老年人”的要求，居住区需配置的社会福利设施涉及养老院、老年养护院，同时应将老年人日间照料中心(托老所)纳入社区服务设施进行配套。

养老院、老年养护院的选址应满足地形平坦、阳光充足、通风和绿化环境良好，便于利用周边的生活、医疗等公共服务设施的要求。老年人更需要医疗设施，养老院、老年养护院宜临近社区卫生服务中心设置，并方便亲属探望；同时为缓解老年人的孤独感，可临近幼儿园、小学以及公共服务中心等设施布局。

养老院、老年养护院的建筑面积与用地面积规模应符合国家现行有关标准的相关规定。

5) 行政办公设施

居住区管理与服务类设施考虑与我国民政基层管理层级对应，即对应街道、社区两级。其中15分钟生活圈居住区配建的社区服务中心(街道级)属于城市公共管理与公共服务设施，5分钟生活圈居住区配建的社区服务站属于社区服务设施。《城乡社区服务体系建设规划(2016—2020年)》要求应按照每百户30 m^2标准配建城乡社区综合服务设施；原则上每个城乡社区应建有1个社区服务站；每个街道(乡镇)至少建有1个社区服务中心。目前街道级服务中心没有出台建设标准，从城市调研的实践案例汇总看，约半数城市选择在街道、居委会两个层面都设置服务中心(站)，符合国家的配建要求。本次修订提出按照街道和居委会两个层级设置服务中心(站)。社区服务中心(街道级)应满足国家对基层管理服务的基本要求，尤其要提供老年人服务功能，应为老年人提供家政服务、旅游服务、金融服务、代理服务、法律咨询等。随着社会不断发展，街道和社区服务职能会不断扩大，因此在规划配置街道办事处和社区服务中心(街道级)时应留有一定的发展空间。

司法所是司法行政机关最基层的组织机构，是城市司法局在街道的派出机构，负责具体组织实施和直接面向广大人民群众开展基层司法行政各项业务工作，包括法律事务援助、人民调解、服务保释、监外执行人员的社区矫正等事宜。根据《司法业务用房建设标准》的规定，街道应设置1处司法所，并应满足该建设标准的相关建设要求。

派出所是公安机关的基层组织，在选址上，既要考虑民警快速出警等工作的需要，也要满足便民、利民、为民的需要。本次标准修订根据《公安派出所建设标准》建标100的相关配置要求，按照一个街道配置 2 个派出所，每千人 1 个警员的基本要求；提出千人指标取值为 32～40 m^2；建筑面积宜为 1000～1600 m^2，用地面积适当考虑训练场地需求，宜为 1000～2000 m^2。

6) 商业服务业设施

菜市场既是广大居民日常生活必需的基本保障性商业类设施，又具有市场化经营的特点。考虑到市场经营的规模化需求，菜市场应布局在 10 分钟生活圈居住区服务范围内，应在方便运输车辆进出相对独立的地段，并应设置机动车、非机动车停车场；宜结合居住区各级综合服务中心布局，并符合环境卫生的相关要求。菜市场建筑面积宜为 750～1500 m^2，生鲜超市建筑面积宜为 2000～2500 m^2。

其他基层商业类设施，包括综合超市、理发店、洗衣店、药店、金融网点、电信网点和家政服务点等，可设置于住宅底层。银行、电信、邮政营业场所宜与商业中心、各级综合服务中心结合或邻近设置。

7) 公用设施与公共交通场站设施

本标准在配套设施设置表中列出了为居住区服务的市政公用设施，由于各类设施均有相关专业规划标准，因此本标准大多未提出千人控制指标；其配建标准建议依据相关规划标准或专项规划确定。

交通场站设施中，非机动车停车场和机动车停车场配置指标除考虑按照各城市机动车发展水平确定之外，在 15 分钟和 10 分钟生活圈居住区，宜结合公共交通换乘接驳地区设置集中非机动车停车场；还应考虑共享单车的停车布局问题，宜在距离轨道交通站点非机动车车程 15 min 内的居住街坊入口处设置不小于 30 m^2 的非机动车停车场。

8) 居住街坊配套设施

物业管理用房是针对居住开发建设项目而配置的，按照国家的相关要求，本标准建议宜按照不低于物业总建筑面积的 2‰配置物业管理用房，具体比例由各省市人民政府根据本地区实际情况确定。

居住街坊的文体活动设施主要考虑为活动范围较小的儿童和老年人使用，设置儿童活动场地、老年人室外活动场地。老年人室外活动场地可设置老年人的健身器械、散步道以及亭廊桌椅等休憩设施。从老年人生理和心理特点出发，居住街坊的老年人、儿童活动场所宜结合街坊附属绿地设置，以提高公共空间的使用效率。

老年人室外活动场地冬日要有温暖日光，夏日应考虑遮阳。同时由于南北方气候差异，在设计老年人室外活动场地时，应考虑地域气候的影响。南方地区日照比较强烈，日照时间长，应侧重考虑设置遮阴场所；而北方冬季较长，应侧重考虑设置冬季避风场所。

为方便居民接收快递送达服务，在居住街坊增设邮件和快件送达设施，可在居住区街坊人流出入便捷地段设置智能快件箱、智能信包箱以及其他可以接收邮件和快件的设施或场所，但该场所的设置不应影响居民对公共活动空间的正常使用。

居住街坊范围内的市政设施规划配置应符合相关标准或专业规划的要求。

3. 公共建筑服务设施

公共建筑主要服务功能是指面向公众的总体服务功能，如建筑中设有共用的会议设施、展览设施、健身设施、餐饮设施以及交往空间、休息空间等，提供休息座位、家属室、母婴室、活动室等人员停留、沟通交流、聚集活动等与建筑主要使用功能相适应的公共空间。

公共服务功能设施向社会开放共享也具有多种形式，可以全时开放，也可根据自身使用情况错时开放。例如，文化活动中心、图书馆、体育运动场、体育馆等，通过科学管理错时向社会公众开放；办公建筑的室外场地、停车库等在非办公时间向周边居民开放；会议室等向社会开放等。电动汽车充电桩的车位数占总车位数的比例不低于 10%，是适应电动汽车发展的必要措施。周边 500 m 范围内设有社会公共停车场(库)，也是对社会设施共享共用、建筑使用者出行便捷性的重要评价内容。本次修订还增加了城市步行公共通道等评价内容，以提高和保障城市公共空间步行系统的完整性和连续性，一方面为城市居民的出行提供便利、提高通达性，另一方面也是绿色建筑使用者出行便利的重要评价内容。

4.3 智慧运营

【学习目标】了解运营管理的基本概念和绿色建筑智慧运营措施。

世上的人工设施和组织机构都需要通过精心的规划与执行，去谋求实现当初立意的目标——功能、经济收益、非经济的效果和收益，这就是“运营管理”。大到一个国家、一座城市、一个行业，小到一幢建筑、一个企业，乃至一个家庭，运营管理都是不可缺失的。人工设施和组织机构大多都是长期存在的，因此运营管理必然在其生命周期中相伴而行。运营管理是一项长期的工作与活动，不仅需要持续的人力与资金的投入，还需要有周详的策划与有力的执行。如果运营管理存在缺陷，那么人工设施和组织机构的建设目标是不可能实现的。

1. 运营管理

运营管理(Operations Management)是确保能成功地向用户提供和传递产品与服务的科学。有效的运营管理必须准确把人、流程、技术和资金等要素整合在运营系统中创造价值。

任何人工设施和组织机构都有利益相关方，如服务对象(市民、顾客、游客、住户等)、从业人员、投资者和社会等，而运营管理要提供高质量的产品和服务，要激发从业人员的积极性，要为获得适当的投资回报以及保护环境去有效运营。这是管理人员向各利益相关方创造价值的唯一方式。

运营管理是一个投入、转换、产出的过程，也是一个价值增值的过程。运营必须考虑对运营活动进行计划、组织和控制。运营系统是上述变换过程得以实现的手段，运营管理要控制的目标是质量、成本、时间和适应性，这些目标的达成是人工设施和组织机构竞争力的根本。现代运营管理日益重视运营战略，广泛应用先进的运营方式(如网络营销、柔性运营等)和信息技术，注重环境问题(如绿色制造、低碳运营、生态物流等)，坚持道德标准和社会责任。这些都是人工设施和组织机构在日常活动中应当遵循的基本规律。

绿色建筑的运营管理同样也是投入、转换、产出的过程，并实现价值增值。通过运营管理来控制建筑物的服务质量、运行成本和生态目标的实现。

2. 全生命周期运营管理

人的生命总是有限的，人类创造的万事万物也有其生命周期。一种产品从原材料开采开始，经过原料加工、产品制造、产品包装、运输和销售，然后由消费者使用、回收和维修，再利用、最终进行废弃处理和处置，整个过程称为产品的生命周期，是一个“从摇篮到坟墓”的全过程。

绿色建筑自然也不例外，绿色建筑的各类绿色系统是由各类部品、设备、设施与智能化软件组成，同样具有全生命周期的特征，它们都要经历一个研制开发、调试、测试、运行、维护、升级、再调试、再测试、运行、维护、停机、数据保全、拆除和处置的全过程。

3. 绿色建筑的运营管理

中国的绿色建筑经过近 10 年的工程实践，建设业内对此已积累了大量的经验教训，各类绿色技术的应用日益成熟，绿色建筑建设的增量成本也从早期的盲目投入，逐步收敛到一个合理的范围。通常绿色建筑运营成本可以降低 8%～9%，价值可以增加 7.5%，投资的回报增长可以达到 6.6%，居住率相应地提高 3.5%，租房率约提高 3.0%，这些效益显然是鼓舞人心的。

1) 绿色建筑管理网络

建立运营、管理的网络平台，加强对节能、节水的管理和环境质量的监视，提高物业管理水平和服务质量；建立必要的预警机制和突发事件的应急处理系统。

2) 绿色建筑资源管理

(1) 节能与节水管理。

① 建立节能与节水的管理机制。

② 实现分户、分类计量与收费。

③ 节能与节水的指标达到设计要求。

④ 对绿化用水进行计量，建立并完善节水型灌溉系统。

(2) 耗材管理。

① 建立建筑、设备与系统的维护制度，减少因维修带来的材料消耗。

② 建立物业耗材管理制度，选用绿色材料。

(3) 绿化管理。

① 建立绿化管理制度。

② 采用无公害病虫害技术，规范杀虫剂、除草剂、化肥、农药等化学药品的使用，有效避免对土壤和地下水环境的损害。

(4) 垃圾管理。

① 建筑装修及维修期间，对建筑垃圾实行容器化收集，避免或减少建筑垃圾遗撒。

② 建立垃圾管理制度，对垃圾流向进行有效控制，防止无序倾倒和二次污染。

③ 生活垃圾分类收集、回收和资源化利用。

3) 改造利用

(1) 通过经济技术分析，采用加固、改造延长建筑物的使用年限。

(2) 通过改善建筑空间布局和空间划分，满足新增的建筑功能需求。

(3) 设备、管道的设置合理、耐久性好，方便改造和更换。

4) 环境管理体系

加强环境管理，建立 ISO 14000 环境管理体系，达到保护环境、节约资源、改善环境质量的目的。

5) 绿色建筑的运营管理涉及的内容

绿色建筑技术分为两大类：被动技术和主动技术。所谓被动绿色技术，就是不使用机械电气设备干预建筑物运行的技术，如建筑物围护结构的保温隔热、固定遮阳、隔声降噪、朝向和窗墙比的选择、使用透水地面材料等。而主动绿色技术则使用机械电气设备来改变建筑物的运行状态与条件，如暖通空调、雨污水的处理与回用、智能化系统应用、垃圾处理、绿化无公害养护、可再生能源应用等。被动绿色技术所使用的材料与设施，在建筑物的运行中一般养护的工作量很少，但也存在一些日常的加固与修补工作。

而主动绿色技术所使用的材料与设施，在日常运行中则需要使用能源、人力、材料资源等，以维持其有效功能，并且在一定的使用期后，必须进行更换或升级。

表 4.2 列出了与《绿色建筑评价标准》GB 50378—2019 相关的绿色建筑运营管理内容，描述了运行措施、运行成本和收益等。

表 4.2　与绿色建筑评价标准相关的绿色建筑运营管理内容

序　号	标准涉及的内容	运行措施	运行成本	收　益
1	合理设置停车场所	设置停车库/场管理系统	管理人员费、停车库/场管理系统维护费	方便用户，获取停车费
2	合理选择绿化方式，合理配置绿化植物	绿化园地日常养护	绿化园地养护费用	提供优美环境
3	集中采暖或集中空调的居住建筑，分室(户)温度调节、控制及分户热计量(分户热分摊)	设置分室(户)温度调节、控制装置及分户热计量装置或设施	控制系统维护费	方便用户，节省能耗，降低用能成本
4	冷热源、输配系统和照明等能耗进行独立分项计量	设置能耗分项计量系统	计量仪表/传感器和能耗分项计量系统维护费	为设备诊断和系统性节能提供数据
5	照明系统分区、定时、照度调节等节能控制	设置照明控制装置	检测器和照明控制系统维护费	方便用户，节省能耗，降低用能成本
6	排风能量回收系统设计合理并运行可靠	排风口设置能量回收装置	轮转式能量回收器维护费	节省能耗，降低用能成本
7	合理采用蓄冷蓄热系统	设置蓄冷蓄热设备	蓄冷蓄热设备维护费	降低用能成本
8	合理采用分布式热电冷联供技术	设置热电冷联供设备及其输配管线	管理人员费、燃料费、设备及管线维护费	提高能效，降低用能成本
9	合理利用可再生能源	设置太阳能光伏发电、太阳能热水、风力发电、地源/水源热泵设备及其输配管线	设备及管线维护费	节省能耗，降低用能成本

续表

序　号	标准涉及的内容	运行措施	运行成本	收　益
10	绿化灌溉采用高效节水灌溉方式	设置喷灌/微灌设备、管道及控制设备	设备及管道维护费	节省水耗，降低用水成本
11	循环冷却水系统设置水处理措施和(或)加药措施	设置水循环和水处理设备	设备维护费及运行药剂费	节省水耗，降低用水成本
12	利用水生动、植物进行水体净化	种植和投放水生动、植物	水生动、植物的养护费用	环境保护
13	采取可调节遮阳措施	设置可调节遮阳装置及控制设备	遮阳调节装置和控制系统维护费	节省能耗，降低用能成本
14	设置室内空气质量监控系统	设置室内空气质量检测器及监控设备	室内空气质量检测器和系统维护费	改善室内空气品质
15	地下空间设置与排风设备联动的一氧化碳浓度监测装置	设置一氧化碳检测器及控制设备	一氧化碳检测器和系统维护费	改善地下空间的环境
16	节能、节水设施工作正常	设置节能、节水设施设备	控制系统维护费	方便用户，节省能耗，降低用能成本
17	设备自动监控系统工作正常	设置设备自动监控系统	设备自动监控系统的检测器、执行器和系统维护费	节省能耗，降低用能成本，提高服务质量和管理效率
18	无不达标废气、污水排放	设置废气、污水处理设施	废气、污水处理设施的检测器、执行器和系统维护费，废气和污水的检测费	环境保护
19	智能化系统的运行效果	设置信息通信、设备监控和安全防范等智能化系统	智能化系统维护费	改善生活质量，节省能耗，提高服务质量和管理效率
20	空调通风系统清洗	日常清洗过滤网等，定期清洗风管	日常清洗人工费用，风管清洗专项费用	提高室内空气品质
21	信息化手段进行物业管理	设置物业管理信息系统	物业管理信息系统维护费	节省能耗，提高服务质量和管理效率
22	无公害病虫害防治	选用无公害农药及生物除虫方法	无公害农药及生物除虫费用	环境保护
23	植物生长状态良好	绿化园地日常养护	同 2	同 2
24	有害垃圾单独收集	设置有害垃圾单独收集装置与工作流程	有害垃圾单独收集工作费用	环境保护

续表

序 号	标准涉及的内容	运行措施	运行成本	收 益
25	可生物降解垃圾的收集与垃圾处理	设置可生物降解垃圾的收集装置和可生物降解垃圾的处理设施	可生物降解垃圾的收集人员费用和可生物降解垃圾处理设施的运行维护费	环境保护和减少垃圾清运量
26	非传统水源的水质记录	设置非传统水源的水表	非传统水源的水质检测费	保证非传统水源的用水安全

这些运行措施是众所周知的，但是它们的运行成本与收益往往因项目的技术与设施特点、管理的具体情况，而有着各种说法和数据。运行成本尚缺少数据的积累，收益则难以按每一项措施进行微观分列或宏观效果评价。

6) 提高绿色建筑运营水平的对策

国内绿色建筑运营水平不高的原因源于长期以来的“重建轻管”，这里有体制问题，也有操作机制问题。

我们追求建成了多少绿色建筑，这是建设者(项目投资方、设计方和施工方)的业绩。但是，核查绿色建筑的运营效果是否达到了设计目标，尤其是绿色措施出现问题时，建设者和管理者往往互相推诿责任，因为建设者不承担运营的责任，而管理者则是被动地去运营管理绿色建筑，并不将此作为自己的成就。

从经济核算的角度考虑，绿色措施的运营成本高于传统建筑，在低物业收益的状态下，不少物业管理机构其实把绿色建筑视为一种负担，常因某些理由不时地停用一些绿色设施。

为提高我国绿色建筑运营水平，有如下对策。

(1) 明确绿色建筑管理者的责任与地位。

物业管理机构接手绿色设计标识的建筑，应承担绿色设施运行正常并达到设计目标的责任，获得绿色运营标识，物业管理机构应得到80%的荣誉和不低于50%的奖励。建议建设部节能与科技司和房地产监管司合作，适时颁发“绿色建筑物业管理企业”证书，以鼓励重视绿色建筑工作的物业管理企业。

(2) 认定绿色建筑运行的增量成本。

绿色建筑建设有增量成本，运行相应地也有增量成本。而绿色建筑在节能和节水方面的经济收益是有限的，更多应是环境和生态的广义收益。

建议凡是通过绿色运营标识认证的建筑物，可按星级适当增加物业管理收费，以弥补其运行的增量成本，在机制上使绿色建筑的物业管理企业得到合理的工作回报。

(3) 建设者须以面向成本的设计DFC实行绿色建筑的建设。

绿色建筑不能不计成本地构建亮点工程，而是在满足用户需求和绿色目标的前提下，尽可能降低成本。建设者须以面向成本的设计方法来分析绿色建筑的建造过程、运行维护、报废处置等全生命周期中各阶段成本组成情况，通过评价找出影响建筑物运行成本过高的部分，优化设计降低全生命周期成本。

建设者(项目投资方、设计方)在完成绿色设施本身设计的同时，还须提供该设施的建设成本和运行成本分析资料，以说明该设计的合理性及可持续性。通过深入的设计和评价，可以促使建设者减少盲目行为，提高设计水平。

(4) 用好智能控制和信息管理系统，以真实的数据不断完善绿色建筑的运营。

运营时的能耗、水耗、材耗、使用人的舒适度等，是反映绿色目标达成的重要数据，通过这些数据，可以全面掌握绿色设施的实时运行状态，及时发现问题、调整设备参数；根据数据积累的统计值，比对找出设施的故障和资源消耗的异常，改进设施的运行，提升建筑物的能效。这些功能都需要智能控制和信息管理系统来实现。

绿色建筑的智能控制和信息管理系统广泛采集环境、生态、建筑物、设备、社会、经营等信息，有效监控绿色能源、蓄冷蓄热设备、照明与室内环境设备、变频泵类设备、水处理设备等设备，依据真实准确的数据来实现绿色目标的综合管理与决策。

经过几年的积累后，运营数据、成本和收益将能正确反映绿色建筑的实际效益。

绿色建筑只有通过有效的运营管理，才能达到预期的目标。我们要应用生命周期评价和成本分析的科学方法，理清绿色建筑运营管理的工作内容，准确掌握建设、运营维护费用所构成的生命周期成本，合理选用绿色技术，逐步完善绿色建筑运营的体制与机制，才能使我国的绿色建筑走上持续发展的道路。

4. 智能建筑

1) 智能建筑的定义

智能建筑指通过将建筑物的结构、系统、服务和管理根据用户的需求进行最优化组合，从而为用户提供一个高效、舒适、便利的人性化建筑环境。智能建筑是集现代科学技术之大成的产物，其技术基础主要由现代建筑技术、现代计算机技术、现代通信技术和现代控制技术所组成。

世界上第一座智能建筑于 1984 年由美国联合技术公司在美国哈特福德市建成，从而第一次出现了智能建筑的名称——Intelligent Building。

欧洲智能建筑集团定义——使其用户发挥最高效率，同时又以最低的保养成本，最有效地管理其本身资源的建筑。

美国智能建筑学会定义——通过对建筑物的 4 个要素，即结构、系统、服务、管理及其相互关系的最优考虑，为用户提供一个高效率和有经济效益的环境。

国际智能建筑物研究机构——通过对建筑物的结构、系统、服务和管理方面的功能以及其内在的联系，以最优化的设计，提供一个投资合理又拥有高效率的优雅舒适、便利快捷、高度安全的环境空间。智能建筑能够让其主人、财产的管理者和拥有者等意识到，他们在诸如费用开支、生活舒适、商务活动和人身安全等方面将得到最大利益的回报。

我国智能建筑设计标准——智能建筑(IB)是以建筑为平台，兼备建筑设备、办公自动化及通信网络系统，集结构、系统、服务、管理及它们之间的最优化组合，向人们提供一个安全、高效、舒适、便利的建筑环境。

2) 绿色建筑的智能化运行

绿色建筑智能化服务系统包括智能家居监控服务系统或智能环境设备监控服务系统，具体包括家电控制、照明控制、安全报警、环境监测、建筑设备控制、工作生活服务(如养老服务预约、会议预约)等系统与平台。控制方式包括电话或网络远程控制、室内外遥控、红外转发以及可编程定时控制等。

智能家居监控系统或智能环境设备监控系统是以相对独立的使用空间为单元，利用综合布线技术、网络通信技术、自动控制技术、音视频技术等将家居生活或工作事务有关的设施进行集成，构建高效的建筑设施与日常事务的管理系统，提升家居和工作的安全性、便利性、舒适性、艺术性，实现更加便捷适用的生活和工作环境，提高用户对绿色建筑的感知度。

智能化服务系统具备远程监控功能，使用者可通过以太网、移动数据网络等，实现对建筑室内物理环境状况、设备设施状态的监测，以及对智能家居或环境设备系统的控制、对工作生活服务平台的访问操作，从而可以有效提升服务便捷性。

智能化服务系统如果仅由物业管理单位来管理和维护的话，其信息更新与扩充的速度和范围一般会受到局限，如果智能化服务平台能够与所在的智慧城市(城区、社区)平台对接，则可有效实现信息和数据的共享与互通，实现相关各方的互惠互利。智慧城市(城区、社区)的智能化服务系统的基本项目一般包括智慧物业管理、电子商务服务、智慧养老服务、智慧家居、智慧医院等。

3) 智能建筑的项目组成

建筑智能化工程又称弱电系统工程，主要指通信自动化(CA)、楼宇自动化(BA)、办公自动化(OA)、消防自动化(FA)和保安自动化(SA)等，简称5A。其中包括的系统有：计算机管理系统工程、楼宇设备自控系统工程、通信系统工程、保安监控及防盗报警系统工程、卫星及共用电视系统工程、车库管理系统工程、综合布线系统工程、计算机网络系统工程、广播系统工程、会议系统工程、视频点播系统工程、智能化小区物业管理系统工程、可视会议系统工程、大屏幕显示系统工程、智能灯光、音响控制系统工程、火灾报警系统工程、计算机机房工程、一卡通系统工程等。

建筑智能化是多学科、多种新技术与传统建筑的结合，也是综合经济实力的象征。

4) 智能建筑的系统集成

(1) 智能建筑的系统集成是对弱电子系统进行统一的监测、控制和管理。集成系统将分散的、相互独立的弱电子系统，用相同的网络环境、相同的软件界面进行集中监视。

(2) 智能建筑的系统集成实现了跨子系统的联动，提高大厦的控制流程自动化。弱电系统实现集成以后，原本各自独立的子系统在集成平台的角度来看，就如同一个系统一样，无论信息点和受控点是否在一个子系统内都可以建立联动关系。

(3) 提供开放的数据结构，共享信息资源。随着计算机和网络技术的高度发展，信息环境的建立及形成已不是一件困难的事。

(4) 提高工作效率，降低运行成本。集成系统的建立充分发挥了各弱电子系统的功能。

目前比较常见的集成系统有如下几种。

(1) 智能化集成系统(intelligented integration system，IIS)。该系统将不同功能的建筑智能化系统，通过统一的信息平台实现集成，以形成具有信息汇集、资源共享及优化管理等综合功能的系统。

(2) 信息设施系统(information technology system infrastructure ，ITSI)。为确保建筑物与外部信息通信网的互联及信息畅通，将语音、数据、图像和多媒体等各类信息予以接收、交换、传输、存储、检索和显示等进行综合处理的多种类信息设备系统加以组合，提供实现建筑物业务及管理等应用功能的信息通信基础设施。

(3) 信息化应用系统(information technology application system，ITAS)。以建筑物信息设施系统和建筑设备管理系统等为基础，为满足建筑物各类业务和管理功能的多种类信息设备与应用软件而组合的系统。

(4) 建筑设备管理系统(building management system，BMS)。对建筑设备监控系统和公共安全系统等实施综合管理的系统。

(5) 公共安全系统(public security system，PSS)。为维护公共安全，综合运用现代科学技术，以应对危害社会安全的各类突发事件而构建的技术防范系统或保障体系。

(6) 机房工程(engineering of electronic equipment plant，EEEP)。为提供智能化系统的设备和装置等安装条件，以确保各系统安全、稳定和可靠地运行与维护的建筑环境而实施的综合工程。

5) 智能建筑的发展趋势

智能建筑节能是世界性的大潮流和大趋势，同时也是中国改革和发展的迫切需求，它具有不以人的主观意志为转移的客观必然性，是 21 世纪中国建筑事业发展的一个重点和热点。节能和环保是实现可持续发展的关键，可持续建筑应遵循节约化、生态化、人性化、无害化、集约化等基本原则，这些原则服务于可持续发展的最终目标。

从可持续发展理论出发，建筑节能的关键又在于提高能量效率，因此无论是制定建筑节能标准还是从事具体工程项目的设计，都应把提高能量效率作为建筑节能的着眼点。智能建筑也不例外，业主建设智能化大楼直接动因就是在高度现代化、高度舒适的同时能实现能源消耗大幅度降低，以达到节省大楼营运成本的目的。依据我国可持续建筑原则和现阶段国情特点，能耗低且运行费用最低的可持续建筑设计包含了以下技术措施：①节能；②减少有限资源的利用，开发、利用可再生资源；③室内环境的人道主义；④场地影响最小化；⑤艺术与空间的新主张；⑥智能化。

20 世纪 70 年代爆发能源危机以来，发达国家单位面积的建筑能耗已有大幅度的降低。与我国北京地区采暖日数相近的一些发达国家，新建建筑每年采暖能耗已从能源危机时的 300 kWh/m^2 降低至现在的 150 kWh/m^2 左右。在其后不会很长的时间内，建筑能耗还将进一步降低至 30～50 kWh/m^2。

创造健康、舒适、方便的生活环境是人类的共同愿望，也是建筑节能的基础和目标，为此，21 世纪的智能型节能建筑应该是：①冬暖夏凉；②通风良好；③光照充足，尽量采用自然光，天然采光与人工照明相结合；④智能控制，采暖、通风、空调、照明、家电等均可由计算机自动控制，既可按预定程序集中管理，又可局部手工控制，既满足不同场合下人们不同的需要，又可少用资源。

6) 我国智能建筑发展

在我国，由于智能建筑的理念契合了可持续发展的生态和谐发展理念，所以我国智能建筑更多凸显出的是节能环保性、实用性、先进性及可持续升级发展等特点，和其他国家的智能建筑相比，我国更加注重智能建筑的节能减排，更加追求的是智能建筑的高效和低碳等。这一切对于节能减排降低能源消耗等都具有非常积极的促进作用。

随着我国社会生产力水平的不断进步，以及我国计算机网络技术、现代控制技术、智能卡技术、可视化技术、无线局域网技术、数据卫星通信技术等高科技技术水平的不断提升，智能建筑将会在我国未来的城市建设中发挥更加重要的作用，将会作为现代建筑甚至未来建筑的一个有机组成部分，不断吸收并采用新的可靠性技术，实现设计和技术上的突破，为传统的建筑概念赋予新的内容，稳定且持续不断改进才是今后的发展方向。

4.4 物业管理

【学习目标】了解绿色建筑物业管理的基本概念和基本措施。

1. 物业管理

物业管理，是指业主通过选聘物业服务企业，由业主和物业服务企业按照物业服务合同约定，对房屋及配套的设施设备和相关场地进行维修、养护、管理，维护物业管理区域内的环境卫生和相关秩序的活动。

国家提倡业主通过公开、公平、公正的市场竞争机制选择物业服务企业，鼓励采用新技术、新方法，依靠科技进步提高物业管理和服务水平。国务院建设行政主管部门负责全国物业管理活动的监督管理工作。县级以上地方人民政府房地产行政主管部门负责本行政区域内物业管理活动的监督管理工作。

2. 业主及业主大会

房屋的所有权人为业主，物业管理区域内全体业主组成业主大会。业主大会应当代表和维护物业管理区域内全体业主在物业管理活动中的合法权益。一个物业管理区域成立一个业主大会。物业管理区域的划分应当考虑物业的共用设施设备、建筑物规模、社区建设等因素，具体办法由省、自治区、直辖市制定。

同一个物业管理区域内的业主，应当在物业所在地的区、县人民政府房地产行政主管部门或者街道办事处、乡镇人民政府的指导下成立业主大会，并选举产生业主委员会。但是，只有一个业主的，或者业主人数较少且经全体业主一致同意，决定不成立业主大会的，由业主共同履行业主大会、业主委员会的职责。

3. 绿色建筑物业管理措施

(1) 建立完善的节能、节水、节材、绿化的操作管理制度、工作指南和应急预案，并放置、悬挂或张贴在各个操作现场的明显处。

例如，可再生能源系统操作规程、雨废水回收利用系统作业标准等。节能、节水设施的运行维护技术要求高，维护的工作量大，无论是自行运维还是购买专业服务，都需要建立完善的管理制度及应急预案，并应在日常运行中做好记录，通过专业化的物业管理促使操作人员有效保证工作的质量。

(2) 物业管理机构在保证建筑的使用性能要求、投诉率低于规定值的前提下，实现其经济效益与建筑用能系统的耗能状况、水资源等的使用情况直接挂钩。

在运营管理中，建筑运行能耗可参考现行国家标准《民用建筑能耗标准》GB/T 51161—2016制定激励政策，建筑水耗可参考现行国家标准《民用建筑节水设计标准》GB 50555—2010制定激励政策。通过绩效考核，调动各方面的节能、节水积极性。

(3) 绿色建筑日用水量满足国家标准《民用建筑节水设计标准》GB 50555—2010的要求。

计算平均日用水量时，应实事求是地确定用水的使用人数、用水面积等。使用人数在项目使用初期可能不会达到设计人数，如住宅的入住率可能不会很快达到100%，因此对与用水人数相关的用水，如饮用、盥洗、冲厕、餐饮等，应根据用水人数来计算平均日用水量；对使用人数相对固定的建筑，如办公建筑等，按实际人数计算；对浴室、商场、餐厅等流动人口较大且数量无法明确的场所，可按设计人数计算。将平均日用水量与节水用水定额进行比较来制定。

对与用水人数无关的用水，如绿化灌溉、地面冲洗、水景补水等，则根据实际水表计量情况进行考核。

(4) 对绿色建筑的运营效果进行评估是及时发现和解决建筑运营问题的重要手段，也是优化绿色建筑运营的重要途径。

绿色建筑涉及的专业面广，所以制定绿色建筑运营效果评估技术方案和评估计划，是评估有序和全面开展的保障条件。根据评估结果，可发现绿色建筑是否达到预期运营目标，进而针对发现的运营问题制定绿色建筑优化运营方案，保持甚至提升绿色建筑运营效率和运营效果。

(5) 保持建筑及其区域的公共设施设备系统、装置运行正常，做好定期巡检和维保工作，是绿色建筑长期运营管理中实现各项目标的基础。制定的管理制度、巡检规定、作业标准及相应的维保计划是确保使用者安全、健康的基本保障。定期巡检包括：公共设施设备(管道井、绿化、路灯、外门窗等)的安全、完好程度、卫生情况等；设备间(配电室、机电系统机房、泵房)的运行参数、状态、卫生等；消防设备设施(室外消防栓、自动报警系统、灭火器)等完好程度、标识、状态等；建筑完损等级评定(结构部分的墙体、楼盖、楼地面、幕墙、装修部分的门窗、外装饰、细木装修、内墙抹灰等)的安全检测、防锈防腐等，以上内容还应做好归档和记录。

系统、设备、装置的检查、调适不仅限于新建建筑的试运行和竣工验收阶段，而应是一项持续性、长期性的工作。建筑运行期间，所有与建筑运行相关的管理、运行状态，建筑构件的耐久性、安全性等会随时间、环境、使用需求调整而发生变化，因此持续到位的维护特别重要。

(6) 物业管理机构有责任定期(每年)开展能源诊断。

住宅类建筑能源诊断的内容主要包括：能耗现状调查、室内热环境和暖通空调系统等现状诊断。住宅类建筑能源诊断检测方法可参照现行行业标准《居住建筑节能检测标准》JGJ/T 132—2009 的有关规定。公共建筑能源诊断的内容主要包括：冷水机组、热泵机组的实际性能系数，锅炉运行效率，水泵效率，水系统补水率，水系统供回水温差，冷却塔冷却性能，风机单位风量耗功率，风系统平衡度等，公共建筑能源诊断检测方法可参照现行行业标准《公共建筑节能检测标准》JGJ/T177—2009 的有关规定。

(7) 水质的检测应按现行国家标准《生活饮用水标准检验方法》GB/T 5750.1～GB/T 5750.13—2006、现行行业标准《城镇供水水质标准检验方法》CJ/T 141—2018 等执行，并保证至少每季度对各类用水水质的常规指标进行 1 次检测。

能源诊断和水质检测可由物业管理部门自检，或委托具有资质的第三方检测机构进行定期检测。物业管理部门应保存历年的能源诊断和水质检测记录，并至少提供最近一年完整机电系统作业标准、各类检测器的标定记录、运行数据或第三方检测的数据等资料，不断提升设备系统的性能。

(8) 在建筑物长期的运行过程中，用户和物业管理人员的意识与行为，直接影响绿色建筑的目标实现，因此需要坚持倡导绿色理念与绿色生活方式的教育宣传制度，培训各类人员正确使用绿色设施，形成良好的绿色行为与风气。

(9) 建立绿色教育宣传和实践活动机制，可以促进普及绿色建筑知识，让更多的人了解绿色建筑的运营理念和有关要求。尤其是通过媒体报道和公开有关数据，能营造关注绿色理念、践行绿色行为的良好氛围。

(10) 鼓励形式多样的绿色生活展示、体验或交流分享的平台，包括利用实体平台和网络平台的宣传、推广和活动，如建立绿色生活的体验小站、旧物置换、步数绿色积分、绿色小天使亲子活动等。定期发放绿色设施使用手册——为建筑使用者及物业管理人员提供各类设备设施的功能、作用及使用说明的文件。绿色设施包括建筑设备管理系统、节能灯具、遮阳设施、可再生能源系统、非传统水源系统、节水器具、节水绿化灌溉设施、垃圾分类处理设施等。营造出使用者爱护环境、绿色家园共建的氛围。

(11) 建筑应满足使用者的需求，绿色建筑最终应用效果的重要判据之一是建筑使用者的评判和满意度。使用者满意度调查的内容主要针对安全耐久、健康舒适、生活便利、资源节约(侧重节能、节水)、环境宜居的绿色性能，并着重关注物业管理、秩序与安全、车辆管理、公共环境、建筑外墙维护等。应根据满意度调查结果制定建筑性能提升改进措施并加以落实，尤其针对使用者不太满意的调查内容。

4.5 绿色建筑生活便利评价标准

【学习目标】掌握绿色建筑生活便利的评价标准。

1. 控制项

(1) 建筑、室外场地、公共绿地、城市道路相互之间应设置连贯的无障碍步行系统。

(2) 场地人行出入口 500 m 内应设有公共交通站点或配备联系公共交通站点的专用接驳车。

(3) 停车场应具有电动汽车充电设施或具备充电设施的安装条件，并应合理设置电动汽车和无障碍汽车停车位。

(4) 自行车停车场所应位置合理、方便出入。

(5) 建筑设备管理系统应具有自动监控管理功能。

(6) 建筑应设置信息网络系统。

2. 评分项

1) 出行与无障碍

(1) 场地与公共交通站点联系便捷，评价总分值为8分，并按下列规则分别评分并累计。

① 场地出入口到达公共交通站点的步行距离不超过500 m，到达轨道交通站的步行距离不大于 800 m，得2分；场地出入口到达公共交通站点的步行距离不超过300 m，或到达轨道交通站的步行距离不大于 500 m，得4分。

② 场地出入口步行距离 800 m 范围内设有不少于2条线路的公共交通站点，得4分。

(2) 建筑室内外公共区域满足全龄化设计要求，评价总分值为8分，并按下列规则分别评分并累计。

① 建筑室内公共区域、室外公共活动场地及道路均满足无障碍设计要求，得 3 分。

② 建筑室内公共区域的墙、柱等处的阳角均为圆角，并设有安全抓杆或扶手，得 3 分。

③ 设有可容纳担架的无障碍电梯，得 2 分。

2) 服务设施

(1) 提供便利的公共服务，评价总分值为 10 分，并按下列规则评分。

① 住宅建筑，满足下列要求中的 4 项，得 5 分；满足 6 项及以上，得 10 分。

a. 场地出入口到达幼儿园的步行距离不大于 300 m。

b. 场地出入口到达小学的步行距离不大于 500 m。

c. 场地出入口到达中学的步行距离不大于 1000 m。

d. 场地出入口到达医院的步行距离不大于 1000 m。

e. 场地出入口到达群众文化活动设施的步行距离不大于 800 m。

f. 场地出入口到达老年人日间照料设施的步行距离不大于 500 m。

g. 场地周边 500 m 范围内具有不少于 3 种商业服务设施。

② 公共建筑，满足下列要求中的 3 项，得 5 分；满足 5 项，得 10 分。

a. 建筑内至少兼容两种面向社会的公共服务功能。

b. 建筑向社会公众提供开放的公共活动空间。

c. 电动汽车充电桩的车位数占总车位数的比例不低于 10%。

d. 周边 500 m 范围内设有社会公共停车场(库)。

e. 场地不封闭或场地内步行公共通道向社会开放。

(2) 城市绿地、广场及公共运动场地等开敞空间，步行可达，评价总分值为 5 分，并按下列规则分别评分并累计。

① 场地出入口到达城市公园绿地、居住区公园、广场的步行距离不大于 300 m，得 3 分。

② 到达中型多功能运动场地的步行距离不大于 500 m，得 2 分。

(3) 合理设置健身场地和空间，评价总分值为 10 分，并按下列规则分别评分并累计。

① 室外健身场地面积不少于总用地面积的 0. 5%，得 3 分。

② 设置宽度不少于 1.25 m 的专用健身慢行道，健身慢行道长度不少于用地红线周长的 1/4 且不少于 100 m，得 2 分。

③ 室内健身空间的面积不少于地上建筑面积的 0.3%且不少于 60 m^2，得 3 分。

④ 楼梯间具有天然采光和良好的视野，且距离主入口的距离不大于 15 m，得 2 分。

3) 智慧运营

(1) 设置分类、分级用能自动远传计量系统，且设置能源管理系统实现对建筑能耗的监测、数据分析和管理，评价分值为 8 分。

(2) 设置 PM10、PM2.5、CO_2 浓度的空气质量监测系统，且具有存储至少一年的监测数据和实时显示等功能，评价分值为 5 分。

(3) 设置用水远传计量系统、水质在线监测系统，评价总分值为 7 分，并按下列规则分别评分并累计。

① 设置用水量远传计量系统，能分类、分级记录、统计分析各种用水情况，得 3 分。

② 利用计量数据进行管网漏损自动检测、分析与整改，管道漏损率低于 5%，得 2 分。

③ 设置水质在线监测系统，监测生活饮用水、管道直饮水、游泳池水、非传统水源、空调冷却水的水质指标，记录并保存水质监测结果，且能随时供用户查询，得2分。

(4) 具有智能化服务系统，评价总分值为9分，并按下列规则分别评分并累计。

① 具有家电控制、照明控制、安全报警、环境监测、建筑设备控制、工作生活服务等至少3种类型的服务功能，得3分。

② 具有远程监控的功能，得3分。

③ 具有接入智慧城市(城区、社区)的功能，得3分。

4) 物业管理

(1) 制定完善的节能、节水、节材、绿化的操作规程、应急预案，实施能源资源管理激励机制，且有效实施，评价总分值为5分，并按下列规则分别评分并累计。

① 相关设施具有完善的操作规程和应急预案，得2分。

② 物业管理机构的工作考核体系中包含节能和节水绩效考核激励机制，得3分。

(2) 建筑平均日用水量满足现行国家标准《民用建筑节水设计标准》GB 50555—2010中节水用水定额的要求，评价总分值为5分，并按下列规则评分。

① 平均日用水量大于节水用水定额的平均值，不大于上限值，得2分。

② 平均日用水量大于节水用水定额下限值，不大于平均值，得3分。

③ 平均日用水量不大于节水用水定额下限值，得5分。

(3) 定期对建筑运营效果进行评估，并根据结果进行运营优化，评价总分值为12分，并按下列规则分别评分并累计。

① 制定绿色建筑运营效果评估的技术方案和计划，得3分。

② 定期检查、调试公共设施设备，具有检查、调试、运行、标定的记录，且记录完整，得3分。

③ 定期开展节能诊断评估，并根据评估结果制定优化方案并实施，得4分。

④ 定期对各类用水水质进行检测、公示，得2分。

(4) 建立绿色教育宣传和实践机制，编制绿色设施使用手册，形成良好的绿色氛围，并定期开展使用者满意度调查，评价总分值为8分，并按下列规则分别评分并累计。

① 每年组织不少于2次的绿色建筑技术宣传、绿色生活引导、灾害应急演练等绿色教育宣传和实践活动，并有活动记录，得2分。

② 具有绿色生活展示、体验或交流分享的平台，并向使用者提供绿色设施使用手册，得3分。

③ 每年开展1次针对建筑绿色性能使用者的满意度调查，且根据调查结果制定改进措施并实施、公示，得3分。

项 目 实 训

【实训内容】

进行绿色建筑生活便利的评价实训(指导教师选择一个真实的工程项目或学校实训场地，带学生实训操作)，熟悉绿色建筑生活便利的评价标准，从控制项、评分项等全过程模拟训练，熟悉绿色建筑生活便利的技术要点和国家相应的规范要求。

【实训目的】

通过课堂学习结合课下实训达到熟练掌握绿色建筑生活便利的评价标准和国家相应的技术要求，提高学生进行绿色建筑生活便利评价的综合能力。

【实训要点】

(1) 通过对绿色建筑生活便利的评价和技术措施的实训，培养学生加深对绿色建筑生活便利国家标准的理解，掌握绿色建筑生活便利技术要点，进一步加强对专业知识的理解。

(2) 分组制订计划与实施，培养学生团队协作的能力，获取绿色建筑生活便利的评价技术和经验。

【实训过程】

1) 实训准备要求

(1) 做好实训前相关资料查阅，熟悉绿色建筑生活便利有关的规范要求。

(2) 准备实训所需的工具与材料。

2) 实训要点

(1) 实训前做好交底。

(2) 制订实训计划。

(3) 分小组进行，小组内部分工合作。

3) 实训操作步骤

(1) 按照绿色建筑生活便利的要求，选择建筑服务设施及管理方案。

(2) 进行建筑服务设施设计。

(3) 进行建筑室内智慧运营分析。

(4) 做好实训记录和相关技术资料整理。

(5) 进行小组互评和最终评定。

4) 教师指导点评和疑难解答

5) 实地观摩

6) 进行总结

【实训项目基本步骤表】

<table>
<tr><th>步　骤</th><th>教师行为</th><th>学生行为</th></tr>
<tr><td>1</td><td>交代工作任务背景，引出实训项目</td><td rowspan="3">分好小组；
准备实训工具、材料和场地</td></tr>
<tr><td>2</td><td>布置绿色建筑生活便利评价实训应做的准备工作</td></tr>
<tr><td>3</td><td>使学生明确绿色建筑生活便利评价实训的步骤</td></tr>
<tr><td>4</td><td>学生分组进行实训操作，教师巡回指导</td><td>完成绿色建筑生活便利评价实训全过程</td></tr>
<tr><td>5</td><td>结束指导点评实训成果</td><td>自我评价或小组评价</td></tr>
<tr><td>6</td><td>实训总结</td><td>小组总结并进行经验分享</td></tr>
</table>

【实训小结】

项目：　　　　　　　　　　　　　　　　　　指导老师：

项目技能	技能达标分项	备　注
绿色建筑生活便利	方案完善　得0.5分 准备工作完善　得0.5分 评价过程准确　得1.5分 评价结果符合　得 1.5分 分工合作合理　得1分	根据职业岗位所需，技能需求，学生可以补充完善达标项
自我评价	对照达标分项　得3分为达标 对照达标分项　得4分为良好 对照达标分项　得5分为优秀	客观评价
评议	各小组间互相评价 取长补短，共同进步	提供优秀作品观摩学习

自我评价＿＿＿＿＿＿＿＿　　　　　个人签名＿＿＿＿＿＿＿＿

小组评价　达标率＿＿＿＿＿＿　　　　组长签名＿＿＿＿＿＿＿＿

良好率＿＿＿＿＿＿

优秀率＿＿＿＿＿＿

年　　月　　日

小　　结

无障碍设施是指为了保障残疾人、老年人、儿童及其他行动不便者在居住、出行、工作、休闲娱乐和参加其他社会活动时，能够自主、安全、方便地通行和使用所建设的物质环境。绿色建筑场地设计应为老年人、儿童、残疾人的生活和社会活动提供便利的条件和场所。

建筑服务设施是指对应建筑区域分级配套规划建设，并与建筑人口规模或住宅建筑面积规模相匹配的生活服务设施。建筑服务设施主要包括公共管理与公共服务设施、商业服务业设施、市政公用设施、交通场站及社区服务设施、便民服务设施等。

配套设施应遵循配套建设、方便使用，统筹开放、兼顾发展的原则进行配置，其布局应遵循集中和分散兼顾、独立和混合使用并重的原则。

公共建筑主要服务功能是指建筑面向公众的总体服务功能，如建筑中设有公用的会议设施、展览设施、健身设施、餐饮设施以及交往空间、休息空间，提供休息座位、家属室、母婴室、活动室等人员停留、沟通交流、聚集活动等与建筑主要使用功能相适应的公共空间。

运营管理是确保能成功地向用户提供和传递产品与服务的科学。有效的运营管理必须准确地把人、流程、技术和资金等要素整合在运营系统中创造价值。

智能建筑是指通过将建筑物的结构、系统、服务和管理根据用户的需求进行最优化组合，从而为用户提供一个高效、舒适、便利的人性化建筑环境。智能建筑是集现代科学技术之大成的产物，其技术基础主要由现代建筑技术、现代计算机技术、现代通信技术和现代控制技术所组成。

物业管理，是指业主通过选聘物业服务企业，由业主和物业服务企业按照物业服务合同约定，对房屋及配套的设施设备和相关场地进行维修、养护、管理，维护物业管理区域内的环境卫生和相关秩序的活动。

绿色建筑生活便利评价标准包括控制项和评分项。

习 题

思考题

1. 什么是无障碍设施？无障碍设施主要包括哪些设施？
2. 绿色建筑出行与无障碍设计要求有哪些？
3. 建筑服务设施有哪些？
4. 居住建筑服务设施包括有哪些内容？
5. 公共建筑主要公共服务功能有哪些？
6. 何谓运营管理？
7. 绿色建筑资源管理包括哪些内容？
8. 绿色建筑的运营管理涉及内容有哪些？
9. 提高绿色建筑运营水平的对策有哪些？
10. 何谓智能建筑？
11. 何谓物业管理？
12. 绿色建筑物业管理措施有哪些？
13. 绿色建筑生活便利的评价标准包括哪些内容？

第 5 章　绿色建筑之资源节约

【内容提要】

本章以绿色建筑资源节约为对象，主要讲述建筑节地、节能、节水、节材的基本概念、含义和重要性。详细讲述了绿色建筑节地、节能、节水、节材的主要措施，以及绿色建筑资源节约评价标准等内容，并在实训环节提供绿色建筑资源节约专项技术实训项目，作为本教学章节的实践训练项目，以供学生训练和提高。

【技能目标】

- 通过对建筑节地与土地利用的学习，了解绿色建筑节地与土地利用的基本概念、含义和节地措施。
- 通过对建筑节能与能源利用的学习，了解绿色建筑节能与能源利用的基本概念、含义和节能措施。
- 通过对建筑节水与水资源利用的学习，了解绿色建筑节水与水资源利用的基本概念、含义和节水措施。
- 通过对建筑节材与绿色建材的学习，了解绿色建筑节材与绿色建材的基本概念、含义和节材措施。
- 通过对绿色建筑资源节约评价标准的学习，要求学生掌握绿色建筑资源节约的评价标准。

本章是为了全面训练学生对绿色建筑资源节约的掌握能力，检查学生对绿色建筑资源节约内容知识的理解和运用程度而设置的。

【项目导入】

中国是一个发展中大国，又是一个建筑大国，每年新建房屋面积高达 17 亿～18 亿平方米，超过所有发达国家每年建成建筑面积的总和。随着全面建设小康社会的逐步推进，建设事业迅猛发展，建筑能耗迅速增长。所谓建筑能耗指建筑使用能耗，包括采暖、空调、热水供应、照明、炊事、家用电器、电梯等方面的能耗。其中采暖、空调能耗占 60%～70%。中国既有的近 500 亿平方米建筑中，仅有 10%为节能建筑，其余无论是从建筑围护结构还是采暖空调系统来衡量，均属于高耗能建筑。单位面积采暖所耗能源相当于纬度相近的发达国家的 2～3 倍。这是由于中国的建筑围护结构保温隔热性能差，采暖用能的 2/3 白白跑掉。建筑耗能总量在中国能源消费总量中的份额已超过 27%，逐渐接近三成。

5.1　绿色建筑节地与土地利用

【学习目标】了解绿色建筑场地选址的基本要求，掌握绿色建筑节地措施。

1. 场地选址

合理选择建设用地，避免建设用地周边环境对建设项目可能产生的不良影响，同时减少建设用地选址给周边环境造成的负面影响。

在满足国家和地方对土地开发与规划选址相关的法律条文、标准、规程、规范的基础上，综合考虑土地资源、防灾减灾、环境污染、文物保护、现有设施利用等多方面因素，确定建设选址计划，体现可持续发展的原则，达到规划、建筑与环境有机地结合。

场地选址的基本要求。

(1) 所选的场址能推动城市建设和城市发展。

(2) 保证场址环境的安全可靠，确保对自然灾害有充分的抵御能力。

(3) 保护耕地、林地及生态湿地，合理利用土地资源。

(4) 充分发挥建设场址周围水系在提高环境景观品位、调节局地气候、营造动植物生存环境上的作用，尽可能减少对场址及周边环境自然地貌的改变。

(5) 尽量减少对场址及周边环境生态系统的改变。

(6) 避免将建筑建设在有污染的区域，保证场地的环境质量。

(7) 有效地利用建设用地内及周边的现有交通设施和市政基础设施，减少交通和市政基础设施建设的投入。

2. 绿色建筑节地措施

1) 节地措施

(1) 建造多层、高层建筑，提高建筑容积率。公共建筑要适当提高建筑密度。居住建筑要在符合健康卫生、节能及采光标准的前提下合理确定建筑密度和容积率。

(2) 利用地下空间，增加城市容量，改善城市环境。要深入开发利用城市地下空间，实现城市的集约用地。

(3) 旧区改造为绿色住区。由于历史的种种原因，老居住区绿地普遍存在着“绿化面积少、布局不合理”的问题，拆除原有附属用房、拆房还绿，因地制宜，合理利用周边环境，对原有以水体为主的地形地貌加以改造后建公园、绿地等。

(4) 褐地开发。褐地是指因含有或可能含有危害性物质、污染物或致污物而使得扩张、再开发或再利用变得复杂的不动产，包括因污染或可能受污染的废弃、闲置的工业用地。利用褐地发展风能、太阳能及生物能等可再生能源工业项目是目前发展重点之一。

(5) 开发节地建筑材料。发展工业废料、建筑垃圾生产砌块等墙体材料，进一步减少黏土砖生产对耕地的占用和破坏。

2) 高层建筑与节地

高层建筑适地性与节地性研究对于我国城市建设、人口及土地资源利用、高层建筑的现在和未来、国民经济发展和人类生存环境有着一定的意义。相对于一般多层建筑，高层建筑有其自身的许多优势。超高层建筑节地实例如下。

(1) 巨构建筑——索勒瑞的构想。

建筑师保罗•索勒瑞(Polo Soleri)将生态学(Ecology)和建筑学(Architecture)两词合并为Arcology，创立了生态建筑学。生态建筑学所要研究的基本内容是在人与自然协调发展的原则下，运用生态学原理和方法，协调人、建筑与自然环境间的关系，寻求创造生态建筑环境的途径和设计方法。生态型建筑的概念则更为宽广，泛指一切在生态设计理念指导下的建筑形态，它们或是运用生态建筑理论，或是利用相关技术，借用其他学科的理论与实践成果等。从生态建筑到生态型建筑，是概念外延拓展的过程。生态型建筑就其本质来说是，一种建筑为人类营造适宜的使用空间是其首要目的，其次才是以因利乘便或因势利导的方式去实现生态的目标。

巨构建筑事实上是一个城市原型，从外形上看是一个具有 1000 米高度的塔状建筑综合体，总占地面积约 1000 平方米，城市的居住区布置在综合体的表层，公共建筑则集中在综合体的裙房，所有的城市功能紧密相连，以期将资源的消耗降到最低。巨构建筑还考虑了能源利用的效率以及新能源的开发，降低了对常规能源的依赖。

巨构建筑地段选择：洛杉矶和拉斯维加斯之间的莫吉夫沙漠。

工程概况：高约 1000 米，周围环绕着两组集中式的名为室外会场的裙房，可提供 1044 万平方米使用面积，可容纳 10 万永久居民。

比较：洛杉矶市区面积 33 000 平方米，容纳了 100 100 人，一座巨构建筑仅占用 1000 平方米的土地，也容纳了 10 万人。

(2) 福斯特等人的“千年塔”。

“千年塔”是 1989 年由福斯特建筑事务所最早提出的，用以解决东京开发用地短缺和人口过剩的问题。按计划，千年塔(Millennium Tower)应建在距东京湾 1.2 英里处的海岸边，有 170 层楼那么高，占地面积 0.4 平方英里，可用于商业和居住。千年塔可以容纳 6 万人，有一条高速地铁网，每次载客量为 160 人，保证当地居民正常出行。千年塔每隔 13 层都设有一个交通中转站，公交系统连接这些交通枢纽，乘客可在这些中转站上下车，或转乘电梯和移动人行道。千年塔的风力涡轮机和安装在上层的太阳能电池板可以为整栋建筑提供可持续能源，是目前提出的最环保的理想城市设计方案之一。

5.2 绿色建筑节能与能源利用

【学习目标】了解绿色建筑节能的基本含义，掌握绿色建筑节能措施。

1. 建筑节能基本含义

1) 建筑节能基本概念

在发达国家最初为减少建筑中能量的散失，普遍将建筑节能称为“提高建筑中的能源利用率”，在保证提高建筑舒适性的条件下，合理使用能源，不断提高能源利用效率。

建筑节能具体指在建筑物的规划、设计、新建(改建、扩建)、改造和使用过程中，执行节能标准，采用节能型的技术、工艺、设备、材料和产品，提高保温隔热性能和采暖供热、空调制冷制热系统效率，加强建筑物用能系统的运营管理，利用可再生能源，在保证室内热环境质量的前提下，增大室内外能量交换热阻，以减少供热系统、空调制冷制热、照明、热水供应因大量热消耗而产生的能耗。

2) 建筑节能的含义

全面的建筑节能，就是建筑全寿命过程中每一个环节节能的总和，是指建筑在选址、规划、设计、建造和使用过程中，通过采用节能型的建筑材料、产品和设备，执行建筑节能标准，加强建筑物所使用的节能设备的运营管理，合理设计建筑围护结构的热工性能，提高采暖、制冷、照明、通风、给排水和管道系统的运行效率，以及利用可再生能源，在保证建筑物使用功能和室内热环境质量的前提下，降低建筑能源消耗，合理、有效地利用能源。全面的建筑节能是一项系统工程，必须由国家立法、政府主导，对建筑节能作出全面、明确的政策规定，并由政府相关部门按照国家的节能政策，制定全面的建筑节能标准。要真正做到全面的建筑节能，还须由设计、施工、各级监督管理部门、开发商、运营管理部门、用户等各个环节，严格按照国家节能政策和节能标准的规定，全面贯彻执行各项节能措施，从而使每一位公民真正树立起全面的建筑节能观，将建筑节能真正落到实处。

3) 建筑节能检测

建筑节能检测是通过一系列国家标准确定竣工验收的工程是否达到节能的要求。《建筑节能工程施工质量验收标准》GB 50411—2019 对室内温度、供热系统室外管网的水力平衡度、供热系统的补水率、室外管网的热输送效率、各风口的风量、通风与空调系统的总风量、空调机组的水流量、空调系统冷热水总流量、冷却水总流量、平均照度与照明功率密度等进行节能检测。

公共建筑节能检测依据《公共建筑节能检测标准》JGJ/T 177—2009 对建筑物室内平均温度、湿度、非透光外围护结构传热系数、冷水(热泵)机组实际性能系数、水系统回水温度一致性、水系统供回水温差、水泵效率、冷源系统能效系数、风机单位风量耗功率、新风量、定风量系统平衡度、热源(调度中心、热力站)室外温度等进行节能检测。

居住建筑节能检测依据《居住建筑节能检测标准》JGJ 132—2009 对室内平均温度、围护结构主体部位传热系数、外围护结构热桥部位内表面温度、外围护结构热工缺陷、外围护结构隔热性能、室外管网水力平衡度、补水率、室外管网热损失率、锅炉运行效率、耗电输热比等进行节能检测。

4) 建筑节能的重要性

世界范围内石油、煤炭、天然气三种传统能源日趋枯竭，人类将不得不转向成本较高的生物能、水利、地热、风力、太阳能和核能等，而我国的能源问题更加严重。我国能源发展主要存在 4 大问题：①人均能源拥有量、储备量低；②能源结构依然以煤为主，约占 75%，全国年耗煤量已超过 13 亿吨；③能源资源分布不均，主要表现在经济发达地区能源短缺和农村商业能源供应不足，造成北煤南运、西气东送、西电东送；④能源利用效率低，能源终端利用效率仅为 33%，比发达国家低 10%。

我国现有近 500 亿平方米房屋建筑面积，95%为高能耗建筑，所以必须进行建筑节能。

建设部要求到 2020 年应在 1981 年基础上节能 65%，达到中等发达国家水平。

实施建筑节能的好处：改善建筑物的室内热环境、降低建筑使用能耗、有利于减少大气污染。

建筑节能是一个系统工程，必须在能源利用的各个环节和系统从规划设计到运行的全过程中贯彻节能的观点，才能取得较好的效果。

建筑能耗包括建材生产能耗、建筑施工能耗和建筑使用能耗，其中建筑使用能耗占80%～90%。建筑使用能耗主要包括采暖、通风、空调、照明、炊事、电气等。

如果我国继续执行节能水平较低的设计标准，将有很重的能耗负担，治理也会很困难。庞大的建筑能耗已经成为国民经济的巨大负担，因此建筑行业全面节能势在必行。全面的建筑节能有利于从根本上促进能源资源节约和合理利用，缓解我国能源资源供应与经济社会发展的矛盾；有利于加快发展循环经济，实现经济社会的可持续发展；有利于长远地保障国家能源安全、保护环境、提高人民群众生活质量、贯彻落实科学发展观等。

5) 建筑节能存在的问题

(1) 现行标准对于室内热环境设计指标全国一致、城乡一致，不符合实际。

建筑节能应以全国 5 个建筑热工分区的热适应人群为依据，分别确定每个地区的室内热环境控制指标；同一地区的热环境质量水平应考虑城乡差别。

(2) 经典的节能技术尚未发挥足够的节能效益。

建筑围护结构保温、隔热，窗口通风，墙面隔热涂料，玻璃贴膜等被动式、低能耗降温技术的标准强制力度不够。

(3) 玻璃建筑空调装机容量和能耗同比高过其他建筑一倍。

幕墙设计忽视玻璃幕墙建筑整体热惰性差、削峰能力弱的问题，现行设计标准推行的“权衡判断”“对比评定”方法，成为高能耗“节能建筑”泛滥的助推器。

(4) 建筑设备的系统运行效率普遍不高。

建筑设备的系统运行优化控制技术，尚未纳入强制设计要求；设备系统设计者不懂自控，自控设计者不懂运营，关键没有合作意识。

(5) 建筑方案设计和规划许可管理环节建筑节能严重失控。

基础能耗高的设计方案，只能通过大量投入高成本材料或技术进行补救。根本原因在于方案许可管理无视建筑节能，违背《民用建筑节能管理条例》规定，城市规划管理部门无此作为难逃其咎。

(6) 建筑节能施工技术水平低、质量安全隐患大。

建筑节能施工未经培训，无证施工，超高层玻璃幕墙、墙体外保温、节能外窗、建筑外遮阳等质量安全隐患堪忧。

(7) 建筑节能标准化水平不高。

建筑节能材料标准、技术标准、标准设计(图集)、施工工法有待普及。

2. 建筑围护结构节能技术

建筑围护结构由包围空间或将室内与室外隔离开来的结构材料和表面装饰材料所构成，包括屋面、墙、门、窗和地面等。

围护结构需平衡通风、日照需求，提供适应于建筑所在地点气候特征的热湿保护。不同气候地区应采取相应的保温隔热措施。

绿色建筑围护结构节能设计应考虑以下因素：气候、门窗开口和热效率等。

1) 墙体(材料)节能技术及设备

外墙节能意义重大，外墙占全部围护面积的 60%以上，其能耗占建筑物总能耗的 40%。

(1) 国外墙体材料发展现状。“绿色建材”是当今世界各国发展方向，轻质、高强、高效、绿色环保以及复合型新型墙体材料是发展趋势。

各国墙体材料发展情况各不相同，主要有以下 5 大类：①混凝土砌块；②灰砂砖；③纸面石膏板；④加气混凝土；⑤复合轻质板。

① 混凝土砌块。在美国和日本，建筑砌块已成为墙体材料的主要产品，分别占墙体材料总量的 34%和 33%。在欧洲国家中，混凝土砌块的用量占墙体材料的比例为 10%～30%。各种规格、品种、颜色配套齐全，并制定了完善的混凝土砌块产品标准、应用标准和施工规范等。

② 灰砂砖。产品种类很多，从小型砖到大型砌块。灰砂砖以空心制品为主，实心砖产量很小。灰砂砌块均为凹槽连接，具有很好的结构稳定性。德国是灰砂砖生产和使用量较大的国家，灰砂砖产量较大的国家还有俄罗斯、波兰和其他东欧国家。

③ 纸面石膏板。美国是纸面石膏板最大生产国，目前年产量已超过 20 亿平方米。目前，日本年产量为 6 亿平方米，其他产量较大的有加拿大、法国、德国、俄罗斯等。在石膏原料方面，近年来，用工业废石膏生产石膏板和石膏砌块发展迅速。

④ 加气混凝土。俄罗斯是加气混凝土生产和用量最大的国家，其次是德国、日本和一些东欧国家。在原料方面，加大了对粉煤灰、炉渣、工业废石膏、废石英砂和高效发泡剂的利用。法国、瑞典和芬兰已将密度小于 300 kg/m^3 的产品投入市场，该类产品具有较低的吸水率和良好的保温性能。

⑤ 复合轻质板。复合轻质板包括玻璃纤维增强水泥(GRC)板、石棉水泥板、硅钙板与各种保温材料复合而成的复合板、金属面复合板，钢丝网架聚苯乙烯夹芯板(CS)等，是目前世界各国大力发展的一种新型墙体材料。优点：集承重、防火、防潮、隔音、保温、隔热于一体。法国的复合外墙板占全部预制外墙板的比例是 90%，英国是 34%，美国是 40%。

(2) 国内墙体材料发展现状。我国建筑材料行业流行着 3 个 70%的说法，即房建材料的 70%是墙体材料；墙体材料的 70%是黏土砖；而建筑行业节能的 70%有赖于墙体材料的改革。

这种说法一方面是国内墙材应用的真实写照，另一方面也说明墙材革新有着巨大的潜力。我国的墙体材料改革已经历了 10 多个年头，但与工业发达国家相比，相对落后 40～50 年，主要表现在产品档次低、企业规模小、工艺装备落后、配套能力差等。

(3) 新型墙体材料技术。新型墙体材料主要是非黏土砖、建筑砌块及建筑板材等。

实际上，新型墙材已经出现了几十年，由于我国没有普遍使用这些材料，仍然被称作新型墙体材料。

新型墙材的特点包括轻质、高强、保温、隔热、节土、节能、利废、无污染、可改善建筑功能、可循环利用等。

(4) 复合外墙技术。

① 复合墙体是指在墙体主结构上增加一层或多层保温材料形成内保温、夹心保温和外保温的复合墙体，如图 5.1 所示。

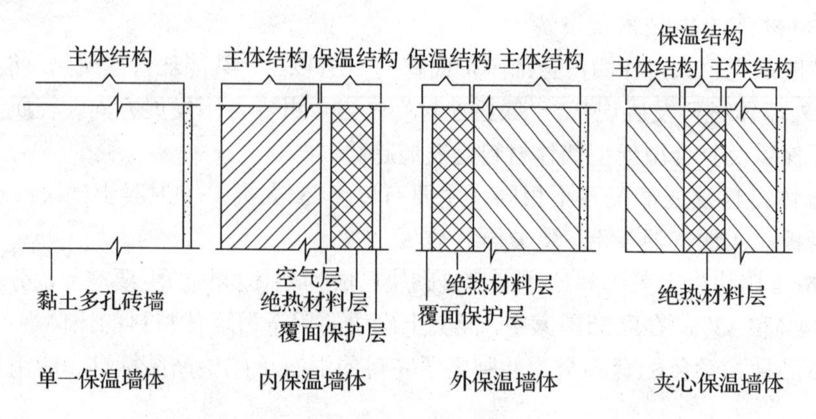

图 5.1　复合墙体类型

② 复合墙体采用的材料。主要有A级无机保温材料，包括岩棉、泡沫玻璃等，缺点是导热系数不够好，岩棉很容易变形；B_1、B_2级保温材料，如改性酚醛、EPS聚苯板和XPS挤塑板等。

目前建筑用保温、隔热材料主要包括岩棉、矿渣棉、玻璃棉、聚苯乙烯泡沫、膨胀珍珠岩、膨胀蛭石、加气混凝土及胶粉聚苯颗粒浆料等。这些材料的生产、制作都需要采用特殊的工艺、特殊的设备，而不是传统技术所能及的。

值得一提的是胶粉聚苯颗粒浆料，它是将胶粉料和聚苯颗粒轻骨料加水搅拌成浆料，抹于墙体外表面，形成无空腔保温层。聚苯颗粒骨料采用回收的废聚苯板经粉碎制成，而胶粉料掺有大量的粉煤灰，属于资源综合利用、节能环保的材料。

③ 复合墙体主要做法。膨胀聚苯板与混凝土一次现浇外墙保温系统，适用于多层和高层民用建筑现浇混凝土结构外墙外保温工程。

膨胀聚苯板薄抹灰外墙外保温系统，适用于民用建筑混凝土或砌体外墙外保温工程。

机械固定钢丝网架膨胀聚苯板外墙外保温系统，适用于民用建筑混凝土或砌块外墙外保温工程。

胶粉聚苯颗粒外墙外保温系统适用于寒冷地区、夏热冬冷和夏热冬暖地区民用建筑的混凝土或砌体外墙外保温工程。

现浇混凝土复合无网聚苯板胶粉聚苯颗粒找平外保温系统适用于多层、高层建筑现浇钢筋混凝土剪力墙结构外墙保温工程和大模板施工的工程。

(5) 墙体隔热措施。墙体隔热措施包括提高外墙夏季隔热效果的措施，主要有外表面涂刷浅色涂料、提高墙体的D值、外墙内侧采用重质材料等。

2) 门窗节能技术及设备

门窗(幕墙)是建筑物热交换、热传导最活跃、最敏感的部位，是墙体热损失的5～6倍，约占建筑围护结构能耗的40%。门窗节能意义重大。

(1) 窗体节能。对建筑物而言，环境中最大的热能是太阳辐射能，从节能的角度考虑，建筑玻璃应能控制太阳辐射。照射到玻璃上的太阳辐射，一部分被玻璃吸收或反射，另一部分透过玻璃成为直接透过的能量。

目前建筑结构中，窗体面积大约为建筑面积的1/4，围护结构面积的1/6。单层玻璃外窗的能耗约占建筑物冬季采暖、夏季空调降温的50%以上。窗体对于室内负荷的影响主要是通过空气渗透、温差传热以及辐射热的途径进行的。根据窗体的能耗来源，可以通过相应的有效措施来达到节能的目的。

外窗的节能措施有：尽量减少门窗的面积(北向≤25%，南向≤25%，东西向≤30%)、选择适宜的窗型(平开窗、推拉窗、固定窗、悬窗)、增设门窗保温隔热层(空气隔热层、窗户框料、气密性)、注意玻璃的选材(吸热玻璃、反射玻璃、贴膜玻璃)、设置遮阳设施(外廊、阳台、挑檐、遮阳板、热反射窗帘)等。

① 采用合理的窗墙面积比，控制建筑朝向。在兼顾一定的自然采光的基础之上，尽量减少窗墙面积比。一般对于夏季炎热、太阳辐射强度大的地区，东西应尽量开小窗甚至不开窗，南面窗体则需要加强防太阳辐射，北面窗体则应提高保温性能。在国家节能标准对窗墙比的要求中，北向的窗墙比为0.25，东西向的窗墙比为0.30，南向的窗墙比为0.35。

② 加强窗体的隔热性能，增强热反射，合理选择窗玻璃。常用玻璃的技术参数见表5.1，常用的4种材料窗框的参数见表5.2。

表5.1　常用玻璃的技术参数

玻璃名称	种类结构	透光率/%	遮阳系数SD	传热系数 $K/(W/m^2 \cdot K)$
单片透明玻璃	6C	89	0.99	5.58
单片热反射玻璃	6CTS140	40	0.55	5.06
双层透明中空玻璃	6C+12A+6C	81	0.87	2.72
热反射镀膜中空玻璃	6CTS140+2A+6C	37	0.44	2.54
高透型Low-E玻璃	6CES11+12A+6C	73	0.61	1.79
遮阳型Low-E玻璃	6CEB12+12A+6C	39	0.31	1.66

表5.2　4种材料窗框的参数

类别指标	单　位	PVC塑钢	铝合金	钢	玻璃钢
质量密度	$10^3 kg/m^3$	1.4	2.9	7.85	1.9
热膨胀系数	10^{-6}/℃	7.0	21.0	11.0	7.0
导热系数	W/m℃	0.43	203.5	46.5	0.30
拉伸强度	MPa	50.0	150.0	420.0	420.0
比强度	N·m/kg	36.0	53.0	53.0	221.0
使用寿命	年	10	45	10	50

一般而言，坚固耐用、水密性气密性好、外观颜色多样性、导热系数低、价格适中的窗框材料更易被市场所接受。

③ 增加外遮阳，减少热辐射。实践证明，适当的外遮阳布置会比内遮阳窗帘对减少日射得热更为有效。有的时候甚至可以减少日射热量的70%～80%。外遮阳可以依靠各种遮阳板、建筑物的遮挡、窗户侧檐、屋檐等发挥作用。

在我国南方地区，建筑的外窗及透明幕墙，特别是东、西朝向，应优先采用外遮阳措施。

活动的外遮阳设施，夏季能抵御阳光进入室内，冬季能让阳光进入室内，适用于北方地区。

固定外遮阳措施适用于以空调能耗为主的南方地区，它有利于降低夏季空调能耗。

当建筑采用外遮阳设施时，遮阳系统与建筑的连接必须保证安全、可靠，尤其在高层公共建筑中应更加注意。

④ 安设窗体密封条，减少能量渗漏。窗体密封是一种最直接的建筑节能措施，可节能15%以上。窗体密封除了减少冷热量(能量)渗漏，还可以改善居住和工作条件。窗体密封条形状如图5.2所示。

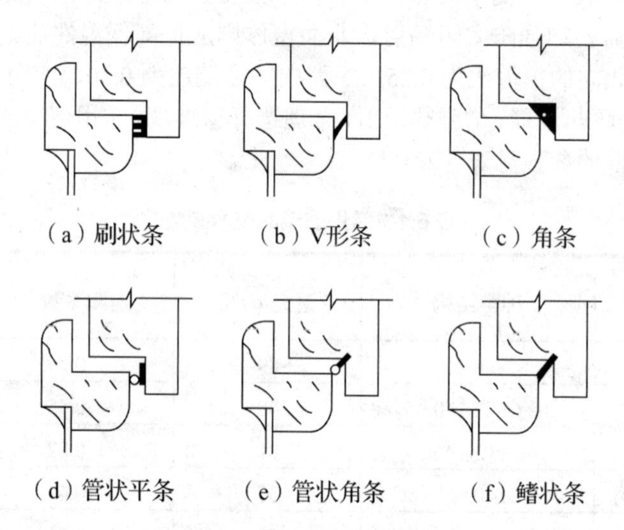

图 5.2　窗体密封条形状

(2) 门窗节能设备。门窗的制造材料从单一的木、钢、铝合金等发展到了复合材料，如铝合金—木材复合、铝合金—塑料复合、玻璃钢等。

节能门窗包括PVC塑料门窗、铝木复合门窗、铝塑复合门窗、玻璃钢门窗等。

节能玻璃包括中空玻璃、热反射玻璃、太阳能玻璃、吸热玻璃、电致变色玻璃、玻璃替代品(聚碳酸酯板)等。

① 中空玻璃。中空玻璃应用的是保温瓶原理，是一种很有发展前途的新型节能建筑装饰材料，具有优良的保温、隔热和降噪性能。北京天恒大厦地上22层，总建筑面积57 000多平方米，真空玻璃幕墙7 000多平方米，真空玻璃窗2 500平方米，所用真空玻璃传热系数小于1.2 $W/m^2 \cdot K$，计权隔声量高于36 dB。它是世界首座全真空玻璃大厦，也是世界首座采用大面积真空玻璃幕墙的大厦。

国家体育馆外围护玻璃幕墙分为两种方式，西、北立面围护墙以乳白色双层玻璃内填白色30 mm厚挤塑板的玻璃幕墙(传热系数控制在0.8以内)为主，Low-E中空玻璃幕墙为辅；东、南立面采用Low-E中空玻璃(传热系数控制在 2.0 以内)。

② 热反射镀膜玻璃。热反射镀膜玻璃是在玻璃表面镀金属或金属化合物膜，使玻璃呈现丰富色彩并具有新的光、热性能。

在夏季光照强的地区，热反射玻璃的隔热作用十分明显，可有效衰减进入室内的太阳热辐射。但在无阳光的环境中，如夜晚或阴雨天气，其隔热作用与白玻璃无异。从节能的角度来看，它不适用于寒冷地区，因为这些地区需要阳光进入室内采暖。

③ 镀膜低辐射玻璃。镀膜低辐射玻璃又称 Low-E 玻璃，是表面镀上拥有极低表面辐射率的金属或其他化合物组成的多层膜层的特种玻璃。

Low-E 玻璃将是未来节能玻璃的主要应用品种。

高透型 Low-E 玻璃，对以采暖为主的北方地区极为适用。

遮阳型 Low-E 玻璃，对以空调制冷为主的南方地区极为适用。

五棵松体育馆外墙应用 2.7 万平方米中空 Low-E 玻璃幕墙，采用纳米超双亲镀膜技术，导热系数 $K \leqslant 2$，遮阳系数≤0.45。

④ 太阳能玻璃。太阳能玻璃又称光伏玻璃，是指用于太阳能光伏发电和太阳能光热组件的封装或盖板的玻璃，主要使用太阳能超白压花玻璃或超白浮法玻璃。

太阳能玻璃被广泛应用于太阳能生态建筑、太阳能光伏产业、太阳能集热器、制冷与空调、太阳能热发电等领域。

作为新型节能环保类建材，太阳能玻璃有着巨大的应用潜力。目前我国该产品的产能已经跃居世界第一位，但在核心技术层面，我国与欧美等发达国家还有一定的差距。

国家体育馆 24 块太阳能电池板(德国进口)，镶入外立面双层玻璃幕墙之中，为国内首次应用。

很多场馆使用太阳能电池幕墙等，做到太阳能建筑一体化工程。

⑤ 电致变色玻璃。电致变色玻璃由基础玻璃和电致变色系统组成。它通过选择性地吸收或反射外界热辐射和阻止内部热扩散，可保温隔热，减少能耗。

⑥ 玻璃替代品(聚碳酸酯板)。聚碳酸酯板又称 PC 板、耐力板、阳光板，俗称“防弹胶”，属于热塑性工程塑料，是具有最大冲击强度的韧性板材。

聚碳酸酯板具有透光性好、强度高、抗冲击、质量轻、耐老化、易施工，而且隔热、隔音、防紫外线、阻燃等优点。

⑦ 现代建筑遮阳技术。现代建筑遮阳技术在近几年应用非常广泛，对建筑节能起到重要的作用。在奥运村住宅卧室及卫生间中，广泛使用了百叶中空玻璃。百叶中空玻璃是在中空玻璃内置百叶，可实现百叶的升降、翻转，结构合理，操作简便，具有良好的遮阳性能，提高了中空玻璃保温性能，改善了室内光环境，广泛适用于节能型建筑门窗中。

深圳会议展览中心使用了世界上单片叶片最大、使用面积最大的遮阳百叶，已于 2004 年 5 月建成应用。其单片百叶尺寸为 6 m×1.3 m，叶片投影总面积超过 50 000 平方米，为可调节式遮阳百叶。

3) 屋面节能技术及设备

屋顶的保温、隔热是围护结构节能的重点之一。在寒冷的地区，屋顶要设保温层，以阻止室内热量散失。在炎热的地区，屋顶要设置隔热降温层以阻止太阳的辐射热传至室内。在冬冷夏热地区(黄河至长江流域)，建筑节能则要冬、夏兼顾，保温常用的技术措施是在屋顶防水层下设置导热系数小的轻质材料用作保温，如膨胀珍珠岩、玻璃棉等；也可在屋面防水层以上设置聚苯乙烯泡沫。

屋顶隔热降温的方法有架空通风、屋顶蓄水或定时喷水、屋顶绿化等。

(1) 保温隔热屋面。

① 一般保温隔热屋面(平屋顶或坡屋顶，最为常用)。一般保温隔热屋面又称为正置式屋面，其构造一般为隔热保温层在防水层的下面。因为传统屋面隔热保温层的选材一般为

珍珠岩、水泥聚苯板、加气混凝土、陶粒混凝土、聚苯乙烯板(EPS)等材料，这些材料普遍存在吸水率大的通病，吸水后，保温隔热性能大大降低，无法满足隔热的要求，所以一定要将防水层做在其上面，防止水分的渗入，保证隔热层的干燥，方能隔热保温。

② 倒置式屋面。倒置式屋面是将憎水性保温材料设置在防水层上的屋面。《屋面工程技术规范》GB 50345—2012 和《建筑设计资料集》第二版第 8 册中阐明，倒置式屋面(IRMAROOF)就是“将憎水性保温材料设置在防水层上的屋面”。其构造层次为保温层、防水层、结构层。这种屋面对采用的保温材料有特殊的要求，应当使用吸湿性低而气候性强的憎水材料作为保温层(如聚苯乙烯泡沫塑料板或聚氨酯泡沫塑料板)，并在保温层上加设钢筋混凝土、卵石、砖等较重的覆盖层。

倒置式屋面与普通保温屋面相比较，主要有如下优点。

a. 构造简化，避免浪费。

b. 防水层受到保护，避免热应力、紫外线以及其他因素对防水层的破坏。

c. 出色的抗湿性能使其具有长期稳定的保温隔热性能与抗压强度。

d. 如采用挤塑聚苯乙烯保温板能保持较长久的保温隔热功能，持久性与建筑物的寿命等同。

e. 憎水性保温材料可以用电热丝或其他常规工具切割加工，施工快捷简便。

f. 日后屋面检修不损材料，方便简单。

g. 采用了高效保温材料，符合建筑节能技术发展方向。

(2) 架空通风屋面。架空通风屋面是指用烧结黏土或混凝土制成的薄型制品，覆盖在屋面防水层上并架设一定高度的空间，利用空气流动加快散热，起到隔热作用的屋面。

架空通风屋顶在我国夏热冬冷地区被广泛地采用，尤其是在气候炎热多雨的夏季，这种屋面构造形式更显示出它的优越性。通风屋顶的原理是在屋顶设置通风间层，一方面利用通风间层的外层遮挡阳光，如设置带有封闭或通风的空气间层遮阳板拦截了直接照射到屋顶的太阳辐射热，使屋顶变成两次传热，避免太阳辐射热直接作用在围护结构上；另一方面利用风压和热压的作用，尤其是自然通风，将遮阳板与空气接触的上下两个表面所吸收的太阳辐射热转移到空气中随风带走，风速越大，带走的热量越多，隔热效果也越好，大大地提高了屋盖的隔热能力，从而减少室外热作用对内表面的影响。

通风间层屋顶的优点有很多，如省料、质轻、材料层少，而且防雨、防漏、经济、易维修等。最主要的是构造简单，比实体材料隔热屋顶降温效果好。甚至一些瓦面屋顶也加砌架空瓦用以隔热，保证白天能隔热，晚上又易散热。

有关实验证明，通风屋面和实砌屋面相比，虽然两者的热阻值相等，但它们的热工性能有很大的不同。以武汉市某节能试验建筑为例，在自然通风条件下，实砌屋顶内表面温度平均值为 35.5℃，最高温度达 38.9℃，而通风屋顶内表面温度平均值为 33.5℃，最高温度为 36.8℃，通风屋顶内表面温度比实砌屋面平均低 2.0℃。通风屋顶还具有散热快的特点，实测表明，通风屋面内表面温度波的最高值比实砌屋面要延后 3～4 h。

在通风屋面的设计施工中应考虑以下几个问题。

① 通风屋面的架空层设计应考虑基层的承载能力，构造形式要简单，且架空板便于生产和施工。

② 通风屋面和风道长度不宜大于 15 m，空气间层以 200 mm 左右为宜。

③ 通风屋面基层上面应有保证节能标准的保温隔热基层，一般按冬季节能传热系数进行校核。

④ 架空平台的位置在保证使用功能的前提下应考虑平台下部形成良好的通风状态，可以将平台的位置选择在屋面的角部或端部。当建筑的纵向正迎夏季主导风向时，平台也可位于屋面的中部，但必须占满屋面的宽度；当架空平台的长度大于 10 m 时，宜设置通风桥改善平台下部的通风状况。

⑤ 架空隔热板与山墙间应留出 250 mm 的距离。

⑥ 防水层可以采用一道或多道(复合)防水，但最上面一道宜为刚性防水层。要特别注意刚性防水层的防蚀处理，防水层上的裂缝可用一布四涂盖缝，分格缝的嵌缝材料应选用耐腐蚀性能良好的油膏。此外，还应根据平台荷载的大小，对刚性防水层的强度进行验算。

⑦ 架空隔热层施工过程中，要做好已完工防水层的保护工作。

(3) 种植屋面。德国作为最先开发屋顶绿化技术的国家，在新技术研究方面处于世界领先地位。目前，德国的屋顶绿化率达到 80%左右，是全世界屋顶绿化做得最好的国家。

欧美其他国家如英国、瑞士、法国、挪威、美国等也都非常重视屋顶绿化，并获得了很好的效果。

日本政府特别鼓励建造屋顶绿化建筑。东京规定新建建筑物占地面积超过 1 000m^2 者，屋顶必须有 20%为绿色植物覆盖，否则要被予以罚款。

目前欧美根据植物栽培养护的要求将屋顶绿化分为三种普遍类型：粗放式屋顶绿化、半精细式屋顶绿化、精细式屋顶绿化。

粗放式屋顶绿化又称开敞型屋顶绿化，是屋顶绿化中最简单的一种形式，具有以下基本特征：以景天类植物为主的地被型绿化，一般构造的厚度为 5～15(20) cm，低养护，免灌溉，重量为 60～200 kg/m^2。

半精细式屋顶绿化是介于粗放式和精细式屋顶绿化之间的一种形式。其特点是：利用耐旱草坪、地被和低矮的灌木或可匍匐的藤蔓类植物进行屋顶覆盖绿化。一般构造的厚度为 15～25 cm，需要适时养护，及时灌溉，重量为 120～250 kg/m^2。

精细式屋顶绿化指的是植物绿化与人工造景、亭台楼阁、溪流水榭等的完美组合。它具备以下几个特点：以植物造景为主，采用乔、灌、草结合的复层植物配植方式，产生较好的生态效益和景观效果。一般构造的厚度为 15～150 cm，经常养护，经常灌溉，重量为 150～1000 kg/m^2。

(4) 蓄水屋面。蓄水屋面是在屋面防水层上蓄一定高度的水，起到隔热作用的屋面。

蓄水屋面主要原理为：在太阳辐射和室外气温的综合作用下，水能吸收大量的热而由液体蒸发为气体，从而将热量散发到空气中，减少了屋盖吸收的热能，起到隔热的作用。此外，水面还能够反射阳光，减少阳光辐射对屋面的热作用。水层在冬季还有一定的保温作用。

蓄水屋面既可隔热又可保温，还能保护防水层，延长防水材料的寿命。

一般水深 50 mm 即可满足理论要求，但实际使用中以 150～200 mm 为适宜深度。为了保证屋面蓄水深度均匀，蓄水屋面的坡度不可以大于 0.5%。

屋面节能技术案例：国家体育馆屋顶采用比较罕见的 9 层复合结构，由水泥板、玻璃棉、防水层、吸隔声材料组成，并在最外层喷涂吸音材料，最大限度地减少屋外噪声的影响。

4) 楼地面节能工程

在建筑围护结构中，通过地面向外传导的热(冷)量占围护结构传热量的3%～5%。

地面节能主要包括三部分：①直接接触土壤的地面；②与室外空气接触的架空楼板地面；③地下室(±0.000以下)、半地下室与土壤接触的外墙。

概括来说，楼地面保温隔热分三类。

(1) 不采暖地下室顶板作为首层的保温隔热。

(2) 楼板下方为室外气温情况的楼、地面的保温隔热。

(3) 上下楼层之间楼面的保温隔热。

目前楼地面的保温隔热技术一般分两种。

(1) 普通的楼面在楼板的下方粘贴膨胀聚苯板、挤塑聚苯板或其他高效保温材料后吊顶。

(2) 采用地板辐射采暖的楼地面，在楼地面基层完成后，在该基层上先铺保温材料，而后将交联聚乙烯、聚丁烯、改性聚丙烯或铝塑复合等材料制成的管道按一定的间距，双向循环的盘曲方式固定在保温材料上，然后回填细石混凝土，经平整振实后，在其上铺地板。

对于常规保温地面，基层是指结构层上部的找平层，在进行保温层施工前，基层应平整，表面要干燥。为了防止保温材料因土壤潮气而受潮，在保温层与结构层之间增加了隔离层。隔离层的施工质量对于上部保温层的保温效果非常重要。如果隔离层所采用材料达不到设计要求，施工过程中材料接缝密封不严，潮气将进入保温层，不仅影响效果，而且可能造成保温层因结冻或湿气膨胀而破坏。

3. 建筑能源系统效率

优秀的建筑能源系统包括冷热电联产技术、空调蓄冷技术和能源回收技术等。

1) 冷热电联产

冷、热、电三联供是指利用燃料燃烧产生的热量进行发电的同时，根据用户的需要，将发电后的余能用于制冷或制热，实现能量的梯级利用。发电后的余能一般指高温烟道气、各种工艺冷凝冷却热，其具体实现的途径有多种。

建筑冷热电联产，即燃料通过热电联产装置发电后，变为低品位的热能用于采暖、生活供热等；这一热量也可驱动吸收式制冷机，用于夏季的空调，从而形成热电冷三联供系统，如图5.3所示，实现能源梯级利用。

(1) 分布式冷热电联产。

分布式能源是相对于传统集中式能源(如大型电厂)而言的，它一般满足两个特征：①分布式能源是一个用户端或靠近用户端的能源利用；②它是一个能源梯级利用或可再生能源综合利用的设施。因此分布式能源系统多以冷热电联供为主要形式，也就是以小规模、小容量、模块化、分散式的方式布置在用户附近，独立地输出冷、热、电能的系统(也被称为CCHP，Combined Cooling, Heating & Power)。通过对能源的梯级利用，总能效可达到90%以上，实现了比分产系统更高的能源利用率。

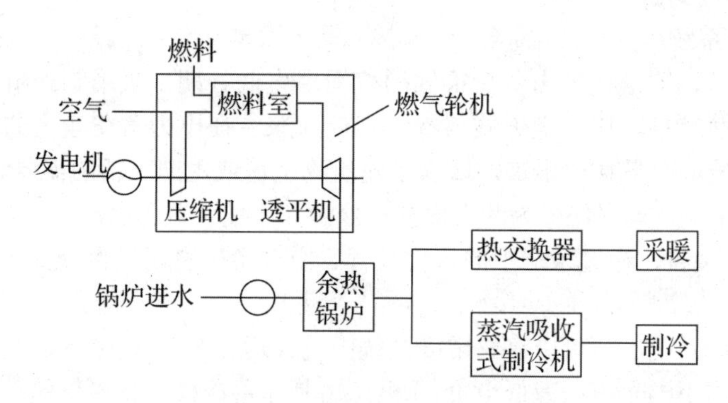

图 5.3　建筑冷热电联产示意

分布式发电系统的核心设备是热电转换装置，在全球目前投入使用的天然气热电联产系统中，微型燃气轮机、燃气热气机及燃气内燃机是主要的几类热电转换装置。

分布式冷热电联供技术作为世界范围的能源革命性技术已渐渐被世界各国广泛接受和应用，它以高效、环保、低噪声和安全性等特点受到越来越多的业主和建筑商的接受和使用。

(2) 分布式冷热电联供系统的优点。

① 节能而产生经济效益。分布式冷热电联供通过对能源的梯级利用，大大提高了能源的综合利用效率。对使用者而言，相对于分别向电网购买电力供电和购买燃料供热，有更高的经济效益。冷热电三联供总能效可达到 90%以上，同时综合节约能源费用超过 30%。

② 减少线路损耗。分布式能源系统由于建在用户附近，大大减少了线路损耗，减少了大型管网和输配电的建设和运行费用。

③ 提高供电安全性。分布式电源既能充当主用电源，也可作为后备电源，可有效避免意外事故造成供电中断，保证供电安全。

④ 环保。由于分布式能源系统多采取天然气以及可再生能源等清洁能源为燃料，而动力设备本身也可达到较高的排放标准，因此，分布式能源系统较之常规的分产能源供应设施(如燃煤发电和燃煤供热锅炉)更能满足对环保的要求。

(3) 分布式热电联供系统的主要应用。

由于分布式热电联供系统利用天然气可以达到很高的能量利用效率，所以在国外得到了非常快的发展。从 1978 年最早在美国推广使用以来，目前在美国已有 6 000 多座分布式能源站，仅大学校园就有 200 多个采用了分布式热电联供系统。

目前“西气东输”工程的实现为我国发展以天然气为燃料的热电联供系统提供了非常好的条件，对于那些如宾馆、饭店、高档写字楼、高级公寓、大型商场、学校、机关、医院等有稳定的冷、热、电负荷需求，对动力设备的环境特性要求较高，对电力品质及安全系数要求较高同时电力供应不足的单位或地区有非常好的适用性。

案例：上海舒雅良子休闲中心的分布式供能系统是目前几个系统中运行经济性最好的。该项目由于受到天然气供应的限制，所以“供能系统”主要选用两台 VOLVO 公司 HIW-210/168 kW 柴油发电机，一备一用。发电机产生的 470℃高温排气用于余热锅炉产生 65℃热水，发动机冷却水和润滑油冷却水通过换热器置换出热水，二路热水均通过蓄热水箱供热。系统发电功率为 150 kW，供热水(65℃)3 100 kg/h，年运行小时约 4 380 h，总能源利用效率 80.1%。

2) 空调蓄冷系统

空调蓄冷技术，即是在电力负荷很低的夜间用电低谷期，采用制冷机制冷，利用蓄冷介质的显热或潜热特性，用一定方式将冷量存储起来。在电力负荷较高的白天，也就是用电高峰期，把存储的冷量释放出来，以满足建筑物空调或生产工艺的需要。

常规电制冷中央空调系统分为两大部分：冷源和末端装置。由冷源的制冷机组提供 6～8℃的冷水给末端装置，通过末端中的风机盘管、空调箱等空调设备降低房间温度，满足建筑物舒适要求。

采用蓄冰空调系统后，可以将原常规系统中设计运行 8 h 或 10 h 的制冷机组容量压缩 35%～45%，在夜用电低谷时段(低电价)开机，用制冰蓄冷模式将冷量储存在蓄冰设备中；而后在电网用电高峰(高电价)时段，制冷机组满足部分空调设备，其余部分用蓄冰设备融冰输出冷量来满足，从而达到“削峰填谷”、均衡用电及降低电力设备容量的目的。

3) 建筑能源回收技术

能源是国民经济的基础产业，也是公用事业，更是经济发展和提高人民生活水平的物质基础。人类社会的进步与能源的发展密切相关。高舒适性的空调系统不仅仅与空调系统的设计有关，还与室内环境品质有关，包括室内环境的声、光、热等诸多物理因素，以及室内建筑装修、建筑材料、空气品质等的物理化学因素等。

置换通风起源于北欧。1978 年德国柏林的一家铸造车间首先使用了置换通风装置。现在置换通风广泛应用于工业建筑、民用建筑和公共建筑，北欧的一些国家 50%的工业通风系统和 25%的办公通风系统采用了置换通风系统。我国的一些工程也开始采用置换通风系统，并取得了令人满意的效果。

夏季，置换通风系统将新风的热量转移到排风出口，将排风入口的冷量转移到新风出口，对新风进行降温、降湿，达到不增加室内新风的冷负荷的效果。

冬季，置换通风系统将新风的冷量转移到排风出口，将排风入口的热量转移到新风出口，对新风进行加热、加湿，达到不增加室内新风的热负荷的效果。

4. 可再生能源建筑应用技术

可再生能源建筑应用技术主要包括太阳能光热利用、太阳能光伏发电、被动式太阳房、太阳能采暖、太阳能空调、地源热泵技术、污水源热泵技术等。

1) 太阳能热水系统

太阳能热水系统包括太阳能集热器、储水箱、循环泵、电控柜和管道等，完全依靠太阳能为用户提供热水，按最冷月份和日照条件最差的季节设计系统，并考虑充分的热水蓄存，需设置较大的水箱，初投资大，大多数季节产生过量的热水，造成不必要的浪费。

太阳能热水系统+辅助热源系统，在太阳辐照条件不能满足热水需求时，使用辅助热源予以补充。辅助热源形式有：电加热、燃气加热、热泵热水装置等。其核心部件是太阳能集热器，包括平板型、真空管、聚焦型等多种形式。

(1) 平板型。太阳辐射穿过透明盖板后投射在吸热板上，被吸热板吸收并转化成热能，然后传递给吸热板内的传热工质，使传热工质的温度升高，作为集热器的有用能量输出。

(2) 真空管。真空管是将吸热体与透明盖层之间的空间抽成真空的太阳能集热器。采用了真空夹层，消除了气体的对流与传导热损，并应用选择性吸收涂层，使真空集热管的辐射热损降到最低。

(3) 聚焦型。通过采用不同的聚焦器，如槽式聚焦器和塔式聚焦器等，将太阳辐射聚集到较小的集热面上，可获得较高的集热温度。

2) 建筑一体化太阳能热水系统

建筑一体化太阳能热水系统从技术和美学两方面入手，使建筑设计与太阳能技术有机结合，将太阳能集热器与建筑进行整合设计并实现整体外观的和谐统一。

在建筑设计中，应注意两点：①将太阳能热水系统包含的所有内容作为建筑元素加以组合设计；②设置太阳能热水系统不应破坏建筑物的整体效果。

(1) 建筑一体化太阳能热水系统设计。建筑一体化太阳能热水系统设计需考虑的问题如下。

① 考虑太阳能在建筑中的应用对建筑物的影响，包括建筑物的使用功能、围护结构特性、建筑体形和立面的改变等。

② 考虑太阳能利用的系统选择，太阳能产品与建筑形体的有机结合。太阳能部件不能作为孤立部件，而是利用太阳能部件取代某些建筑部件。

(2) 建筑一体化太阳能热水系统主要优点。

① 建筑的使用功能与太阳能集热器的利用有机结合在一起，形成多功能的建筑构件，巧妙高效地利用空间，使建筑向阳面或屋顶得以充分利用。

② 同步规划设计、同步施工安装，节省太阳能系统的安装成本和建筑成本，一次安装到位，避免后期施工对用户生活造成的不便以及对建筑已有结构的损坏。

③ 综合使用材料，降低了总造价，减轻建筑荷载。

④ 综合考虑建筑结构和太阳能设备协调和谐、构造合理，使太阳能系统和建筑融合为一体，不影响建筑外观。

3) 太阳能光伏发电系统

太阳能光伏发电系统是利用太阳电池半导体材料的光伏效应，将太阳光辐射能直接转换为电能的一种新型发电系统。

(1) 太阳能光伏发电系统的类型。太阳能光伏发电系统有独立运行和并网运行两种方式。

独立运行的光伏发电系统需要有蓄电池作为储能装置，主要用于无电网的边远地区和人口分散地区，整个系统造价很高。

在有公共电网的地区，光伏发电系统与电网连接并网运行，省去蓄电池，不仅可以大幅度降低造价，而且具有更高的发电效率和更好的环保性能。

太阳能光伏组件是能将光能转换成电力的器件。能产生光伏效应的材料有许多种，如单晶硅、多晶硅、非晶硅、砷化镓、硒铟铜等，它们的发电原理基本相同，都是将光子能量转换成电能的过程。

(2) 建筑一体化光伏(BIPV)系统。建筑一体化光伏系统是应用光伏发电的一种新概念，是太阳能光伏与建筑的完美结合。

建筑设计中，在建筑结构外表面铺设光伏组件提供电能，将太阳能发电系统与屋顶、天窗、幕墙等建筑融为一体，优点表现如下。

① 可以利用闲置的屋顶或阳台，不必单独占用土地。

② 不必配备蓄电池等储能装置，节省了系统投资，避免了维护和更新蓄电池的麻烦。

③ 由于不受蓄电池容量的限制，可以最大限度地发挥太阳电池的发电能力。

④ 分散就地供电，不需要长距离输送电力输配电设备，避免线路损失。

⑤ 使用、维护简单，成本降低。

⑥ 夏天用电高峰时正好是太阳辐射强度最大时，光伏发电量最大，起到对电网调峰的作用。

(3) 建筑一体化光伏设计原则。

① 美观性。安装方式和安装角度与建筑整体密切配合，保证建筑整体的风格和美观。

② 高效性。为了增加光伏阵列的输出能量，应让光伏组件接受太阳辐射的时间尽可能长，避免周围建筑对光伏组件的遮挡，并且要避免光伏组件之间的相互遮光。

③ 经济性。光伏组件与建筑围护结构相结合，取代常规建材；从光伏组件到接线箱到逆变器到并网交流配电柜的电力电缆应尽可能短。

(4) 建筑一体化光伏系统与建筑相结合的形式。

① 光伏系统与建筑相结合。将一般的光伏方阵安装在建筑物的屋顶或阳台上，通常其逆变控制器输出端与公共电网并联，共同向建筑物供电，这是光伏系统与建筑相结合的初级形式。

② 光伏组件与建筑相结合。光伏组件与建筑材料融为一体，采用特殊的材料和工艺手段，将光伏组件做成屋顶、外墙、窗户等形式，可以直接作为建筑材料使用，既能发电，又可作为建材，进一步降低成本。但要满足建材性能的要求，如隔热、绝缘、抗风、防雨、透光、美观、强度、刚度等。

4) 被动式太阳能建筑

被动式太阳能建筑是指利用建筑本身作为集热装置，依靠建筑朝向和周围环境的合理布置，内部空间和外部形体的巧妙处理，建筑材料和结构、构造的恰当选择，以自然热交换的方式(传导、对流和辐射)实现对太阳能的收集、储藏、分配和控制，使建筑达到采暖和降温目的。

(1) 被动式太阳能建筑能量的集取与保持。

① 建筑朝向的选择与被动式太阳房的外形。

设计合理的被动式太阳房，南向房屋受到最多的直射阳光，充分利用南向窗、墙获得太阳能达到被动式采暖效果。受场地限制，朝向不合理的被动式太阳能建筑，可设计天窗、通风天窗、通风顶、南向锯齿形屋面、太阳能烟囱等，实现自然通风、自然采光。

太阳房外形对保温隔热的影响：

a. 应对阳光不产生自身的遮挡；

b. 体形系数越小，通过表面散失出去的热量越少。

太阳房最佳形态：沿东西向伸展的矩形平面，立面简单，避免凸凹。

② 设置热量保护区。

为了充分利用冬季宝贵的太阳能，尽量加大南向日照面积，缩小东、西、北立面面积。

为了保护北向生活用房的温度，常把车库、储藏室、卫生间、厨房等辅助房间附在北面，称为缓冲隔离空间，从而减少北墙散热，这些房间称为太阳房的保护区。

(2) 被动式太阳能采暖技术。

被动式太阳能采暖技术的 3 大要素为：集热、蓄热和保温。重质墙(混凝土、石块等)

良好的蓄热性能，可以抑制夜间或阴雨天室温的波动。按太阳能利用的方式进行分类，其形式主要有以下几种。

① 直接受益式。它是被动式采暖技术中最简单的一种形式，也是最接近普通房屋的形式。

冬季，太阳光通过大玻璃窗直接照射到室内的地面、墙壁和家具上，大部分太阳辐射能被其吸收并转换成热量，从而使它们的温度升高；少部分太阳辐射能被反射到室内的其他表面，再次进行太阳辐射能的吸收。反射过程温度升高后的地面、墙壁和家具一部分热量以对流和辐射的方式加热室内的空气，以达到采暖的目的；另一部分热量则储存在地板和墙体内，到夜间再逐渐释放出来，使室内继续保持一定的温度。

为了减小房间全天的室温波动，墙体应采用具有较好蓄热性能的重质材料，如石块、混凝土、土坯等。另外，窗户应具有较好的密封性能，并配备保温窗帘。

直接受益式太阳房窗墙比的合理选择至关重要，加大窗墙比一方面会使房间的太阳辐射得热增加，另一方面也增加了室内外的热量交换。

《民用建筑节能设计标准》JGJ 26—2010(采暖居住建筑部分)中规定，窗户面积不宜过大，南向窗墙比不宜超过 0.35。但这是指室内通过采暖装置维持较高的室温状态时的要求。当主要依靠太阳能采暖，室温相对较低时(约 14℃)，加大南向窗墙比到 0.5 左右可获得更好的室内热状态。

② 集热蓄热墙式(特朗勃(Trombe)墙)。Trombe 墙是当今生态建筑中普遍采用的一项先进技术，被誉为“会呼吸的皮肤”，是以法国设计师菲利克斯 • 特朗勃(Félix Trombe)命名的被动式太阳能在建筑中的利用。它是朝南方向的蓄热墙，墙外有一个玻璃墙，两者之间有约 1 英寸(25.4 mm)距离的蓄热墙，厚约 8～16 英寸(200～400 mm)。当太阳光穿透玻璃，玻璃与墙之间的空气被加热而产生对流，夏日可将热气流释放出去，冬天可将热量引入室内，同时墙内蓄热也向室内辐射。

③ 附加阳光间式。附加阳光间实际上就是在房屋主体南面附加的一个玻璃温室，集热蓄热墙将附加阳光间与房屋主体隔开，墙上一般开设有门、窗或通风口，太阳光通过附加阳光间的玻璃后，投射在房屋主体的集热蓄热墙上。由于温室效应的作用，附加阳光间内的温度总是比室外温度高。

附加阳光间不仅可以给房屋主体提供更多的热量，而且可以作为一个缓冲区，减少房屋主体的热损失。

冬季的白天，当附加阳光间内的温度高于相邻房屋主体的温度时，通过开门、开窗或打开通风口，将附加阳光间内的热量通过对流的方式传入相邻的房间，其余时间则关闭门、窗或通风口。

④ 组合式。集合以上两种或两种以上采暖技术的优点。

5) 太阳能供暖技术

(1) 太阳能供暖系统。

晴天状态下，当太阳能循环控制系统检测到太阳能集热板热水温度超过高温储热水箱内温度 5℃时启动循环水泵进行循环，把太阳能集热板收集的热量带入高温储热水箱通过紫铜盘管进行加热，并保温储存，以备使用。

(2) 太阳能供暖系统的优势。

太阳能供暖系统有如下优点。

① 高效节能。最大效率地利用太阳能量，可节约能源成本40%～60%以上，运行成本大大降低。

② 绿色环保。采用了太阳能洁净绿色能源，避免了矿物质燃料对环境的污染，为用户提供干净舒适的生活空间。

③ 智能控制。系统采用了智能化控制技术，可设置全天候供应热水，使用非常方便。

④ 使用寿命。集热管道采用铜管激光焊接，聚氨酯发泡保温抗严寒，进口面板钢化处理，可抗击自然灾害，使用寿命15年以上。

⑤ 建筑一体化。可安装在高层阳台、窗下等朝阳的墙面实现建筑一体化，尽享舒适生活。

⑥ 能源互补。阴雨天气使用燃气壁挂炉通过太阳能换热器自动切换，无须人工调节。

⑦ 应用广泛。可应用于高层及多层的住宅、独立别墅、中小型宾馆、洗浴中心、学校、洗浴场所等供暖。

(3) 太阳能供暖系统组成。

平板太阳能集热器的基本工作原理十分简单，概括地说，阳光透过透明盖板照射到表面涂有吸收层的吸热体上，大部分太阳辐射能被吸收体所吸收，转变为热能，并传向流体通道中的工质。

这样，从集热器底部入口进入的冷工质，在流体通道中被太阳能所加热，温度逐渐升高，加热后的热工质带着有用的热能从集热器的上端出口蓄入储水箱中待用，即为有用能量收益。

与此同时，由于吸热体温度升高，通过透明盖板和外壳向环境散失热量，构成平板太阳集热器的各种热损失。这就是集热器的基本工作过程。

平板太阳能集热系统组成包括太阳能集热器、储热水箱、连接管路、辅助热源、散热部件、控制系统等。

太阳能集热器常用平板集热器。平板型集热器的工作过程是阳光透过玻璃盖板照射在表面有涂层的吸热板上，吸热板吸收太阳能辐射能量后温度升高。

6) 太阳能制冷技术

(1) 定义。

太阳能制冷空调，就是将太阳能系统与制冷机组相结合，利用太阳能集热器产生的热量驱动制冷机制冷的系统。

(2) 基本概念。

① 能效比(energy efficiency ratio，EER)。在额定工况和规定条件下，空调进行制冷运行时实际制冷量与实际输入功率之比。

这是一个综合性指标，用来评价机组的能耗指标，反映了单位输入功率在空调运行过程中转换成的制冷量。空调能效比越大，在制冷量相等时节省的电能就越多。

② 能源品位。包括高品位能源和低品位能源。

高品位能源是相对不易利用的、易造成浪费的能源而言的。煤、石油、天然气、电力、机械功和液体燃料等属于高品位能源。

低品位能源是相对容易利用的、不易造成浪费的能源而言的。太阳能、地热能、风能、潮汐能、生物能、污水、热能等都属于低品位能源。

③ 热泵。以消耗一部分高品位能源(机械能、电能或高温热能)为补偿，使热能从低温热源向高温热源传递的装置。

(3) 太阳能制冷技术原理。

太阳能制冷技术实质是借助降低一定量的功的品位，提供品位较低而数量更多的能量。

根据不同的能量转换方式，太阳能驱动制冷主要有以下两种方式：①先实现光—电转换，再以电力制冷；②进行光—热转换，再以热能制冷。

① 电转换。电转换是利用光伏转换装置将太阳能转化成电能后，再用于驱动半导体制冷系统或常规压缩式制冷系统实现制冷的方法，即光电半导体制冷和光电压缩式制冷。这种制冷方式的前提是将太阳能转换为电能，其关键是光电转换技术，必须采用光电转换接收器，即光电池，它的工作原理是光伏效应。

太阳能半导体制冷。太阳能半导体制冷是利用太阳能电池产生的电能来供给半导体制冷装置，实现热能传递的特殊制冷方式。半导体制冷的理论基础是固体的热电效应，即当直流电通过两种不同导电材料构成的回路时，结点上将产生吸热或放热现象。如何改进材料的性能，寻找更为理想的材料，成为太阳能半导体制冷的重要问题。太阳能半导体制冷在国防、科研、医疗卫生等领域广泛地用作电子器件、仪表的冷却器，或用在低温测仪、器械中，或制作小型恒温器等。目前太阳能半导体制冷装置的效率还比较低，能效比(COP)一般为0.2～0.3，远低于压缩式制冷。

光电压缩式制冷。光电压缩式制冷过程首先利用光伏转换装置将太阳能转化成电能，制冷的过程是常规压缩式制冷。光电压缩式制冷的优点是可采用技术成熟且效率高的压缩式制冷技术方便地获取冷量。光电压缩式制冷系统在日照好又缺少电力设施的一些国家和地区已得到应用，如非洲国家用于生活和药品冷藏。但其成本比常规制冷循环高3～4倍。随着光伏转换装置效率的提高和成本的降低，光电式太阳能制冷产品将有广阔的发展前景。

② 热转换。太阳能光热转换制冷，首先是将太阳能转换成热能，再利用热能作为外界补偿来实现制冷目的。光—热转换实现制冷主要从以下几个方面进行，即太阳能吸收式制冷、太阳能吸附式制冷、太阳能除湿制冷、太阳能蒸汽压缩式制冷和太阳能蒸汽喷射式制冷等。其中太阳能吸收式制冷已经进入了应用阶段，而太阳能吸附式制冷还处在试验研究阶段。

太阳能吸收式制冷。太阳能吸收式制冷的研究最接近于实用化，其最常规的配置是：采用集热器来收集太阳能，用来驱动单效、双效或双级吸收式制冷机，工质对主要采用溴化锂-水，当太阳能不足时可采用燃油或燃煤锅炉来进行辅助加热。系统主要构成与普通的吸收式制冷系统基本相同，唯一的区别就是发生器处的热源是太阳能而不是通常的锅炉加热产生的高温蒸汽、热水或高温废气等热源。

太阳能吸附式制冷。太阳能吸附式制冷系统的制冷原理是利用吸附床中的固体吸附剂对制冷剂的周期性吸附、解吸附过程实现制冷循环。太阳能吸附式制冷系统主要由太阳能吸附集热器、冷凝器、储液器、蒸发器、阀门等组成。常用的吸附剂、工质对有活性炭-甲醇、活性炭-氨、氯化钙-氨、硅胶-水、金属氢化物-氢等。太阳能吸附式制冷具有系统结构简单、无运动部件、噪声小、无须考虑腐蚀等优点，而且它的造价和运行费用都比较低。

7) 地源热泵技术

(1) 定义。

地源热泵是利用地球表面浅层水源(如地下水、河流和湖泊)和土壤源中吸收的太阳能和地热能，并采用热泵原理，既可供热又可制冷的高效节能空调系统。

地源热泵通过输入少量的高品位能源(如电能)，实现低温位热能向高温位转移。地能分别在冬季作为热泵供暖的热源和夏季空调的冷源，即在冬季，把地能中的热量“取”出来提高温度，供给室内采暖；夏季，把室内的热量取出来释放到地下去。通常地源热泵消耗1kW的能量，用户可以得到4 kW以上的热量或冷量。

(2) 热泵机组装置。

热泵机组装置主要由压缩机、冷凝器、蒸发器和膨胀阀4部分组成，通过让液态工质(制冷剂或冷媒)不断完成：蒸发(吸取环境中的热量) →压缩→冷凝(放出热量)→节流→再蒸发的热力循环过程，从而将环境里的热量转移到水中。

① 压缩机。起着压缩和输送循环工质从低温低压处到高温高压处的作用，是热泵(制冷)系统的心脏。

② 蒸发器。输出冷量的设备，制冷剂在蒸发器里蒸发，以吸收被冷却物体的热量，达到制冷的目的。

③ 冷凝器。输出热量的设备，从蒸发器中吸收的热量连同压缩机消耗功所转化的热量在冷凝器中被冷却介质带走，达到制热的目的。

④ 膨胀阀或节流阀。对循环工质起到节流降压作用，并调节进入蒸发器的循环工质流量。

(3) 地源热泵可再生性。

地源热泵是一种利用地球所储藏的太阳能资源作为冷热源，进行能量转换的供暖制冷空调系统，是一种清洁的可再生能源的技术。

地表土壤和水体是一个巨大的太阳能集热器，收集了47%的太阳辐射能量，比人类每年利用的500倍还多(地下的水体是通过土壤间接地接受太阳辐射能量)。它又是一个巨大的动态能量平衡系统，地表的土壤和水体自然地保持能量接受和发散的相对平衡，地源热泵技术的成功使得利用储存于其中的近乎无限的太阳能或地能成为现实。

(4) 地源热泵局限性。

① 对地下水体生物破坏。

② 回灌问题。

③ 冬夏季平衡问题。

8) 污水源热泵技术

(1) 污水源热泵的概念。

污水源热泵是指从城市污水或工业污水等低品位热源中提取热量，转换成高品位清洁能源，向用户供冷或供热的热泵系统。

污水源热泵是利用城市污水量大、水质稳定、常年温度变化小等特点，以污水作为热源进行制冷、制热循环的一种空洞装置。

(2) 污水源热泵的技术特点。

① 温度10℃～26℃，分布面广(城镇地下空间)。

② 污水源热泵采暖空调既节能又环保。

③ 每吨污水可贡献2 kg煤的热值，少向大气排放二氧化碳6 kg。

④ 全国污水量巨大(每年720亿吨)。

全面开发利用可为近 20%的建筑物采暖空调提供能量，将成为城镇可再生、清洁能源采暖的重要方式。

(3) 污水源热泵的优点。

① 污水源热泵具有热量输出稳定、能效比高、换热效果好、机组结构紧凑等优点，是实现污水资源化的有效途径。

② 污水源热泵比燃煤锅炉环保，污染物的排放比空气源热泵减少 40%以上，比电供热减少 70%以上。它节省能源，比电锅炉加热节省 2/3 以上的电能，比燃煤锅炉节省 1/2 以上的燃料。污水源热泵的运行费用仅为普通中央空调的 50%～60%。

5.3　绿色建筑节水与水资源利用

【学习目标】了解水资源的基本概念，掌握绿色建筑节水措施。

1. 水资源的定义

1894 年美国地质调查局内设立水资源管理处，水资源作为官方词语第一次出现。水资源的定义有四五十种之多，一般认为水资源是在现有的技术、经济条件下能够获取的，并可作为人类生产资料和生活资料的水的天然资源。

地球上的水资源，从广义来说是指水圈内水量的总体，包括经人类控制并直接可供灌溉、发电、给水、航运、养殖等用途的地表水和地下水，以及江河、湖泊、井、泉、潮汐、港湾和养殖水域等；从狭义上来说是指逐年可以恢复和更新的淡水量。水资源是发展国民经济不可缺少的重要自然资源，在世界许多地方，对水的需求已经超过水资源所能负荷的程度，同时有许多地区也濒临水资源利用之不平衡。

2. 人类拥有的水资源

在地球上，人类可直接或间接利用的水，是自然资源的一个重要组成部分。天然水资源包括河川径流、地下水、积雪和冰川、湖泊水、沼泽水、海水等，按水质可以划分为淡水和咸水。随着科学技术的发展，被人类所利用的水增多，如海水淡化、人工催化降水、南极大陆冰的利用等。由于气候条件变化，各种水资源的时空分布不均，天然水资源量不等于可利用水量，往往采用修筑水库和地下水库来调蓄水源，或采用回收和处理的办法利用工业和生活污水，扩大水资源的利用。与其他自然资源不同，水资源是可再生的资源，可以重复多次使用；并出现年内和年际量的变化，具有一定的周期和规律；储存形式和运动过程受自然地理因素和人类活动所影响。

目前，人类利用的淡水资源，主要是河流水、湖泊水和浅层地下水等，仅占全球淡水资源的 0.3%。因此，地球上可供人类利用的水资源是有限的，见表 5.3。

表 5.3　地球上可供人类利用的水资源

<table>
<tr><th colspan="3"></th><th>占全球水量</th><th>占淡水总量</th></tr>
<tr><td rowspan="3">地球上的水</td><td colspan="2">海洋水</td><td colspan="2">97%</td></tr>
<tr><td rowspan="2">淡水</td><td>冰川、深层地下水</td><td rowspan="2">2.5%</td><td>98%</td></tr>
<tr><td>河流水、湖泊水和浅层地下水</td><td>0.3%</td></tr>
</table>

3. 我国的水资源现状

(1) 水资源总量多，人均占有量少。

我国人均水资源量约为2 200 m^3，约为世界平均水平的1/4。由于各地区处于不同的水文带及受季风气候影响，降水在时间和空间分布上极不均衡，水资源与土地、矿产资源分布和工农业用水结构不相适应。水污染严重，水质型缺水更加剧了水资源的短缺。

与世界各国相比，我国水资源总量少于巴西、俄罗斯、加拿大和印度尼西亚等，位于世界第6位；若按人均水资源计算，则仅为平均水平的1/4，排名在第110位之后。

在中国600多个城市中，有400多个城市存在供水不足问题，其中缺水比较严重的城市有110个。

水资源供需矛盾突出。全国正常年份缺水量约400亿立方米，水危机严重制约我国经济社会的发展。由于水资源短缺，部分地区工业与城市生活、农业生产及生态环境争水矛盾突出；部分地区江河断流，地下水位持续下降，生态环境日益恶化。近年来城市缺水形势严峻，缺水性质从以工程型缺水为主向资源型缺水和水质型缺水为主转变。

(2) 水资源时空分布不均匀。

① 从空间分布看，南多北少。从空间分布看，我国水资源南丰北缺，特别是华北、西北缺水最为严重。华北人口众多，工农业发达，用水量大，水土资源匹配不合理。西北深居内陆，距海遥远，降水少，气候干旱。

② 从时间分布看，夏季多，冬季少。从时间分布看，季节分配不均匀，夏秋多，冬春少。

(3) 水资源利用率低，浪费惊人，水污染严重。

监测显示，七大水系总体为轻度污染，主要污染物指标为高锰酸盐指数、五日生化需氧量和氨氮等。

重点城市饮用水源地总体水质一般，达标水量比例为69.3%，66个城市饮用水源地水质达标率为100%，但是，北海、长沙、秦皇岛、苏州、包头、抚顺、泸州、攀枝花、无锡等11个城市水源地水质达标率低。

我们每日耗水量世界第一，污水排放量世界第一。

节约用水、高效用水是缓解水资源供需矛盾的根本途径。节约用水的核心是提高用水效率和效益。目前我国万元工业增加值取水量是发达国家的5～10倍，灌溉水利用率仅为40%～45%，距世界先进水平还有较大差距，节水潜力很大。

4. 绿色建筑节水技术

根据不同建筑的特点，绿色建筑可制定合理用水规划，选用分质供排水子系统、中水子系统、雨水子系统、绿化景观用水子系统和节水器具设施、绿色管材等节水技术。

1) 制定合理用水规划

住宅区内有室内给水排水系统、室外给水排水系统、雨水系统、景观水体、绿地和道路用水等。规划时，应结合所在区域总体水资源和水环境规划，采取高质高用、低质低用原则，除利用市政供水外，充分利用其他水资源(如将雨水、生活污水按照相关标准处理后回收再利用)。供水设施应采用智能化管理，统一调度，包括远程控制系统和故障自动报警系统等。

(1) 小区用水分类。

小区用水包括生活用水、市政用水、消防用水等。生活用水是指小区居民日常生活用水(如饮用、烹调、洗涤、淋浴、冲厕)。市政用水是指街道浇洒、绿化用水、车辆冲洗等用水。消防用水是指扑灭火灾时所需要的用水。

(2) 小区供水水源。

① 市政供水。供水水源的水质达到饮用水卫生标准，可作为水源直接用于小区的生活用水。如果不符合饮用水卫生标准，采用饮用水深度净化等技术措施进行处理。采用的技术措施应符合生活饮用水水质卫生规范和卫生部涉及饮用水卫生安全产品检验规定。采用市政供水的小区的水质保障技术，按建筑给水排水设计规范中关于水质和防止水质污染的有关规定执行。

② 地下水和地表水。根据水质的情况，采取必要的处理措施，给用户提供符合生活饮用水水质标准的饮用水。

③ 生活杂用水。采用小区污废水作为生活杂用水水源，水质应符合中华人民共和国国家标准中关于相应的杂用水的水质标准。

(3) 规划设计时需考虑的问题。

① 水量平衡问题。水量平衡旨在确定小区每日以下指标：所需供应的自来水量、生活污水排放量、中水系统规模及回用目标、景观水体补水量、水质保证措施及补水来源等。

计算出小区节水率及污水回用率，找出各水系统之间相互依赖的关系，在考虑污水和雨水回用的同时，根据市政提供的水平进行合理安排。

② 节水率和回用率的指标问题。节水率是指使用节水器具和设备，控制水龙头出水压力等措施，减少市政提供的水量。

节水率=(安装节水器前的用水量－安装节水器后的用水量)/安装节水器前的用水量

计算节水率的前提条件是安装节水器前后的用水方式相同、用水效果相同。绿色建筑小区节水率不低于 20%，回用中水和雨水的使用量达到小区用水量的 30%。

③ 技术经济性问题。既要对常规的市政用水不同方案进行比较，又要对生活污水和雨水不同回用目的和工艺方案进行全面经济评价。

对水系统和处理工艺进行下面的评价：

a. 是否适合当地情况；

b. 是否节能降耗；

c. 是否操作方便；

d. 是否运行安全可靠；

e. 是否投资低廉。

2) 分质供排水子系统

日常生活中，用水目的不同，水质要求不同。在绿色建筑体系中，分质供排水是水环境系统供排水原则，分为分质供水系统和分质排水系统。

(1) 分质供水系统。按不同水质供给不同用途的供水方式，绿色建筑小区设三套供水系统。

第一套(直饮水系统)：输送的是以城市自来水为水源，并进行过深度处理，再采取适当的灭菌消毒措施，使其各项卫生指标达到国家《饮用净水水质标准》CJ 94—2005 要求的直饮水。

第二套(生活给水系统)：主要用于洗涤蔬菜瓜果、衣服及洗浴等。

第三套(中水系统)：用来输送经小区中水设施净化处理的中水回用水，主要用于冲厕、浇洒、绿化、消防、车辆冲洗等，其用水标准不低于国家《生活杂用水水质标准》CJ/T 48—1999。

(2) 分质排水系统。分质排水系统是指按排水污染程度分网排放的排水方式。绿色建筑小区室内排水系统应该设两条不同管网。

① 排杂水管道。收集除粪便污水以外的各种排水，如淋浴排水、厨房排水等，输送至中水设施作为中水水源。

② 粪便污水管道。收集便器排水至小区化粪池处理后排入市政污水管道。

(3) 直饮水子系统设计中需注意的问题。

① 水质标准。绿色住宅小区中的管道直饮水水质应该符合《饮用净水水质标准》CJ 94—2005。

② 用水标准。目前管道直饮水系统无规范可循，《全国民用建筑设计技术措施——给水排水》规定：用于饮用的水标准为2～3 L/人·d；用于饮用和烹饪的水标准为3～6 L/人·d。对于住宅小区，用水量标准建议取3～5 L/人·d，经济发达地区可适当提高到7～8 L/人·d，办公楼为2～3 L/人·d。

③ 确定流量。国内在管道直饮水的室内管道设计方面还缺乏规范性公式，一般按照经验公式计算，$G=0.49\ N(q^{0.5})$。确认流量后，为确保管道直饮水水质新鲜，进户直饮水水表至龙头之间管道、各路主管均应保证直饮水能够循环回流。

3) 中水子系统

民用建筑或建筑小区各种排水(包括冷却排水、沐浴排水、盥洗排水、洗衣排水、厨房排水等)经适当处理后回收作为建筑或建筑小区杂用(绿化、洗车、浇洒路面、厕所便器、拖布池等)的供水系统。

(1) 水源及选用原则。

① 中水水源。城市生活污水处理厂的出水、相对洁净的工业排水、市政排水、建筑小区内的雨水、建筑物各种排水、天然水资源(江河湖海)、地下水等。

② 选用原则。经技术经济分析比较，优先选择水量充足、水温适度、水质适宜、供水稳定、安全且居民易接受的水源。

③ 原水量的确定。水源为建筑物各种排水时，原水量按照《建筑中水设计标准》GB 50336—2018规定的排水项目的给水量及占总水量的百分率计算，也可按住户排水器具的实际排水量和器具数计算。建筑物排水量可按用水量的80%～90%计算，用作中水水源的水量宜为中水回用水量的110%～115%。

(2) 中水原水水质和中水水质标准

① 原水水质。以实测资料为准，如无资料，各类建筑的各种排水污染浓度可参照《建筑中水设计标准》GB 50336—2018。

② 中水水质。中水用于冲厕以及室内外环境清洗，水质标准应符合《生活杂用水水质标准》CJ/T 48—1999。

中水用于蔬菜浇灌用水、洗车用水、空调系统冷却水、采暖系统补水等，水质应该达到相应标准要求。

中水用作城市杂用水，其水质应符合《城市污水再生利用城市杂用水水质》GB/T 18920—2020 的规定。

中水用于景观环境用水，其水质应符合《城市污水再生利用景观环境用水水质》GB/T 18921—2019 的规定。

用于多种用途按最高要求水质标准。

(3) 设计原则。

中水系统由原水系统、处理系统和中水供水系统三部分组成。中水工程的设计应按系统工程考虑，做到统一规划、合理布局、相互制约和协调配合，实现建筑或建筑小区的使用功能、节水功能和环境功能的统一。

① 确定中水系统处理工艺。设计时根据小区原排水水量、水质、中水用途、水源位置确定。

② 中水水源宜选用优质系排水。按以下顺序取舍：淋浴排水、盥洗排水、洗衣排水、厨房排水、厕所排水等。

③ 严禁中水进入生活饮用水系统。

(4) 设计时应注意的问题。

① 中水系统应具有一定规模(5 万平方米以上小区应设有中水系统)，中水成本价不大于自来水水价。

② 中水管道不得采用非镀锌钢管，宜采用承压复合管、塑料管等。

③ 中水供水系统水力计算按照《建筑给水排水设计规范》中给水部分执行。

④ 中水系统必须独立设置，严禁进入生活饮用水给水系统。

⑤ 中水储水池宜采用耐腐蚀、易清垢的材料制作。

⑥ 中水供水系统上，应根据使用要求加装计量装置。

⑦ 对中水处理站中构筑物采取防臭、减噪、减震措施。

⑧ 中水管道外壁涂上浅绿色，水池、阀门、水表、给水栓应标有“中水”标志。

⑨ 中水管道不加装龙头。

(5) 中水处理工艺。

中水处理流程是由各种污水处理单元优化组合而成，通常包括 3 个部分。

① 预处理。格栅、调节池。

② 主处理。絮凝沉淀或气浮、生物处理、膜分离、土地处理等。

③ 后处理。过滤(砂、活性炭)、消毒等。

其中，预处理、后处理的流程一般基本相同，主处理工艺则需根据不同要求进行选择。

(6) 安全防护和监(检)测控制。

① 安全防护。

a. 中水管道严禁与生活饮用水给水管进行任何方式的直接连接。

b. 除卫生间外，中水管道不宜暗装于墙体内。

c. 中水池(箱)内的自来水补水管应采取自来水防污染措施。

d. 中水管道外壁应涂浅绿色标志。

e. 水池(箱)、阀门、水表及给水栓、取水口均应有明显的“中水”标志。

② 监(检)测控制。

a. 中水处理站的处理系统和供水系统宜采用自动控制，并应同时设置手动控制。

b. 中水处理系统应对使用对象要求的主要水质指标定期检测，对常用控制指标(水量、主要水位、pH、浊度、余氯等)实现现场监测，有条件的可实现在线监测。

c. 中水系统的自来水补水宜在中水池或供水箱处采取最低报警水位控制的自动补给。

d. 中水处理站应对自耗用水、用电进行单独计量。

4) 雨水子系统

雨水是一种既不同于上水又不同于下水的水源，但弃除初期雨水后水质较好，而且它有轻污染、处理成本低廉、处理方法简单等优点，应给予特别对待，要物尽其用。在建筑物中，可以使用渗水性能好的材料，并设计储水设备，以收集和储存雨水，并加以利用。例如，德国有一座生态办公楼，屋顶设了储水设备，收集并储存雨水，用来浇灌屋顶花园的花草，从草地渗出的水回流储水器，然后流到大楼的各个厕所，用于冲洗。

雨水收集利用的目标和系统类别见表5.4。

表5.4 雨水利用的目标和系统类别

系统种类	收集回用	入渗	调蓄排放
目标	将发展区内的雨水径流量控制在开发前的水平，即拦截利用硬化面上的雨水径流增量		
技术原理	蓄存并消除硬化面上的雨水		贮存缓排硬化面上的雨水
作用	减小外排雨峰流量 减少外排雨水总量		减小外排雨峰流量
	替代部分自来水	补充土壤含水量	
适用的雨水	较洁净雨水	非严重污染雨水	各种雨水
雨水来源	屋面、水面、洁净地面	地面、屋面	地面、屋面水面
技术适用条件	常年降雨量大于400 mm的地区	土壤渗透系数宜为10^{-6} m/s～10^{-3} m/s 地下水位低于渗透面1.0 m及以上	渗透和雨水回用难以实现的小区

雨水收集回用设施的构成及选用见表5.5。

雨水子系统包括雨水直接利用和雨水间接利用。雨水直接利用是指将雨水收集经沉淀、过滤、消毒等处理工艺后，用于生活杂用水，如洗车、绿化、水景补水等，或将径流引入小区中水处理站作为中水水源之一。雨水间接利用是指将雨水适当处理后回灌至地下水层，或将径流经土壤渗透净化后涵养地下水。常用的渗透设施有绿地、渗透地面、渗透管、沟、渠、渗透井等。

表 5.5 雨水收集回用设施的构成与选用

设施的组成	汇水面、收集系统、雨水弃流、雨水储存、雨水处理、清洗池、雨水供水系统、雨水用户
应用要求	雨量充沛、汇水面雨水收集效率高(径流系数大)；雨水用量大，管网日均用水量不宜小于蓄水池储存容积的 1/3
雨水回用用途	优先作为景观水体的补充水源，其次为绿化用水，循环冷却水，汽车冲洗用水，路面、地面冲洗用水，冲厕用水，消防用水等，不可用于生活饮用、游泳池补水等
雨水收集场所	优先收集屋面雨水，不宜收集机动车道路等污染严重的路面上的雨水。当景观水体以雨水为主要水源之一时，地面雨水可以排入景观水体

(1) 雨水汇流介质及水质。

① 屋面。雨水水质较好、径流量大、便于收集、利用价值高，但下雨初期水质差(COD 达到 500 mg/L，夏季沥青油毡屋面雨水)，其水质与降雨强度、屋面材料、空气质量、气温、两次降雨间隔时间有关。

② 道路。地面径流雨水水质较差，道路初期雨水中 COD 通常高达 300～400 mg/L。

③ 绿地。绿地径流雨水主要以渗透方式为主，雨水通过特殊装置收集，加大小区投资。

化学需氧量(COD)是在一定的条件下，采用一定的强氧化剂处理水样时，所消耗的氧化剂量。它是表示水中还原性物质多少的一个指标。水中的还原性物质有各种有机物、亚硝酸盐、硫化物、亚铁盐等，但主要是有机物。化学需氧量(COD)又往往作为衡量水中有机物质含量多少的指标，化学需氧量越大，说明水体受有机物的污染越严重。

(2) 屋面雨水收集及处理工艺。

建筑物屋面雨水收集利用系统主要包括屋顶花园雨水利用系统和屋面雨水积蓄利用系统。

① 屋顶花园雨水利用系统。

屋顶花园雨水利用系统是削减城市暴雨径流量，控制非点源污染和美化城市的重要途径之一，也可作为雨水积蓄利用的预处理措施。为了确保屋顶花园不漏水和屋顶下水道通畅，可以考虑在屋顶花园的种植区和水体中增加一道防水和排水措施。屋顶材料中，关键是植物和上层土壤的选择，植物应根据当地气候条件来确定，还应与土壤类型、厚度相匹配。上层土壤应选择空隙率高、密度小、耐冲刷、可供植物生长的洁净天然的或人工材料。屋顶花园系统可使屋面径流系数减少到 0.3，有效地削减了雨水流失量，同时改善小区的生态环境。

② 屋面雨水积蓄利用系统。

屋面雨水积蓄利用系统以瓦质屋面和水泥混凝土屋面为主，以金属、黏土和混凝土材料为最佳屋顶材料，不能采用含铅材料。屋面雨水水质的可生化性较差，故不宜采用生化方法处理，宜采用物化方法。该系统由集雨区、输水系统、截污净化系统、储存系统以及配水系统等几部分组成，有时还设有渗透系统，并与储水池溢流管相连，当集雨量较多或降雨频繁时，部分雨水可进行渗透。初期雨水由于含有较多的污染物应加以去除，排放量需根据小区当地的大气质量等因素，通过采样试验确定。根据初期弃流后的屋面雨水水质的情况和试验结果，采用相关雨水处理流程，其出水水质可满足《生活杂用水水质标准》要求，主要用于小区内家庭、公共场所等非饮用水，如浇灌、冲刷、洗车等。

(3) 屋面雨水净化工艺。

雨水净化工艺应根据收集的雨水水质与用水水质标准及水量要求来确定。屋面雨水因可生化性差，一般宜采用物化处理，同时，应考虑雨水中COD以溶解性为主的特性及弃流后的雨水悬浮固体含量较低等特点。目前常用的工艺如下。

① 弃流-微絮凝过滤工艺。因为雨水中COD主要为溶解性的，如果采用直接过滤，对雨水中的 COD、SS(固体悬浮物)和色度的去除效果很差。试验表明，当投加混凝剂后其去除效果可明显提高。混凝剂一般采用聚合氯化铝、硫酸铝、三氯化铁，其中用聚合氯化铝混凝剂进行微絮凝过滤的效果最好，聚合氯化铝投加浓度为 5mL。所以，将弃流后的雨水进行絮凝过滤处理工艺比直接过滤的效果要好。弃流后的中、后期雨水进入雨水储存池(储存池容积根据暴雨强度公式绘出不同历时的雨量曲线来确定)，池内雨水经泵提升至压力滤池，在泵的出水管道上投加混凝剂聚合氯化铝，然后进入压力滤池进行微絮凝接触过滤，最后经液氯消毒后进入清水池，作为生活杂用水。

② 弃流-生态渗透过滤工艺。该工艺是以绿地-人工混合土净化技术为主体的生态渗透过滤净化系统，将雨水通过人工混合土壤-绿地系统进行物理、物化、生化和植物吸收等多种作用使污染物得到去除。同时该设计根据企业生活区比厂区地形高的特点，考虑将净化后雨水既作为杂用水又作为中水水源，所以将生活污水和生产废水处理构筑物以及雨水净化构筑物一起集中布置在厂区内，这样，经弃流后的生活区屋面雨水可流入渗滤池，并将渗滤池布置在雨水储存池上，既减少了占地，又美化了环境。该工艺能耗低、易管理，是一种经济有效的雨水生态净化工艺。

③ 砂滤-膜滤处理工艺。该处理工艺主要采用粒状滤料和膜滤相结合的物理工艺法，可增强处理雨水水质的适应能力，还起到对膜滤的保护作用。该工艺处理效果稳定，出水水质好，缺点是造价和处理成本较高，在非雨季时，膜处于停用状态会干燥失效，需用小流量水通过滤膜循环或拆除滤膜以化学药剂浸泡养护，从而增加了维护工作量。

上述三种雨水净化工艺都各有其优缺点，应根据雨水净化的有关资料和污水土地处理工艺的原理，选择合适的处理工艺。

5) 绿化、景观用水子系统

(1) 绿化用水要求。

① 禁止或限制使用市政供水用于浇灌，尽可能使用收集的雨水、废水或经过小区处理的废水。

② 水中余氯的含量不低于 0.5 mg/L，以清除臭味、黏膜及细菌。

③ 水质应达到用于灌溉的水质标准。

④ 采用喷灌时，SS(固体悬浮物)应小于 30 mg/L，以防喷头堵塞。

(2) 景观用水要求。

① 根据小区地形特点，提出合理、美观的小区水景规划方案。

② 景观用水应设置循环系统，并应结合中水系统进行优化设计以保证水质。

③ 建立水景工程的池水、流水、喷水、涌水等设施。

④ 景观用水水质达到《再生水回用于景观水体的水质标准》CJ/T 95—2000 和《景观娱乐用水水质标准》GB 12941—1991。

⑤ 为保护水生动物、避免藻类繁殖，水体应保持清澈、无毒、无臭、不含致病菌等。为此当再生污水用作景观用水时，需进行脱氯及去除营养物处理。

6) 节水器具、设施和绿色管材

(1) 节水器具。

优先选用符合《节水型生活用水器具标准》CJ 164—2014、《当前国家鼓励发展的节水设备》等标准的器具。

① 节水型水龙头。水龙头是应用范围最广、数量最多的一种盥洗洗涤用水器具，目前开发研制的节水型水龙头最大流量不大于 0.15 L/s(水压 0.1 MPa 和管径 15 mm 下)。根据用水场合不同，分别选用延时自动关闭式、水力式、光电感应式、电容感应式、停水自动关闭式、脚踏、手压、肘动、陶瓷片防漏等水嘴。这些节水型水龙头都有较好的节水效果。日本各城市普遍推广节水阀(节水皮垫)，水龙头若配此种阀芯，一般可节水 50%以上。

② 节水型便器。家庭生活中，便器冲洗水量占全天用水量的 30%～40%。便器冲洗设备的节水是建筑节水的重点。除了利用中水作厕所冲洗水之外，目前已开发研制出许多种类的节水设备。美国研制的免冲洗(干燥型)小便器，采用高液体存水弯衬垫，无臭味，不用水，免除了用水和污水处理的费用，是一种有效的节水设备。还有一种带感应自动冲水设备的小便器，比一般设备日节水 13 L。在瑞士及德国，公共卫生间的小便器几乎 100%采用了这种设备。还有各种节水型大便器，如双冲洗水量坐便器，这种坐便器每次冲洗水量为 9 L，而小便冲洗水量为 4.5 L，节水效果显著。我国大、中城市住宅中严禁采用一次冲洗水量在 9 L 以上的坐便器。

③ 淋浴器具。在生活用水中，淋浴用水占总用水量的 20%～35%。淋浴时因调节水温和不需水擦拭身体的时间较长，若不及时调节水量会浪费很多水，因此，淋浴节水很重要。现在研制使用的节水型淋浴器包括带恒温装置的冷热水混合栓式淋浴器，按设定好的温度开启扳手，既可迅速调节温度，又可减少调水时间。带定量停止水栓的淋浴器，能自动预先调好需要的冷热水量，如用完已设定好的水量，可自动停水，防止浪费冷水和热水。淋浴器喷头最大流量不大于 0.15 L/s(水压 0.1 MPa 和管径 15 mm 下)。改革传统淋浴喷头是改革淋浴器的方向之一。

④ 节水型用水家用电器(洗衣机、洗碗机)。洗衣机是家庭用水的另一大器具，近年欧盟公布的洗衣用水标准为：清洗 1 kg 衣物的用水不得超过 12 L，而市场上绝大多数国产品牌的洗衣机用水量均大大超过了这一标准。以普通 5 kg 洗衣机为例，需要 150~-175 L 水，一些所谓节水型洗衣机只不过是少设置了几个水位段，最低的水位段也在 17 L 左右。青岛海尔公司是成功推出节水洗衣机的厂家，其生产的 XQG50-QY800 型洗衣机，每次洗衣只需 60 L 水，达到了国际 A 级滚筒式洗衣机的用水量标准，其余的如超薄滚筒洗衣机 XQG50-ALS968TX 型及顶开式 XQG50-B628TX 型，也含有较高的节水技术，是适合家庭使用的节水型洗衣机。

(2) 绿色管材。

传统金属管材致命弱点：易生锈、易腐蚀、易渗漏、易结垢等。镀锌钢管被腐蚀后滋生各种微生物，污染自来水，一些发达国家已经立法禁止使用镀锌钢管作为饮用水输送管。

节水的前提是防止渗漏。漏损的最主要途径是管道，自来水管道漏损率一般都在10%左右。为了减少管道漏损，管道铺设时要采用质量好的管材，并采用橡胶圈柔性接口。另外，还应增强日常的管道检漏工作。瑞士乔治费谢尔公司研制开发的聚丁烯(PB)管在建筑上的全面应用引起了人们的广泛关注。首先在材料上选用了化工产品中尖端产品——聚丁烯(PB)，具有耐高温、无渗漏、低噪声、保障卫生的优点，是世界上最先进的给水管材。连接方法有热熔、电熔和带O型的挤压式等，使其能够完美地连接在一起，而且极利于施工安装。这种管材已在西欧北美等国家得以广泛使用，节水效果显著。

绿色管材5大特性：安全可靠、经济、卫生、节能、可持续发展等。

我国绿色管材主要有：聚乙烯管(PE)、聚丙烯管(PT)、聚丁烯管(PB)、铝塑复合管(PAP)等，主要用于室内小口径建筑给水、辐射采暖等。

7) 合理利用市政管网余压

合理利用市政管网的压力，直接供水，不仅可以减少投资、减少污染，还可以避免大量能源、水资源的浪费。具体做法为：合理进行竖向分区，平衡用水点的水压；采用并联给水泵分区，尽量减少减压阀的设置；推荐减压作为节能节水的措施，减小用水点的出水压力；合理设置生活水池的位置，尽量减小设置深度，以减少水泵的提升高度；优先考虑水池—水泵—水箱的联合供水方式；分区给水优先采用管网叠压供水等节能的供水技术，避免供水压力过高或压力骤变。

8) 合理配置水表等计量装置

在适当的位置上设置计量装置如水表等，可以增强人们的节水意识，避免漏水损失。在计量设备的设置中，应注意下列问题。

(1) 在建筑物的引入管、住宅单元入户管、景观和灌溉用水以及公共建筑需计量的水管上均应设置水表，这样不仅有利于进行水量平衡分析，还可以找出漏水隐患。

(2) 提高水表计量的准确性，一方面应选择正规厂家的合格产品，另一方面应选择与计量范围相适应的水表。

(3) 学生公寓、工矿企业的公共浴室的淋浴器应采用刷卡用水。

9) 合理设计热水供应系统

目前，大多数集中热水供应系统存在严重的浪费现象，主要体现在开启热水装置后，不能及时获得满足使用温度的热水，而是要放掉部分冷水之后才能正常使用。这种浪费现象是设计、施工、管理等多方面原因造成的。为了尽量减少这部分无效冷水的量，要对现有定时供应热水的无循环系统进行改造，增设回水管；对新建建筑的热水供应系统应根据建筑性质及建筑标准选用支管循环或干管循环。同一幢建筑的热水供应系统，选用不同的循环方式其无效冷水量是不相同的。就节水效果而言，支管循环方式最优，立管循环方式次之；无循环方式浪费水量最大，干管循环方式次之。而对于局部热水供应系统，在设计住宅厨房和卫生间位置时除考虑建筑功能和建筑布局外，应尽量减少其热水管线的长度，并进行管道保温。除此之外，还应选择适宜的加热和储热设备，在不同条件下满足用户对热水的水温、水量和水压要求，减少水量浪费。

此外，具备条件的，应当至少选择一种可再生能源(指风能、太阳能、水能、生物质能、地热能、海洋能等非化石能源)用于建筑物的热水供应，现在一些中小城市已普及推广太阳能热水导流设计使用。

10) 真空卫生排水节水系统

真空卫生排水节水技术即为了保证卫生洁具及下水道的冲洗效果，在排水工程中用空气代替大部分水，依靠真空负压产生的高速气、水混合物，快速将洁具内的污水、污物冲洗干净，达到节约用水、排走污浊空气的效果。一套完整的真空排水系统包括：带真空阀和特制吸水装置的洁具、密封管道、真空收集容器、真空泵、控制设备及管道等。真空泵在排水管道内产生 40～50 kPa 的负压，将污水抽吸到收集容器内，再由污水泵将收集的污水排到市政下水道。在各类建筑中采用真空排水节水技术，平均节水超过 40%。若在办公楼中使用，节水率可超过 70 %。

总之，要建立良好的绿色建筑水环境，必须合理地规划和建设小区水环境，提供安全、有效的供水系统及污水处理、回用系统，节约用水；建立完善的给水系统，使供水水质符合卫生要求、水量稳定、水压可靠；建立完善的排水系统，确保排污通畅且不会污染环境。当雨水和生活污水经处理后回用作为生活杂用水时，水质应达标。

5.4　绿色建筑节材与绿色建材

【学习目标】了解绿色材料的基本概念、含义和重要性，掌握常用的绿色建材产品。

1. 绿色材料的基本概念

绿色建筑材料是指采用清洁生产技术，不用或少用天然资源和能源，大量使用工农业或城市固态废物生产的无毒害、无污染、无放射性，达到使用周期后可回收利用，有利于环境保护和人体健康的建筑材料。

绿色建筑材料的界定不能仅限于某个阶段，而必须采用涉及多因素、多属性和多维的系统方法，综合考虑建筑材料生命周期全过程的各个阶段。

2. 绿色建材应满足的性能

(1) 节约资源。材料使用应该减量化、资源化、无害化，同时开展固体废物处理和综合利用技术。

(2) 节约能源。在材料生产、使用、废弃以及再利用等过程中耗能低，并且能够充分利用绿色能源，如太阳能、风能、地热能和其他再生能源。

(3) 符合环保要求、降低对人类健康及其生活环境的危害。材料选用尽量天然化、本地化，选用无害无毒且可再生、可循环的材料。

3. 绿色建材的内涵

(1) 利用新型材料取代传统建材。如利用新型墙体材料取代实心黏土砖等高能耗建材。

(2) 考虑材料全寿命周期和使用过程(装饰装修材料)中的差别。原料采集→生产制造→包装运输→市场销售→使用维护→回收利用各环节都符合低能耗、低资源和对环境无害化要求。

4. 绿色建材与传统建材的区别

从资源和能源的选用上看，绿色建材生产所用原料尽可能少用天然资源，大量使用尾矿、废渣、垃圾、废液等废弃物。

从生产技术上看，绿色建材生产采用低能耗制造工艺和不污染环境的生产技术。

从生产过程上看，绿色建材在产品配置或生产过程中，不使用甲醛、卤化物溶剂或芳香烃；产品中不含有汞及其化合物，不使用含铅、镉、铬及其化合物的颜料和添加剂；尽量减少废渣、废气以及废水的排放量，或使之得到有效的净化处理。

从使用过程上看，绿色建材产品的设计是以改善生活环境、提高生活质量为宗旨，即产品不仅不损害人体健康，而且应有利于人体健康。产品拥有多功能化的特征，如抗菌、灭菌、防毒、除臭、隔热、阻燃、防火、调温、调湿、消声、消磁、防辐射和抗静电等。

从废弃过程上看，绿色建材可循环使用或回收再利用，不产生污染环境的废弃物。

5. 绿色建材特征

(1) 以低资源、低能耗、低污染为代价生产的高性能传统建筑材料，如用现代先进工艺和技术生产的高质量水泥。

(2) 能大幅降低建筑能耗(包括生产和使用过程中的能耗)的建材制品，如具有轻质、高强、防水、保温、隔热、隔声等功能的新型墙体材料。

(3) 有更高使用效率和优异材料性能，从而能降低材料消耗的建筑材料，如高性能水泥混凝土、轻质高强混凝土。

(4) 具有改善居室生态环境和保健功能的建筑材料，如具有抗菌、除臭、调温、调湿、屏蔽有害射线等多功能的玻璃、陶瓷、涂料等。

(5) 能大量利用工业废弃物的建筑材料，如净化污水、固化有毒有害工业废渣的水泥材料。

6. 绿色建材评价方法及选用原则

(1) 评价体系。

① ISO 14000 体系认证(世界上最为完善和系统的环境管理国际标准)，由环境管理体系、环境行为体系、生命周期评价、环境管理、产品标准中的环境因素等组成。

② 环境标志产品认证(质量优、环境行为优)。

③ 国家相关认证体系(节能门窗、绿色装饰材料等)。

(2) 评价方法。

① 单因子评价。利用实测数据和标准对比分类，选取最差结果的类别即为评价结果。

② 复合评价。运用多个指标对多个参评单位进行评价的方法，称为多变量综合评价方法，或简称综合评价方法。其基本思想是将多个指标转化为一个能够反映综合情况的指标来进行评价。

(3) 评价内容。

绿色建材评价内容包括依据标准、资源消耗、能源消耗、生产环境影响、清洁生产、本地化、使用寿命、洁净施工、环境影响、再生利用性等。

(4) 选用原则。

① 对各种资源，尤其是非再生资源的消耗尽可能低。

② 尽可能使用生产能耗低、可以减少建筑能耗以及能够充分利用绿色能源的建筑材料。

③ 尽可能选用对环境影响小的建筑材料。

④ 尽可能就近取材，减少运输过程中的能耗和环境污染。

⑤ 提高旧建材的使用率。

⑥ 严格控制室内环境质量，有害物质零排放。

7. 常用的绿色建材产品

1) 生态水泥(eco-cement)

水泥是主要的建筑材料，生产1吨水泥熟料约需1.1吨石灰石，烧成、粉碎约需105千克煤；与此同时，分解1.1吨石灰石，排放0.49吨CO_2等。减少水泥用量或改用生态水泥对节能减排具有重要的意义。

(1) 生态水泥的概念。

生态水泥是以城市垃圾焚烧灰和废水中污泥等废弃物为主要原料，添加其他辅料烧制而成的新型水泥或利用工业废料生产的水泥。生态水泥主要是指在生产和使用过程中尽量减少对环境影响的水泥。

(2) 生态水泥的类型。

生态水泥分为普通生态水泥和快硬生态水泥两种。普通生态水泥具有和普通水泥相同的质量，作为预搅拌混凝土，广泛应用于钢筋混凝土结构和以混凝土产品为主的地基改善材料等。快硬生态水泥则是一种比早强水泥凝固速度更快的水泥，具有发挥早期强度的特点，可应用于无钢筋混凝土领域。按照水泥成分组成可分为粉煤灰硅酸盐水泥、矿渣硅酸盐水泥、垃圾焚烧与水泥煅烧结合型水泥等。

① 粉煤灰硅酸盐水泥。粉煤灰是火力发电厂燃煤粉锅炉排出的废渣。

② 矿渣硅酸盐水泥。由硅酸盐水泥熟料和粒化高炉矿渣、适量石膏磨细制成的水硬性胶凝材料称为矿渣硅酸盐水泥。

③ 垃圾焚烧与水泥煅烧结合型水泥。这是在利用垃圾可燃热量的同时以焚烧灰作为原料的水泥生产技术。该技术不仅节约部分燃料，垃圾燃烧后产生的灰渣也可作为水泥原料被加以利用。

(3) 生态水泥的特点。

① 其生产所用原料尽可能少用天然资源，大量使用尾矿、废渣、垃圾、废液等废弃物。

② 生产和使用过程中有利于保护和改造自然环境、治理污染。

③ 可使废弃物再生资源化并可回收利用。

④ 产品设计以改善生活环境、提高生活质量为宗旨，即产品不仅不危及人体健康，而且应有益于人体健康；产品具有多功能化，如阻燃、防火、调温、调湿、消声、防射线等。

⑤ 具有良好的使用性能，满足各种建设的需要。生态水泥从材料设计、制备、应用，直至废弃物处理，全过程都与生态环境相协调，都以促进社会和经济的可持续发展为目标。

(4) 生态水泥生产的技术关键。

① 作为代用原料的废弃物，由于其化学成分不稳定，所以离散性大，如何得到成分均匀、质量稳定的入窑生料是整个工序的关键。

对此的解决方法是：加强原料的预均化和生料的均化，使废弃物成分波动在允许的范围内；作为代用燃料的废弃物，应注意废弃物的投入方式和投入时间、位置，以确保废弃物的完全燃烧。

② 固体废弃物中可能含有高浓度的氯和极少量的有毒有害物质，如何分离、除去、封存这些物质是整个生产工艺是否成功的关键。

对此，在生态水泥生产过程中必须严格限制排放物中NOx、SOx、HCl、二噁英及其他有毒有害物质的含量；若原料中氯含量较高，宜将原料直接投入回转窑中煅烧或对预分解窑采用旁路放风措施；废弃物带进的二噁英在高于800℃时完全分解，窑尾废气应采用冷却塔快速冷却至250℃以下，以防止在250℃～350℃时二噁英重新生成。

③ 由于固体废弃物中常含有重金属成分，如Pb、Zn、Cu、Cr、As等，为从窑灰中回收这些重金属，必要时须在工艺线上增设金属回收工艺。

(5) 生态水泥的用途。

早前生态水泥由于其中氯离子含量太高而使它的使用范围大受限制，但是自从日本研究人员将其中氯离子含量降到0.1%以下时，生态水泥能像普通水泥一样广泛地用作建造房屋、道路、桥梁的混凝土，其工作和使用性能和普通水泥没有差别。

① 用于制混凝土。生态水泥用作混凝土时，因为属于快硬水泥，为了便于施工，必须添加缓凝剂。生态水泥混凝土的水灰比与抗压强度的关系和普通混凝土一样，是直线关系。特别是水灰比比较大的范围，抗压强度增长快。由于生态水泥中含有Cl元素，容易引起钢筋锈蚀，所以一般用于素混凝土中，还可与普通混凝土混合使用，可用作道路混凝土、水坝用混凝土、消波块、鱼礁块等海洋混凝土，空心砌块或密实砌块，还可用来做木片水泥板等纤维制品。

② 用作地基改良固化剂。在湿地或者沼泽地等软弱地基改良中，可用生态水泥作为固化剂。经实验处理过的土壤早期强度良好，完全适于加固土壤。

(6) 国内外生产生态水泥的情况。

① 国外生产生态水泥的情况。

世界上发达国家利用水泥窑焚烧危险废弃物已有30余年的历史，美国、欧盟、日本等发达国家和地区采用高新技术，利用工业废弃物替代天然的原料和燃料，生产出达到质量标准并符合环保要求的生态水泥，已有比较成熟的经验。

② 我国生产生态水泥的情况。

我国在废物衍生燃料方面也做过不少工作。上海建材集团总公司所属的万安企业总公司利用先灵葆雅制药有限公司生产氟洛氛过程中产生的废氟洛氛溶液(一种有害废物)进行了替代部分燃料生产水泥的实验。北京建材集团公司所属北京水泥厂利用树脂渣、废漆渣、有机废溶液、油墨渣等4种比较有代表性的工业有机废弃物在本厂2000 t/d熟料新型干法窑上进行了焚烧试验。

2) 绿色混凝土

混凝土是当今世界上应用最广泛、用量最大的工程材料，然而在许多国家混凝土面临着耐久性不良的严重问题，甚至一些发达国家的重要混凝土结构如大坝、轨枕和桥梁在没有达到使用寿命前就已严重劣化，不得不花巨资进行维修或重建，仅美国每年用于混凝土的维修或重建费用就高达几百亿美元。因混凝土材质劣化引起混凝土结构开裂破坏甚至崩塌事故屡屡发生，其中水工、海工建筑与桥梁尤为多见。1980年3月27日北海Stavanger近海钻井平台Alexander Kjell号突然破坏，导致123人死亡。切尔诺贝利核电站的泄漏造成大面积放射性污染，生态环境遭受了严重破坏。在日本海沿岸，许多港湾建筑、桥梁建成后不到 10 年便见混凝土表面开裂、剥落、钢筋外露，其主要原因是碱骨料反应。北京三元里立交桥桥墩建成后不到两年就发生“人字形”裂纹，许多专家认为这是碱骨料反应所至。在天津也有类似的情况发生。更严重的是在 1987 年山西大同的混凝土水塔突然破坏，水如山洪暴发一样冲下，造成很大的人员伤亡和财产破坏。

种种事件告诉我们作为主要的结构材料，混凝土耐久性的重要性不亚于强度，设计人员只重视强度而忽视耐久性的状况是该改变了。我国正处于经济高速发展时期，许多耗资巨大的重要建筑，如大量高层、超高层建筑，各类大坝以及海洋钻井平台、跨海大桥、压力容器等对混凝土的耐久性有更高的要求，如何保证这些重大结构工程耐久性是混凝土工程界普遍关注的焦点。

绿色混凝土应具有比传统混凝土更高的强度和耐久性，可以实现非再生性资源的可循环使用和有害物质的最低排放，既能减少环境污染，又能与自然生态系统协调共生。

(1) 绿色高性能混凝土。

高性能混凝土(High Performance Concrete，HPC)的研究是当今土木工程界最热门的课题之一。1990 年 5 月美国国家标准与技术研究院(NIST)与美国混凝土协会(ACI)召开会议，首先提出高性能混凝土(HPC)这个名词，认为 HPC 是同时具有多种性能的匀质混凝土，是采用严格的施工工艺与优质原材料配制而成的便于浇捣、不离析、力学性能稳定、早期强度高，并具有韧性和体积稳定性的混凝土，特别适合于高层建筑、桥梁以及暴露在严酷环境下的建筑物。

绿色高性能混凝土是在大幅度提高常规混凝土性能的基础上，选用优质原材料，在妥善的质量管理的条件下制成的。除了水泥、水、集料以外，高性能混凝土采用低水胶比且掺加了足够的细掺料与高效外加剂。

绿色高性能混凝土用大量工业废渣作为活性细掺料代替大量熟料。绿色高性能混凝土不是熟料水泥，而是由磨细水淬矿渣和分级优质粉煤灰、硅灰等，或它们的复合生产的与环境相容的胶凝材料。

高性能混凝土应同时保证下列诸性能：耐久性、工作性、各种力学性能、适用性、体积稳定性和经济合理性。

最早提出绿色高性能混凝土(GHPC)的是吴中伟教授。绿色高性能混凝土的提出在于加强人们对资源、能源和环境的重视，要求混凝土工作者更加自觉地提高 HPC 的绿色含量或者加大其绿色度，节约更多的资源、能源，将对环境的影响减到最少，这不仅为了混凝土和建筑工程的持续健康发展，更是人类的生存和发展所必需的。一般认为真正的绿色高性能混凝土应符合以下条件。

① 所使用的水泥必须为绿色水泥。此处的“绿色水泥”是针对“绿色”水泥工业来说的。绿色水泥工业是指将资源利用率和二次能源回收率均提高到最高水平，并能够循环利用其他工业的废渣和废料；技术装备上更加强化了环境保护的技术和措施；粉尘、废渣和废气等的排放几乎接近于零，真正做到不仅自身实现零污染、无公害，又因循环利用其他工业的废料、废渣而帮助其他工业进行三废消化，最大限度地改善环境。

② 最大限度地节约水泥熟料用量，从而减少水泥生产中的“副产品”——二氧化碳、二氧化硫、氧化氮等气体，以减少环境污染，保护环境。我国水泥产量世界第一，如全世界水泥产量从 15 亿吨增加到 18 亿吨，则大气层中 CO_2 的量将高达 150 亿吨。各国已规定

CO_2 排放限量，水泥工业的发展必将受到限制，水泥产量不能再增加了，必须积极改变品种和工艺以降低能耗。GHPC 中最多可达 60%～80%的磨细工业废渣成为最大的胶凝组分，既能满足 GHPC 的全部性能要求，又能大幅度减少熟料用量，这将是一条主要出路。

③ 更多地掺加经过加工处理的工业废渣，如磨细矿渣、优质粉煤灰、硅灰和稻壳灰等作为活性掺合料，以节约水泥，保护环境，并改善混凝土耐久性。用于混凝土的工业废渣主要有以下 3 类。

a. 水淬矿渣(Slag)。我国年产矿渣约 8000 万吨，已大部用作水泥混合材，但其颗粒粗，活性未充分利用，因而造成水泥强度低、矿渣掺量小。近年来日本对超细磨矿渣用于混凝土进行了较系统的研究，代替水泥可高达 50%～80%，并取得流动性、耐久性、后期强度等性能的明显改善，已成为 HPC 的有效组分。

b. 优质粉煤灰(Fly Ash)。1985 年加拿大能源矿产部开发的高掺量粉煤灰混凝土(HFCC)，也包括用于结构中的 HPC，其中粉煤灰占胶凝材料总量的 55%～60%，改变了几十年以来的粉煤灰代替水泥掺量不超过 25%的传统做法(目前我国一些规范标准还都有此限制)。我国粉煤灰排量增加迅速，1995 年已超过 1.25 亿吨，其中不少优质粉煤灰适于制作 HPC，如内蒙古赤峰元宝山电厂优质灰超过我国 1 级灰标准，已大量用于北京首都国际机场航站楼等重要结构工程。

c. 硅灰(Silica Fume)。硅灰是硅铁合金厂在冶炼硅铁合金时从烟层中收集的飞灰。我国硅灰产量为 3 000～4 000 吨/年，其细度极高，对混凝土的增强效果极好，但因量少而价高，故一般只用于有特殊要求的工程中。但是用少量硅灰与矿渣或粉煤灰复合，不仅能够增加复合细掺料的取代水泥量，增加 GHPC 的早期强度与多种性能，还具有提高工作性、体积稳定性、耐久性和降低温升等效果，这种因复合带来的超叠加效应，值得特别重视。

④ 大量应用以工业废液尤其是黑色纸浆废液为原料制造的减水剂，以及在此基础上研制的其他复合外加剂，帮助造纸工业消化处理难以治理的废液排放污染江河的问题。

⑤ 集中搅拌混凝土和大力发展预拌商品混凝土，消除现场搅拌混凝土所产生的废料、粉尘和废水，并加强对废料和废水的循环使用。

⑥ 发挥 GHPC 的优势，通过提高强度、减小结构截面积或结构体积，减少混凝土用量，从而节约水泥、砂、石的用量；通过改善和易性来改善混凝土浇注密实性能，降低噪声和能耗；通过大幅度提高混凝土耐久性，延长结构物的使用寿命，进一步节约维修和重建费用，减少对自然资源无节制的使用。

⑦ 砂石料的开采应该以十分有序且不过分破坏环境为前提。积极利用城市固体垃圾，特别是拆除的旧建筑物和构筑物的废弃物混凝土、砖、瓦及废物，以其代替天然砂石料，减少砂石料的消耗，发展再生混凝土。

(2) 再生骨料混凝土。

① 再生混凝土的概念。

再生混凝土是随着社会的发展而发展的。随着人们可持续发展观念的增强与科学技术的发展，越来越多的固体垃圾能被循环利用。用于生产再生骨料的材料除废弃混凝土外，还有碎砖、瓦、玻璃、陶瓷、炉渣、矿物垃圾、石膏等。可见，经特定处理、破碎、分级并按一定的比例混合后，形成的可以满足不同使用要求的骨料就是再生骨料(Recycled Aggregate)，而以再生骨料配制的混凝土称为再生骨料混凝土(Recycled Aggregate Concrete)，简称再生混凝土(Recycled Concrete)。我国规范规定：在配制过程中掺用了再生骨料，且再生骨料占骨料总量的质量百分比不低于 30%的混凝土称为再生混凝土。

我国 20 世纪 50 年代所建成的混凝土工程已使用 70 余年，许多工程都已经损坏。随着结构的破坏，许多建筑物都需要修补或拆除，而在大量拆除的建筑废料中相当一部分都是可以再生利用的。

如果将拆除下来的建筑废料进行分选，制成再生混凝土骨料，用到新建筑物的重建上，不仅能够从根本上解决大部分建筑废料的处理问题，同时可以减少运输量和天然骨料使用量。

② 再生混凝土的性能。

再生骨料与天然骨料相比，孔隙率大、吸水性强、强度低，因此再生骨料混凝土与天然骨料配置的混凝土的特性相差较大，这是应用再生骨料混凝土时需要注意的问题。再生混凝土具有以下性能。

a. 与天然骨料相比，再生粗骨料的堆积密度、表观密度均低于天然粗骨料，而相应的空隙率和吸水率均比天然粗骨料的大。再生骨料强度即压碎指标比天然骨料的稍大，表面粗糙度大，这些都是由于再生骨料中含有大量的老水泥砂浆，且存在微裂缝。因此，在制备再生混凝土时，应特别注意再生骨料的高吸水率问题，否则会影响再生混凝土的生产、使用及物理力学性能。

b. 在普通成型工艺条件下，采用 42.5 普通硅酸盐水泥与建筑垃圾再生粗骨料、天然砂细骨料或用矿渣代替部分细骨料、高效减水剂，通过合理的配合比设计可配制出和易性良好的中等强度再生骨料混凝土。再生骨料混凝土抗压强度试验的极差分析表明：水灰比和再生骨料取代率是影响再生混凝土抗压强度的显著因素，随着水灰比的增大，混凝土强度下降；再生混凝土的坍落度和强度随再生粗骨料掺量的增大而降低；在水灰比相同的情况下，随着外加剂掺量的增加，再生混凝土的强度提高。

c. 在相同的 W/C 条件下，随着再生骨料取代率增加，混凝土的坍落度逐渐变小。再生骨料因表面粗糙、孔隙率高、吸水率大而明显影响了新拌混凝土的和易性。在混凝土配料组成中，用粉煤灰等量取代水泥可明显改善新拌混凝土的和易性。高效减水剂可以显著地改善再生混凝土的流动性，而矿物外加剂能较好地改善再生混凝土黏聚性和保水性。随着再生骨料取代量的增加，混凝土的坍落度损失的幅度逐渐增大，这与再生骨料表面吸水需要一定时间达到平衡有密切的关系。再生骨料混凝土的初始流动度和坍落度损失与再生骨料的含水状态有关。

d. 再生混凝土耐久性好坏与再生骨料的取代率、自身性质、水灰比和添加料等因素有关。再生混凝土的抗碳化性、抗冻融性、抗渗性及氯离子渗透性、抗硫酸盐侵蚀性均较普通混凝土弱，主要是由于再生骨料含有很多裂缝与水泥附浆，孔隙率和吸水率较高。再生混凝土耐久性可以通过减小再生骨料的最大粒径及强化二次搅拌方法、降低水灰比、采用半饱和面干状态的再生骨料、掺加粉煤灰或矿渣等活性外加剂等措施得到提高，达到高性能的要求。

(3) 再生混凝土制品。

再生混凝土制品是以水泥为主要胶凝材料，在生产过程中采用了再生骨料，且再生骨料占固体原材料总量的质量百分比不低于 30% 的墙体砌筑材料。再生混凝土制品分为再生实心砌块和再生多孔砌块。再生实心砌块主规格尺寸为 240 mm×115 mm×53 mm，再生多孔砌块主规格尺寸为240 mm×115 mm×90 mm，其他规格尺寸如190 mm×190 mm×90 mm等可由供需双方协商确定。再生混凝土砌块按照抗压强度可分为RMU10、RMU15、RMU20、RMU25、RMU30五个强度等级。再生实心砌块的抗冻性能、抗渗性能要好于再生多孔砖，经过邯郸地区工程验证，再生实心砌块可代替烧结普通砖用于工业与民用建筑的基础；再生多孔砌块可用于工业和民用建筑墙体，但一般不用于±0.000以下标高的基础和墙体。

再生混凝土制品具有废物利用、绿色环保、机制生产、尺寸灵活、设计性好、强度高、价格低廉、施工简便快捷等特点，是建筑垃圾作为原材料进行循环再利用的新一代绿色建材产品，其主要技术优势如下。

① 废物利用，节能环保。利用再生混凝土制品技术每年可减少损毁农田上千亩。

② 机制生产，减少污染。可利用普通黏土砖、多孔砖、粉煤灰砌块等模具机制生产，节约燃料和减少碳排放。

③ 尺寸随机，适应性强。有标准化产品，亦可根据供需双方协商设计专用尺寸。

④ 强度高。强度高于粉煤灰和加气混凝土砌块，可用于承重结构。

⑤ 就地取材，价格低廉。建筑垃圾可就地取材，手工或简易机械就能生产，快捷、便宜。

⑥ 施工快捷。可利用传统砌筑工艺施工，方便快捷。

⑦ 情感再生。可用于灾后重建，在精神和情感方面进行“再生”。

(4) 环保型混凝土。

多孔混凝土也称为无砂混凝土，它只有粗骨料，没有细骨料，直接用水泥作为黏结剂连接粗骨料，其透气和透水性能良好，连续空隙可以作为生物栖息繁衍的地方，而且可以降低环境负荷，是一种新型的环保材料。

植被混凝土则是以多孔混凝土为基础，然后通过在多孔混凝土内部的孔隙加入各种有机、无机的养料来为植物提供营养，并且加入了各种添加剂来改善混凝土内部性质，使得混凝土内部的环境适合植物生长，另外还在混凝土表面铺了一层混有种子的客土，提供种子早期的营养。

透水性混凝土与传统混凝土相比，透水性混凝土最大的特点是具有15%～30%的连通孔隙，具有透气性和透水性。将这种混凝土用于铺筑道路、广场、人行道等，能扩大城市的透水、透气面积，增加行人、行车的舒适性和安全性，减少交通噪声，对调节城市空气的温度和湿度具有重要作用。

透水水泥混凝土是指空隙率为15%～25%的混凝土，也称作无砂混凝土。随着人类对改善生态环境、保护家园越来越重视，透水水泥混凝土也正在获得越来越多的应用。透水水泥混凝土特别适合用于城市公园、居民小区、工业园区、体育场、学校、医院、停车场等的地面和路面。因为，采用透水水泥混凝土具有下列优点。

① 增加城市可透水、透气面积，加强地表与空气的热量和水分交换，调节城市气候，降低地表温度，有利于缓解城市“热岛现象”，改善地面植物和土壤微生物的生长条件和调整生态平衡。

② 充分利用雨雪降水，增大地表相对湿度，补充城区日益枯竭的地下水资源，发挥透水性路基的“蓄水池”功能。

③ 能够减轻降雨季节道路排水系统的负担，明显降低暴雨对城市水体的污染。

④ 吸收车辆行驶时产生的噪声，创造安静舒适的生活和交通环境，雨天防止路面积水和夜间反光。

⑤ 具有良好的耐磨性和防滑性，有效地防止行人和车辆打滑，改善车辆行驶及行人的舒适性与安全性。

⑥ 冬天不会在路面形成黑冰(由霜雾形成的一层几乎看不见的薄冰，极危险)，提高了车辆、行人的通行舒适性与安全性。

⑦ 大量的空隙能吸附城市污染物粉尘，减少扬尘污染。

⑧ 可以根据环境及功能需要设计图案、颜色，充分与周围环境相结合。

3) 加气混凝土砌块

(1) 定义。

加气混凝土是以硅质材料(砂、粉煤灰及含硅尾矿等)和钙质材料(石灰、水泥)为主要原料，掺加发气剂(铝粉)，通过配料、搅拌、浇注、预养、切割、蒸压、养护等工艺过程制成的轻质多孔硅酸盐制品。因其经发气后含有大量均匀而细小的气孔，故名加气混凝土。

(2) 类型。

加气混凝土按形状可分为各种规格砌块或板材。

加气混凝土按原料划分基本有三种：水泥、石灰、粉煤灰加气砖；水泥、石灰、砂加气砖；水泥、矿渣、砂加气砖等。

加气混凝土按用途可分为非承重砌块、承重砌块、保温块、墙板与屋面板等5种。

(3) 特点。

加气混凝土具有容重轻、保温性能高、吸音效果好，以及具有一定的强度和可加工性等优点。

① 质轻。孔隙达70%～85%，体积密度一般为500～900 kg/m^3，为普通混凝土的1/5，黏土砖的1/4，空心砖的1/3，与木质差不多，能浮于水。可减轻建筑物自重，大幅度降低建筑物的综合造价。

② 防火。主要原材料大多为无机材料，因而具有良好的耐火性能，并且遇火不散发有害气体。耐火650℃，为一级耐火材料，90 mm厚墙体耐火性能达245 min，300 mm厚墙体耐火性能达520 min。

③ 隔音。其具有特有的多孔结构，因而具有一定的吸声能力。10 mm 厚墙体可吸声41 dB。

④ 保温。由于材料内部具有大量的气孔和微孔，因而有良好的保温隔热性能。导热系数为0.11～0.16 W/(m·K)，是黏土砖的1/4～1/5。通常20 cm厚的加气混凝土墙的保温隔热效果，相当于49 cm厚的普通实心黏土砖墙。

⑤ 抗渗。因材料由许多独立的小气孔组成，吸水导湿缓慢，同体积吸水至饱和所需时间是黏土砖的5倍，所以用于卫生间时，墙面进行界面处理后即可直接粘贴瓷砖。

⑥ 抗震。同样的建筑结构，比黏土砖提高两个抗震级别。

⑦ 环保。制造、运输、使用过程无污染，可以保护耕地、节能降耗，属绿色环保建材。

⑧ 耐久。材料强度稳定，在对试件大气暴露一年后测试，强度提高了25%，10年后仍保持稳定。

⑨ 快捷。具有良好的可加工性，可锯、刨、钻、钉，并可用适当的黏结材料黏结，为

建筑施工创造了有利的条件。

⑩ 经济。综合造价比采用实心黏土砖降低 5%以上，并可以增大使用面积，大大提高建筑面积利用率。

4) 保温材料和构造

在建筑中，习惯上将用于控制室内热量外流的材料叫作保温材料，防止室外热量进入室内的材料叫作隔热材料。常用的保温绝热材料按其成分可分为有机、无机两大类；按其形态又可分为纤维状、多孔状(微孔、气泡)、粒状、层状等多种。

(1) 主要保温材料。

① 膨胀型聚苯板(EPS 板)。保温效果好，价格便宜，强度稍差。

② 挤塑型聚苯板(XPS 板)。保温效果更好，强度高，耐潮湿，价格贵。

③ 岩棉板。防火，阻燃，吸湿性大，保温效果差。

④ 胶粉聚苯颗粒保温浆料。阻燃性好，废品回收，保温效果差。

⑤ 聚氨酯发泡材料。防水性好，保温效果好，强度高，价格较贵。

⑥ 珍珠岩等浆料。防火性好，耐高温，保温效果差，吸水性高。

几种主要保温材料的导热系数见表 5.6。

表 5.6 常用保温材料的导热系数

材 料	XPS 板	EPS 板	岩棉板	胶粉聚苯颗粒保温浆料	聚苯乙烯	聚氨酯发泡	膨胀珍珠岩
导热系数 W/(m·K)	0.028	0.038	0.042	0.058	0.045	0.03	0.077

(2) 外保温构造和要求。

① 保温系统外附在固定的(混凝土或砌体)实体结构墙上。

② 保温系统由保温层、防护(抹面)层、固定材料(胶粘剂、锚固件等)和饰面层构成。

③ 保温系统本身具有较好的耐久性、安全性和防护性能。

(3) 外墙外保温系统性能及工程性能。

① 材料。保温、粘接附着、机械强度、尺寸稳定性。

② 系统。保温、可靠耐久、安全、抗裂、防止火蔓延。

(4) 外墙外保温系统安全性能。

① 系统与基层墙体连接安全。系统与基层墙体连接是安全的。

② 系统饰面砖连接安全。试验方法未确定，验证工作还未展开，全行业企业质量水平差距大，应慎重推出。

③ 系统防火安全。

a. 居住建筑外保温材料燃烧性能要求。

所用外保温材料的燃烧性能不应低于 B_2 级。不高于 100 m 的建筑，燃烧性能不低于 B_2 级。100 m 以上的建筑，采用不燃(A 级)或难燃(B_1 级)保温材料。

b. 居住建筑外保温系统的防火构造。

当保温层采用 B_2 级材料时，应设置防火构造。对于高度低于 24 m、24～60 m 和低于 100 m 建筑，分别每三层、两层和每层设置一水平隔离带。

保温层的防护层应采用不燃材料将保温层完全覆盖。防护层厚度首层应不小于 6 mm，其他层应不小于 3 mm。

5) 自保温墙体

(1) 墙体自保温系统定义。

墙体自保温系统是指按照一定的建筑构造，采用节能型墙体材料及配套专用砂浆使墙体热工性能等物理性能指标符合相应标准的建筑墙体保温隔热系统。

墙体自保温系统具有节能、利废、环保、隔热、保温、防火、隔音、造价低等诸多优点。

(2) 墙体自保温系统基本构造。

墙体自保温系统按基层墙体材料不同可分为蒸压加气混凝土砌块墙体自保温系统、节能型烧结页岩空心砌块墙体自保温系统、陶粒混凝土小型空心砌块墙体自保温系统等。

墙体自保温系统基本构造要求如下。

① 自保温墙体顶部与梁或楼板下的缝隙宜作柔性连接，在地震区应有卡固措施。

② 热桥保温处理时，自保温墙体应凸出热桥梁、柱、剪力墙边线 50～55 mm，剪力墙宜每层设置挑板用以承托薄块保温层。

③ 砌块外墙保温及界面缝构造，应符合图 5.4～图 5.7 所示构造详图的要求。

外窗台保温构造如图 5.4 所示。

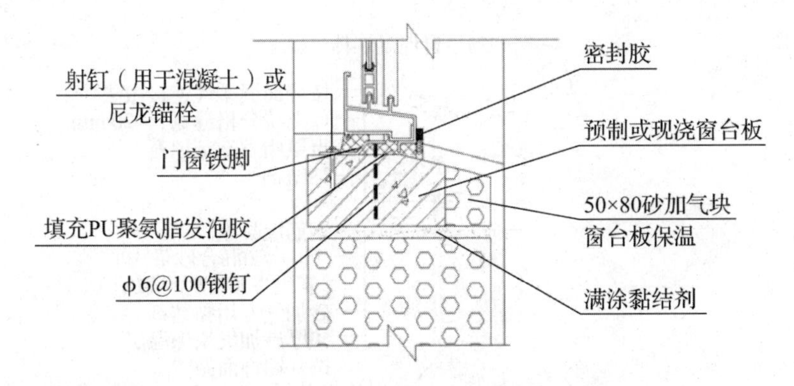

图 5.4　外窗台保温构造

外墙内保温及界面垂直缝构造如图 5.5 所示。

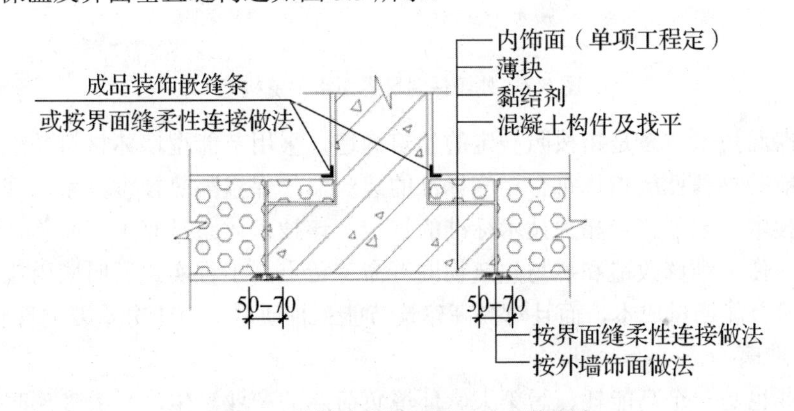

图 5.5　外墙内保温及界面垂直缝构造

外墙外保温及界面垂直缝构造如图 5.6 所示。

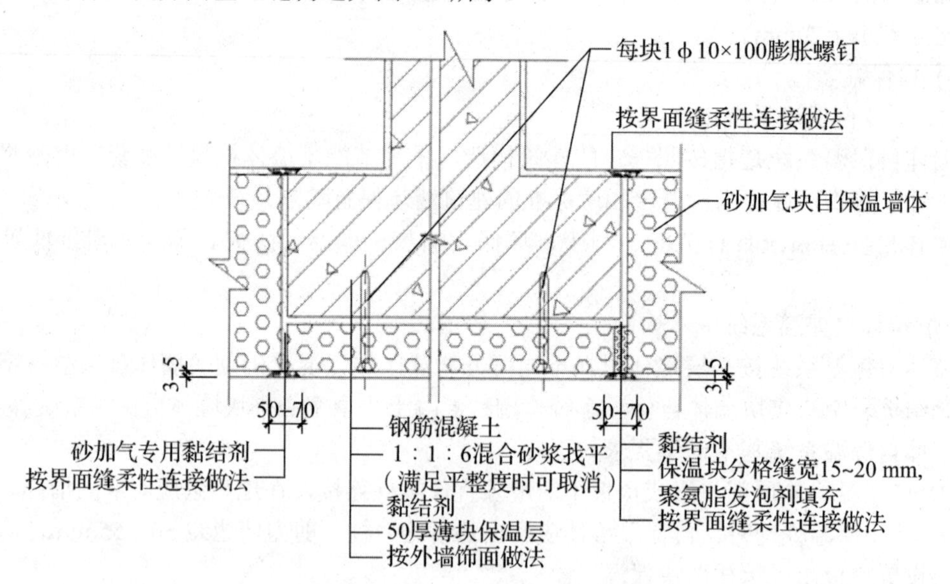

图 5.6　外墙外保温及界面垂直缝构造

外墙保温及界面水平缝构造如图 5.7 所示。

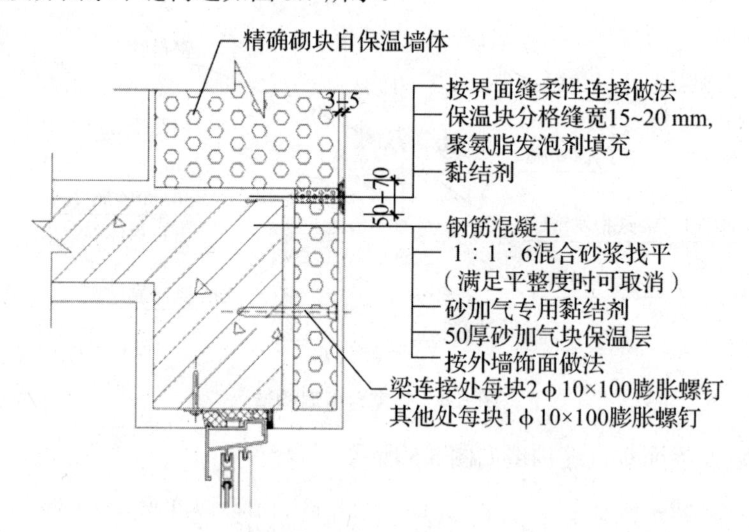

图 5.7　外墙保温及界面水平缝构造

墙体自保温技术体系是指按照一定的建筑构造，采用节能型墙体材料及配套砂浆使墙体的热工性能等物理性能指标符合相应标准的建筑墙体保温隔热技术体系，其系统性能及组成材料的技术要求须符合相关技术标准的规定。该技术体系具有工序简单、施工方便、安全性能好、便于维修改造和可与建筑物同寿命等特点。工程实践证明应用该技术体系不仅可降低建筑节能增量成本，而且对提高建筑节能工程质量具有十分重要的现实意义。

6) 生态玻璃

玻璃工业也是一个高能耗、污染大、环境负荷高的产业。生产平板玻璃时对环境的污染主要是粉尘、烟尘和 SO_2 等。随着建筑业、交通业的发展，平板玻璃已不仅仅用作采光和结构材料，而是向着控制光线、调节温度、节约能源、安全可靠、减少噪声等多功能方向发展。

生态环境玻璃材料是指具有良好的使用性能或功能，对资源能源消耗少，对生态环境污染小，再生利用率高或可降解与循环利用，在制备、使用、废弃直到再生利用的整个过程与环境协调共存的玻璃材料。

其主要功能是降解大气中工业废气和汽车尾气的污染和有机物污染，降解积聚在玻璃表面的液态有机物，抑制和杀灭环境中的微生物，并且玻璃表面呈超亲水性，对水完全保湿，可以隔离玻璃表面与吸附的灰尘、有机物，使这些吸附物不易与玻璃表面结合，在外界风力、雨水淋和水冲洗等外力和吸附物自重的推动下，灰尘和油腻自动地从玻璃表面剥离，达到去污和自洁的要求。

常用建筑生态玻璃包括热反射玻璃、Low-E 玻璃、调光玻璃、隔音玻璃、电磁屏蔽玻璃、抗菌自洁玻璃、光致变色玻璃等。

(1) 热反射玻璃。

热反射玻璃是有较高的热反射能力而又保持良好透光性的平板玻璃，它是采用热解法、真空蒸镀法、阴极溅射法等，在玻璃表面涂以金、银、铜、铝、铬、镍和铁等金属或金属氧化物薄膜，或采用电浮法等离子交换方法，以金属离子置换玻璃表层原有离子而形成热反射膜。热反射玻璃也称镜面玻璃，有金色、茶色、灰色、紫色、褐色、青铜色和浅蓝等各色，对来自太阳的红外线，其反射率可达 30%～40%，甚至可高达 50%～60%。

热反射玻璃有较强热反射性能，可有效地反射太阳光线，包括大量红外线，因此在日照时，可使室内的人感到清凉舒适。镀金属膜的热反射玻璃还有单向透像的作用，即白天能在室内看到室外景物，而室外看不到室内的景象。

(2) Low-E 玻璃。

Low-E(Low Emissivity)又称为低辐射镀膜玻璃，是相对热反射玻璃而言的，是一种节能玻璃。Low-E 玻璃是在玻璃表面镀上多层金属或其他化合物组成的膜系产品。与普通玻璃及传统的建筑用镀膜玻璃相比，Low-E 玻璃具有优异隔热效果和良好的透光性。

Low-E 玻璃具有传热系数低和反射红外线的特点，主要功能是降低室内外远红外线的辐射能量传递，而允许太阳能辐射尽可能多地进入室内，从而维持室内的温度，节省暖气、空调费用的开支。这种产品的可见光透过较高，其反射光的颜色较淡，几乎难以看出，因此，它多被用于中、高纬度寒冷地区。适当控制 Low-E 玻璃的透光，使它既能反射部分太阳能辐射，也能降低室内外热辐射能量的传递，从而形成一堵隔离辐射能的窗。Low-E 玻璃产品的可见光透过适中，其反射光的颜色多为浅淡的蓝色，具有一定的装饰效果。因此，这种产品的适用性更强、选用范围更广，可被广泛地用于高、中、低纬度地区；兼具夏天阻挡外部热量进入室内功能。

低辐射玻璃是一种既能像浮法玻璃一样让室外太阳能、可见光透过，又像红外线反射镜一样，将物体二次辐射热反射回去的新一代镀膜玻璃，在任何气候环境下使用，均能达到控制阳光、节约能源、热量控制调节及改善环境的目的。行内人士还称其为恒温玻璃：即无论室内外温差有多少，只要装上低辐射玻璃，室内花很少的空调费用便可永远维持冬暖夏凉的环境，即夏天防热能入室，冬天防热能泄漏，具双向节能效果。

值得注意的是，低辐射玻璃除了影响玻璃的紫外光线、遮光系数外，从某角度上观察会有少许不同颜色显现在玻璃的反射面上。

(3) 调光玻璃。

调光玻璃是一款将液晶膜复合进两层玻璃中间，经高温高压胶合后一体成型的夹层结构的新型特种光电玻璃产品。该玻璃本身不仅具有一切安全玻璃的特性，同时又具备控制玻璃透明与否的隐私保护功能，使用者通过控制电流的通断控制玻璃的透明与不透明状态。由于液晶膜夹层的特性，调光玻璃还可以作为投影屏幕使用，替代普通幕布，在玻璃上呈现高清画面图像。

自动调光玻璃有两种，一种是电致色调光玻璃，另一种是液晶调光玻璃。

调光玻璃由美国肯特州立大学的研究人员于 20 世纪 80 年代末发明并申请发明专利。在国内，人们习惯称调光玻璃为智能电控调光玻璃、智能玻璃、液晶玻璃、电控玻璃、变色玻璃、PDLC 玻璃、Smart 玻璃、魔法玻璃等。

智能电控调光玻璃于 2003 年开始进入国内市场，由于售价昂贵且识者甚少，近 10 年间在中国发展缓慢。随着国民经济的持续高速增长，国内建材市场发展迅猛，智能电控调光玻璃由于成本下降不少，渐渐被建筑及设计业界所接受并开始大规模应用，随着成本进一步降低及市场售价的下调，调光玻璃也开始步入家庭装修应用领域，相信，不久的将来，这种实用的高科技产品将会走进千家万户。

(4) 隔音玻璃。

隔音玻璃是将隔热玻璃夹层中的空气换成氦、氩或六氮化硫等气体并用不同厚度的玻璃制成，可在很宽的频率范围内有优异的隔音性能。

(5) 电磁屏蔽玻璃。

电磁屏蔽玻璃是一种防电磁辐射、抗电磁干扰的透光屏蔽器件，广泛用于电磁兼容领域，分为丝网夹芯型和镀膜型两种类型。丝网夹芯型是由玻璃或树脂和经特殊工艺制成的屏蔽丝网在高温下合成，对电磁干扰产生衰减，并使屏蔽玻璃对所观察的各种图形(包括动态色彩图像)不产生失真，具有高保真、高清晰的特点；同时还具有防爆玻璃特性。

(6) 抗菌自洁玻璃。

抗菌自洁玻璃是采用目前成熟的镀膜玻璃技术(如磁控浇注、溶胶-凝胶法等)在玻璃表面涂盖一层二氧化钛薄膜。

(7) 光致变色玻璃。

光致变色玻璃是在玻璃原料中加入光色材料制成的，在适当波长光的辐照下改变其颜色，而移去光源时则恢复其原来颜色的玻璃，又称变色玻璃或光色玻璃。

7) 绿色涂料

大多数建筑物都需要用涂料进行装修，一方面起到装饰作用，另一方面起到保护建筑物的作用。

涂料按用途分为内墙涂料系列、外墙涂料系列及浮雕涂层系列；按类型分为面漆、中层漆、底漆等。涂料的主要成分为树脂类有机高分子化合物，在使用时(刷或喷涂)需用稀释剂调成合适黏度以方便施工。

这些稀释剂挥发性强，大量弥散于空气中，是引起人中毒的罪魁祸首。各类“稀料”

由一些酯类、酮类、醚类、醇类及苯、甲苯、二甲苯等芳香烃配制而成。其中危害最大的是苯，它不仅能引起麻醉和刺激呼吸道，而且能在体内神经组织及骨髓中积蓄，破坏造血功能 (红、白血球和血小板减少)，长期接触能造成严重后果。

传统的低固含量溶剂型涂料约含 50%的有机溶剂。涂料的加工和生产产生的有机化合物在人类活动所产生的有机挥发组分(VOC)总量中仅次于交通，居第二位，占20%～25%。

所谓“绿色涂料”是指节能、低污染的水性涂料、粉末涂料、高固体含量涂料(或称无溶剂涂料)和辐射固化涂料等。

(1) 高固含量涂料。

高固含量涂料的主要特点是在可利用原有的生产方法、涂料工艺的前提下，降低有机溶剂用量，从而提高固体组分。

(2) 水基涂料。

水基涂料现阶段的使用量已占所有涂料的一半左右。水基涂料主要有水分散型、乳胶型和水溶型3种类型。

① 水分散型涂料。水分散型涂料实际应用面相对大一些，是通过将高分子树脂溶解在有机溶剂——水混合溶剂中而形成。

② 乳胶型涂料，涂料使用过程中，高分子通过离子间的凝结成膜。

③ 水溶型高分子涂料。

(3) 粉末涂料。

粉末涂料理论上是绝对的 VOC 为零的涂料；缺点是制备工艺复杂，难以得到薄的涂层。

(4) 液体无溶剂涂料。

液体无溶剂涂料包括能量束固化型涂料和双液型涂料两类。

能量束固化型涂料。这类涂料多数含有不饱和基团或其他反应性基团，在紫外线、电子束的辐射下，可在很短的时间内固化成膜。

双液型涂料。双液型涂料储存时，将低黏度树脂和固化剂分开包装，使用前混合，涂装时固化。

(5) 弹性涂料。

所谓弹性涂料，即形成的涂膜不仅具有普通涂膜的耐水、耐候性，而且能在较大的温度范围内，保持一定的弹性韧性及优良的伸长率，从而可以适应建筑物表面产生的裂纹而使涂膜保持完好。

(6) 杀虫内墙装饰乳胶漆。

杀虫环保涂料是具有杀灭苍蝇、蚊子、蟑螂、臭虫和螨虫等影响卫生的害虫功能的涂料，同时兼具装饰性。经卫生防疫站检测证明，长期使用杀虫环保涂料对人畜无害，因为杀虫环保涂料是通过接触性杀虫，而不是气味熏杀。该涂料产品与普通涂料产品一样，可喷涂、辊涂、刷涂施工，耐擦洗而不影响杀虫效果。

涂料的研究和发展方向越来越明确，就是寻求 VOC 不断降低直至为零的涂料，而且其使用范围要尽可能宽、使用性能优越、设备投资适当等。因而水基涂料、粉末涂料、无溶剂涂料等可能成为将来涂料发展的主要方向。

5.5 绿色建筑资源节约评价标准

【学习目标】掌握绿色建筑资源节约评价标准。

1. 控制项

(1) 应结合场地自然条件和建筑功能需求，对建筑的体形、平面布局、空间尺度、围护结构等进行节能设计，且应符合国家有关节能设计的要求。

(2) 应采取措施降低部分负荷、部分空间使用下的供暖、空调系统能耗，并应符合下列规定。

① 应区分房间的朝向细分供暖、空调区域，并应对系统进行分区控制。

② 空调冷源的部分负荷性能系数(IPLV)、电冷源综合制冷性能系数(SCOP)应符合现行国家标准《公共建筑节能设计标准》GB 50189—2015的规定。

(3) 应根据建筑空间功能设置分区温度，合理降低室内过渡区空间的温度设定标准。

(4) 主要功能房间的照明功率密度值不应高于现行国家标准《建筑照明设计标准》GB 50034—2017规定的现行值；公共区域的照明系统应采用分区、定时、感应等节能控制；采光区域的照明控制应独立于其他区域的照明控制。

(5) 冷热源、输配系统和照明等各部分能耗应进行独立分项计量。

(6) 垂直电梯应采取群控、变频调速或能量反馈等节能措施；自动扶梯应采用变频感应启动等节能控制措施。

(7) 应制定水资源利用方案，统筹利用各种水资源，并应符合下列规定。

① 应按使用用途、付费或管理单元，分别设置用水计量装置。

② 用水点处水压大于0.2 MPa 的配水支管应设置减压设施，并应满足给水配件最低工作压力的要求。

③ 用水器具和设备应满足节水产品的要求。

(8) 不应采用建筑形体和布置严重不规则的建筑结构。

(9) 建筑造型要素应简约，应无大量装饰性构件，并应符合下列规定。

① 住宅建筑的装饰性构件造价占建筑总造价的比例应不大于2%。

② 公共建筑的装饰性构件造价占建筑总造价的比例应不大于1%。

(10) 选用的建筑材料应符合下列规定。

① 500 km以内生产的建筑材料重量占建筑材料总重量的比例应大于60%。

② 现浇混凝土应采用预拌混凝土，建筑砂浆应采用预拌砂浆。

2. 评分项

1) 节地与土地利用

(1) 节约集约利用土地，评价总分值为20分，并按下列规则评分。

① 对于住宅建筑，根据其所在居住街坊人均住宅用地指标按表5.7的规则评分。

② 对于公共建筑，根据不同功能建筑的容积率(R)按表5.8的规则评分。

表 5.7　居住街坊人均住宅用地指标评分规则

建筑气候区划	人均住宅用地指标 A/m²					得分
	平均 3 层及以下	平均 4～6 层	平均 7～9 层	平均 10～18 层	平均 19 层及以上	
Ⅰ、Ⅶ	$33<A\leqslant36$	$29<A\leqslant32$	$21<A\leqslant22$	$17<A\leqslant19$	$12<A\leqslant13$	15
	$A\leqslant33$	$A\leqslant29$	$A\leqslant21$	$A\leqslant17$	$A\leqslant12$	20
Ⅱ、Ⅵ	$33<A\leqslant36$	$27<A\leqslant30$	$20<A\leqslant21$	$16<A\leqslant17$	$12<A\leqslant13$	15
	$A\leqslant33$	$A\leqslant27$	$A\leqslant20$	$A\leqslant16$	$A\leqslant12$	20
Ⅲ、Ⅳ、Ⅴ	$33<A\leqslant36$	$24<A\leqslant27$	$19<A\leqslant20$	$15<A\leqslant16$	$11<A\leqslant12$	15
	$A\leqslant33$	$A\leqslant24$	$A\leqslant19$	$A\leqslant15$	$A\leqslant11$	20

图 5.8　公共建筑容积率(R)评分规则

行政办公、商务办公、商业金融、旅馆饭店、交通枢纽等	教育、文化、体育、医疗卫生、社会福利等	得　分
$1.0\leqslant R<1.5$	$0.5\leqslant R<0.8$	8
$1.5\leqslant R<2.5$	$R\geqslant2.0$	12
$2.5\leqslant R<3.5$	$1.5\leqslant R<2.0$	16
$R\geqslant3.5$	$0.8\leqslant R<1.5$	20

(2) 合理开发利用地下空间，评价总分值为 12 分，根据地下空间开发利用指标，按表 5.9 的规则评分。

表 5.9　地下空间开发利用指标评分规则

建筑类型	地下空间开发利用指标		得分
住宅建筑	地下建筑面积与地上建筑面积的比 R_r 地下一层建筑面积与总用地面积的比 R_p	$5\%\leqslant R_r<20\%$	5
		$R_r\geqslant20\%$	7
		$R_r\geqslant35\%$且 $R_p<60\%$	12
公共建筑	地下建筑面积与总用地面积之比 R_{p1} 地下一层建筑面积与总用地面积的比 R_p	$R_{p1}\geqslant5\%$	5
		$R_{p1}\geqslant0.7\%$且 $R_p<70\%$	7
		$R_{p1}\geqslant1.0\%$且 $R_p<60\%$	12

(3) 采用机械式停车设施、地下停车库或地面停车楼等方式，评价总分值为 8 分，并按下列规则评分：

① 住宅建筑地面停车位数量与住宅总套数的比小于 10%，得 8 分。

② 公共建筑地面停车占地面积与其总建设用地面积的比小于 8%，得 8 分。

2) 节能与能源利用

(1) 优化建筑围护结构的热工性能，评价总分值为 15 分，并按下列规则评分。

① 围护结构热工性能比国家现行相关建筑节能设计标准规定的提高幅度达到 5%，得 5 分；达到 10%，得 10 分；达到 15%，得 15 分。

② 建筑供暖空调负荷降低 5%，得 5 分；降低 10%，得 10 分；降低 15%，得 15 分。

(2) 供暖空调系统的冷、热源机组能效均优于现行国家标准《公共建筑节能设计标准》GB 50189—2015 的规定以及现行有关国家标准能效限定值的要求，评价总分值为 10 分，按表 5.10 的规则评分。

表 5.10 冷、热源机组能效提升幅度评分规则

<table>
<tr><th colspan="2">机组类型</th><th>能效指标</th><th>参照标准</th><th colspan="2">评分要求</th></tr>
<tr><td colspan="2">电动机驱动的蒸汽压缩循环冷水(热泵)机组</td><td>制冷性能系数(COP)</td><td rowspan="6">现行国家标准《公共建筑节能设计标准》GB 50189</td><td>提高 6%</td><td>提高 12%</td></tr>
<tr><td colspan="2">直燃型溴化锂吸收式冷(温)水机组</td><td>制冷、供热性能系数(COP)</td><td>提高 6%</td><td>提高 12%</td></tr>
<tr><td colspan="2">单元式空气调节机、风管送风式和屋顶式空调机组</td><td>能效比 (EER)</td><td>提高 6%</td><td>提高 12%</td></tr>
<tr><td colspan="2">多联式空调(热泵)机组</td><td>制冷综合性能系数 [IPLV(C)]</td><td>提高 8%</td><td>提高 16%</td></tr>
<tr><td rowspan="2">锅炉</td><td>燃煤</td><td>热效率</td><td>提高 3 个百分点</td><td>提高 6 个百分点</td></tr>
<tr><td>燃油燃气</td><td>热效率</td><td>提高 2 个百分点</td><td>提高 4 个百分点</td></tr>
<tr><td colspan="2">房间空气调节器</td><td>能效比 (EER) 、能源消耗效率</td><td rowspan="3">现行有关国家标准</td><td rowspan="3">节能评价值</td><td rowspan="3">1 级能效等级限值</td></tr>
<tr><td colspan="2">家用燃气热水炉</td><td>热效率值(η)</td></tr>
<tr><td colspan="2">蒸汽型溴化锂吸收式冷水机组</td><td>制冷、供热性能系数(COP)</td></tr>
<tr><td colspan="4">得分</td><td>5 分</td><td>10 分</td></tr>
</table>

(3) 采取有效措施降低供暖空调系统末端系统及输配系统的能耗，评价总分值为 5 分，并按以下规则分别评分并累计。

① 通风空调系统风机的单位风量耗功率比现行国家标准《公共建筑节能设计标准》GB 50189—2015 的规定低 20%，得 2 分。

② 集中供暖系统热水循环泵的耗电输热比、空调冷热水系统循环水泵的耗电输冷(热)比比现行国家标准《民用建筑供暖通风与空气调节设计规范》GB 50736—2016 规定值低 20%，得 3 分。

(4) 采用节能型电气设备及节能控制措施，评价总分值为 10 分，并按下列规则分别评分并累计。

① 主要功能房间的照明功率密度值达到现行国家标准《建筑照明设计标准》GB 50034—2013 规定的目标值，得 5 分。

② 采光区域的人工照明随天然光照度变化自动调节，得 2 分。

③ 照明产品、三相配电变压器、水泵、风机等设备满足国家现行有关标准的节能评价值的要求，得 3 分。

(5) 采取措施降低建筑能耗，评价总分值为 10 分。建筑能耗相比国家现行有关建筑节能标准降低 10%，得 5 分；降低 20%，得 10 分。

(6) 结合当地气候和自然资源条件合理利用可再生能源，评价总分值为 10 分，按表 5.11 的规则评分。

表 5.11　可再生能源利用评分规则

可再生能源利用类型和指标		得　分
由可再生能源提供的生活用热水比例 Rhw	20%≤Rhw<35%	2
	35%≤Rhw<50%	4
	50%≤Rhw<65%	6
	65%≤Rhw<80%	8
	Rhw≥80%	10
由可再生能源提供的空调用冷量和热量比例 Rch	20%≤Rch<35%	2
	35%≤Rch<50%	4
	50%≤Rch<65%	6
	65%≤Rch<80%	8
	Rch≥80%	10
由可再生能源提供电量比例 Re	0.5%≤Re<1.0%	2
	1.0%≤Re<2.0%	4
	2.0%≤Re<3.0%	6
	3.0%≤Re<4.0%	8
	Re≥4.0%	10

3) 节水与水资源利用

(1) 使用较高用水效率等级的卫生器具，评价总分值为 15 分，并按下列规则评分。

① 全部卫生器具的用水效率等级达到 2 级，得 8 分。

② 50%以上卫生器具的用水效率等级达到 1 级且其他达到 2 级，得 12 分。

③ 全部卫生器具的用水效率等级达到 1 级，得 15 分。

(2) 绿化灌溉及空调冷却水系统采用节水设备或技术，评价总分值为 12 分，并按下列规则分别评分并累计。

① 绿化灌溉采用节水设备或技术，并按下列规则评分。

a. 采用节水灌溉系统，得 4 分。

b. 在采用节水灌溉系统的基础上，设置土壤湿度感应器、雨天自动关闭装置等节水控制装置，或种植无须永久灌溉植物，得 6 分。

② 空调冷却水系统采用节水设备或技术，并按下列规则评分。

a. 循环冷却水系统采取设置水处理措施、加大集水盘、设置平衡管或平衡水箱等方式，避免冷却水泵停泵时冷却水溢出，得3分。

b. 采用无蒸发耗水量的冷却技术，得6分。

(3) 结合雨水综合利用设施营造室外景观水体，室外景观水体利用雨水的补水量大于水体蒸发量的 60%，且采用保障水体水质的生态水处理技术，评价总分值为 8 分，并按下列规则分别评分并累计。

① 对进入室外景观水体的雨水，利用生态设施削减径流污染，得4分。

② 利用水生动、植物保障室外景观水体水质，得4分。

(4) 使用非传统水源，评价总分值为15分，并按下列规则分别评分并累计。

① 绿化灌溉、车库及道路冲洗、洗车用水采用非传统水源的用水量占其总用水量的比例不低于40%，得3分；不低于60%，得5分。

② 冲厕采用非传统水源的用水量占其总用水量的比例不低于 30%，得 3 分；不低于50%，得5分。

③ 冷却水补水采用非传统水源的用水量占其总用水量的比例不低于20%，得3分；不低于 40%，得5 分。

4) 节材与绿色建材

(1) 建筑所有区域实施土建工程与装修工程一体化设计及施工，评价分值为8分。

(2) 合理选用建筑结构材料与构件，评价总分值为10分，并按下列规则评分。

① 混凝土结构，按下列规则分别评分并累计。

a. 400 MPa 级及以上强度等级钢筋应用比例达到 85%，得5分。

b. 混凝土竖向承重结构采用强度等级不小于 C50 混凝土用量占竖向承重结构中混凝土总量的比例达到50%，得5分。

② 钢结构按下列规则分别评分并累计。

a. Q345 及以上高强钢材用量占钢材总量的比例达到50%，得3分；达到70%，得4 分。

b. 螺栓连接等非现场焊接节点占现场全部连接、拼接节点的数量比例达到 50%，得4 分。

c. 采用施工时免支撑的楼屋面板，得2分。

③ 混合结构。其混凝土结构部分、钢结构部分分别按本条第1款、第2款进行评价，得分取各项得分的平均值。

(3) 建筑装修选用工业化内装部品，评价总分值为8分。建筑装修选用工业化内装部品占同类部品用量比例达到 0% 以上的部品种类，达到1种，得3分；达到3种，得5分；达到3种以上，得8分。

(4) 选用可再循环材料、可再利用材料及利废建材，评价总分值为 12 分，并按下列规则分别评分并累计。

① 可再循环材料和可再利用材料用量比例，按下列规则评分。

a. 住宅建筑达到 6%或公共建筑达到 10%，得3分。

b. 住宅建筑达到 10%或公共建筑达到 15%，得6分。

② 利废建材选用及其用量比例，按下列规则评分。

a. 选用至少1种利废建材，且其用量占同类建材的用量比例不低于50%，得3分。

b. 选用2种以上利废建材，且其用量占同类建材的用量比例不低于30%，得6分。

(5) 应用绿色建材，评价总分值为12分。绿色建材应用比例不低于30%，得4分；不低于50%，得8分；不低于 70%，得12分。

项 目 实 训

【实训内容】

进行建筑节能工程的设计实训(指导教师选择一个真实的工程项目或学校实训场地，带学生实训操作)，熟悉建筑节能工程的基本知识，从选材、构造、热工计算、节能综合分析全过程模拟训练，熟悉建筑节能工程技术要点和国家相应的规范要求。

【实训目的】

通过课堂学习结合课下实训达到熟练掌握建筑外墙、门窗和幕墙、屋面、地面等围护结构的节能技术和国家相应的规范要求，提高学生进行建筑节能工程技术应用的综合能力。

【实训要点】

(1) 通过对建筑节能工程技术的运行与实训，培养学生加深对建筑节能工程国家标准的理解，掌握建筑节能工程设计和工艺要点，进一步加强对专业知识的理解。

(2) 分组制订计划与实施，培养学生团队协作的能力，获取建筑节能工程技术和经验。

【实训过程】

1) 实训准备要求

(1) 做好实训前相关资料查阅，熟悉建筑节能工程有关的规范要求。

(2) 准备实训所需的工具与材料。

2) 实训要点

(1) 实训前做好交底。

(2) 制订实训计划。

(3) 分小组进行，小组内部分工合作。

3) 实训操作步骤

(1) 按照地方建筑节能要求，选择建筑节能工程技术方案。

(2) 进行建筑节能方案设计，进行建筑热工计算。

(3) 进行建筑节能施工图设计。

(4) 做好实训记录和相关技术资料整理。

4) 教师指导点评和疑难解答

5) 实地观摩

6) 进行总结

【实训项目基本步骤表】

步　骤	教师行为	学生行为
1	交代工作任务背景，引出实训项目	分好小组； 准备实训工具、材料和场地
2	布置建筑节能工程实训应做的准备工作	
3	使学生明确建筑节能工程设计实训的步骤	
4	学生分组进行实训操作，教师巡回指导	完成建筑节能工程实训全过程
5	结束指导点评实训成果	自我评价或小组评价
6	实训总结	小组总结并进行经验分享

【实训小结】

项目：　　　　　　　　　　　　　　　　　　　　　　　　　指导老师：

项目技能	技能达标分项	备　注
建筑节能工程设计	方案完善　得 0.5 分 准备工作完善　得 0.5 分 设计过程准确　得 1.5 分 设计图纸合格　得 1.5 分 分工合作合理　得 1 分	根据职业岗位所需，技能需求，学生可以补充完善达标项
自我评价	对照达标分项　得 3 分为达标 对照达标分项　得 4 分为良好 对照达标分项　得 5 分为优秀	客观评价
评议	各小组间互相评价 取长补短，共同进步	提供优秀作品观摩学习

自我评价__________________　　　　个人签名________________

小组评价　达标率____________　　　　组长签名________________

　　　　　良好率____________

　　　　　优秀率____________

　　　　　　　　　　　　　　　　　　　　　　　　　年　　月　　日

小　结

合理选择建设用地，避免建设用地周边环境对建设项目可能产生的不良影响，同时减少建设用地选址给周边环境造成的负面影响。

绿色建筑节地措施包括：建造多层、高层建筑，提高建筑容积率；利用地下空间，增加城市容量，改善城市环境；旧区改造为绿色住区；褐地开发；开发节地建筑材料等。

建筑节能，在发达国家最初将减少建筑中能量的散失，普遍称为“提高建筑中的能源利用率”，在保证提高建筑舒适性的条件下，合理使用能源，不断提高能源利用效率。全面的建筑节能，就是建筑全寿命过程中每一个环节节能的总和。

建筑围护结构由包围空间或将室内与室外隔离开来的结构材料和表面装饰材料所构成，包括屋面、墙、门、窗和地面等。围护结构需平衡通风、日照需求，提供适应于建筑所在地点气候特征的热湿保护。

优秀的建筑能源系统包括冷热电联产技术、空调蓄冷技术和能源回收技术等。

可再生能源建筑应用技术主要包括太阳能光热利用、太阳能光伏发电、被动式太阳房、太阳能采暖、太阳能空调、地源热泵技术、污水源热泵技术等。

绿色建筑节水技术包括：制定合理用水规划，选用分质供排水子系统、中水子系统、雨水子系统、绿化景观用水子系统和节水器具设施、绿色管材等。

绿色建筑材料是指采用清洁生产技术，不用或少用天然资源和能源，大量使用工农业或城市固态废物生产的无毒害、无污染、无放射性，达到使用周期后可回收利用，有利于环境保护和人体健康的建筑材料。

绿色建筑资源节约评价标准包括控制项和评分项。

习　题

思考题

1. 场地选址有哪些基本要求？
2. 绿色建筑节地措施有哪些？
3. 什么是建筑节能？建筑节能具有哪些含义？
4. 什么是建筑节能检测？
5. 我国建筑节能存在哪些问题？
6. 墙体(材料)节能技术及设备有哪些？
7. 门窗节能技术及设备有哪些？
8. 屋面节能技术及设备有哪些？
9. 何谓冷热电联产技术？有哪些类型？
10. 何谓空调蓄冷技术？有哪些特点？
11. 何谓建筑能源回收技术？有何效果？
12. 什么是水资源？我国水资源现状如何？
13. 如何科学制定合理用水规划？
14. 建筑物如何分质供排水？
15. 绿色建筑节水措施有哪些？

16. 什么是绿色建筑材料？绿色建材应满足哪些性能？
17. 绿色建材与传统建材的区别有哪些？
18. 绿色建材有何特征？
19. 简述绿色建材的选用原则。
20. 常用的绿色建材有哪些？
21. 绿色建筑资源节约评价标准包括哪些内容？

第6章　绿色建筑之环境宜居

【内容提要】

本章以绿色建筑环境宜居为对象，主要讲述建筑环境的基本概念、含义和环境宜居的重要性。详细讲述绿色建筑场地生态与景观、室外物理环境、绿色建筑环境宜居评价标准等内容，并在实训环节提供绿色建筑环境宜居专项技术实训项目，作为本章的实践训练项目，以供学生训练和提高。

【技能目标】

◆ 通过对室外气候与城市微气候基本概念的学习，了解绿色建筑环境宜居的基本概念、含义和重要性。

◆ 通过对绿色建筑场地生态与景观的学习，要求学生熟练掌握绿色建筑场地规划、生态保护、场地绿化与景观和场地识别、场地污染控制与垃圾处理技术措施等。

◆ 通过对绿色建筑室外物理环境的学习，要求学生掌握室外热环境、室外声环境、室外风环境和室外光的基本概念和技术措施。

◆ 通过对绿色建筑环境宜居评价标准的学习，要求学生掌握绿色建筑环境宜居的评价标准。

本章是为了全面训练学生对绿色建筑环境宜居的掌握能力，检查学生对绿色建筑环境宜居知识的理解和运用程度而设置的。

【项目导入】

从城市发展的进程看，城市经历了农业社会时期、工业社会时期、后工业社会时期、信息社会时期等几个阶段。在由低到高的进化过程中，随着城市的拓展和经济的迅速增长，逐步出现了城市拥挤、交通堵塞、环境污染、空间紧张、生态质量下降等一系列的城市问题。与此同时，人们对生活环境、生活质量、生存状态的要求也在不断发生变化，总体上需求越来越复杂、要求越来越高。这个必然的进化趋势导致人们越来越关心人居环境及自身的生存状态。

6.1　室外气候及城市微气候

【学习目标】了解室外气候的基本概念、含义，掌握城市微气候的概念和成因。

1. 室外温度

1) 定义

室外温度是指室外距地面 1.5 m 高，背阴处的空气温度。

2) 影响气温的主要因素

(1) 入射到地面的太阳辐射热量。

(2) 地面的覆盖面及地形对气温的影响。

(3) 大气的对流作用对气温的影响。

3) 气温有日变化和年变化

(1) 气温的日变化。一天中最高气温一般出现在下午 2～3 时，最低气温一般出现在凌晨 4～5 时，如图 6.1 所示。一天当中，气温的最高值和最低值之差称为气温的日较差。

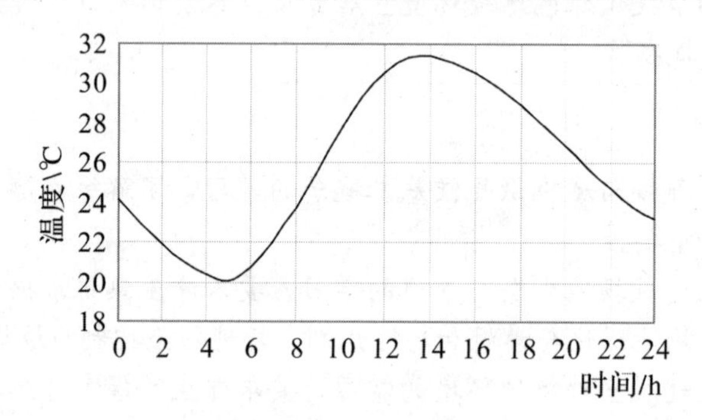

图 6.1　日气温变化图

(2) 气温的年变化。一年中，最热月与最冷月的平均气温差称为气温的年较差。气温年较差的影响因素有地理纬度、海陆分布等。向高纬度地区每移动 200～300 km 年平均温度会降低 1℃。气温年较差与纬度的关系如图 6.2 所示。

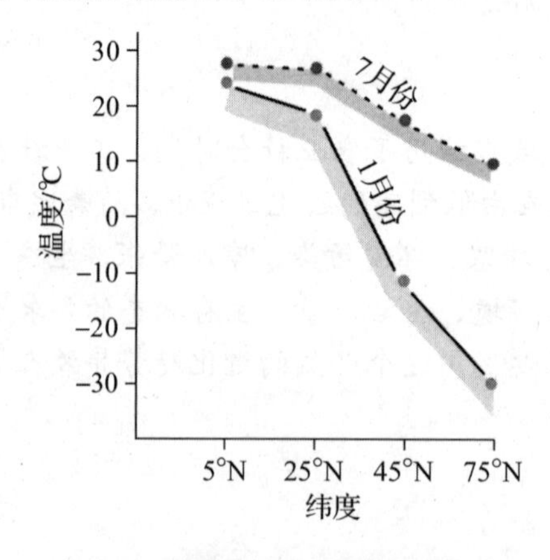

图 6.2　气温年较差与纬度的关系

4) 气温与建筑物的关系

气温高的地方，往往墙壁较薄，房间也较大；反之则墙壁较厚，房间较小。曾有人通过调查西欧各国的墙壁厚度发现，英国南部、荷兰、比利时墙壁厚度平均为 23 cm；德国西部、德国东部为 38 cm；波兰、立陶宛为 50 cm；俄罗斯则超过 63 cm，也就是越靠海，墙壁越薄，反之墙壁越厚。这是因为欧洲西部受强大的北大西洋暖流影响，冬季气温在 0℃以上，而越往东则气温越低，莫斯科最低气温达-42℃。我国西北阿勒泰地区冬季漫长严寒，这里的房子外观看上去很大，可房间却很紧凑，原来这种房屋的墙壁厚达 83 cm，有的人家还在墙壁里填满干畜粪，长期慢燃，用以取暖。我国北方农村住宅一般都有火炕、地炉或火墙，北方城市冬季多用燃煤供暖，近年来大多已改用暖气管道或热水管道采暖。

有些地方为了抵御寒冷，将房子建成半地穴式。我国东北古代肃慎人就住这种房子，赫哲族人一直到新中国成立前还住着地窨子。一些气温高的地方，也选择了这种类型的地窨子。如我国高温冠军吐鲁番几乎家家户户都有一间半地下室，是用来暑季纳凉的。据测量，土墙厚度为 80 cm 的房屋内的温度如果为 38℃，那么半地下室里的温度只有 26℃左右。我国陕北窑洞兼有冬暖夏凉的功能，夏天由于窑洞深埋地下，泥土是热的不良导体，灼热阳光不能直接照射里面，洞外气温如果是 38℃，洞里则只有 25℃，晚上还要盖棉被才能睡觉；冬天又起到了保温御寒的作用，朝南的窗户又可以使阳光充满室内。气温高的地方，往往将房屋隐于林木之中，据估计夏天绿地温度比非绿地要低 4℃左右，在阳光照射下建筑物只能吸收 10%的热量，而树林却能吸收 50%的热量。我国云南省元阳县境内有一种特殊的房顶——水顶，即在平平的屋顶上增加一汪水面，屋外阳光热辣，屋里却十分荫凉。

2. 湿空气及空气湿度

1) 湿空气

含有水蒸气的空气称为湿空气(在暖通空调应用中可视为理想气体混合物)，完全不含水蒸气的空气称为干空气。

2) 饱和湿空气和未饱和湿空气

干空气和饱和水蒸气组成的湿空气称为饱和湿空气。干空气和过热水蒸气组成的湿空气称为未饱和湿空气。

3) 露点

未饱和的湿空气内水蒸气的含量保持不变，即分压力 P_v 保持不变而温度逐渐降低直至饱和状态，这时的温度即为对应于 P_v 的饱和温度，称为露点。

4) 空气湿度

空气湿度指空气中水蒸气的含量，可用含湿量和相对湿度来表示。

(1) 含湿量。1 kg 干空气所带有的水蒸气的质量为含湿量，常以 d 表示，单位为 kg(水蒸气)/kg。

(2) 相对湿度(饱和度)。湿空气中的水蒸气分压力 P_v，与同一温度、同样总压力的饱和湿空气中水蒸气分压力 Ps 的比值称为相对湿度，以 ϕ表示。

(3) 湿度的日变化及影响因素。相对湿度与气温变化反向，如图 6.3 所示。

空气湿度影响因素包括地面性质、水体分布、季节、阴晴等。

空气湿度的年变化跟当地的气候条件相关。北京与广州的空气湿度的年变化如图 6.4

所示。

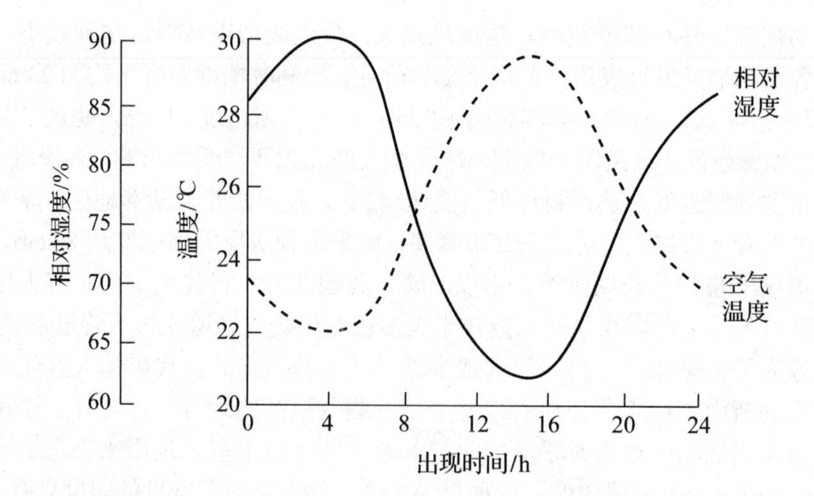

图 6.3　相对湿度与气温变化示意图

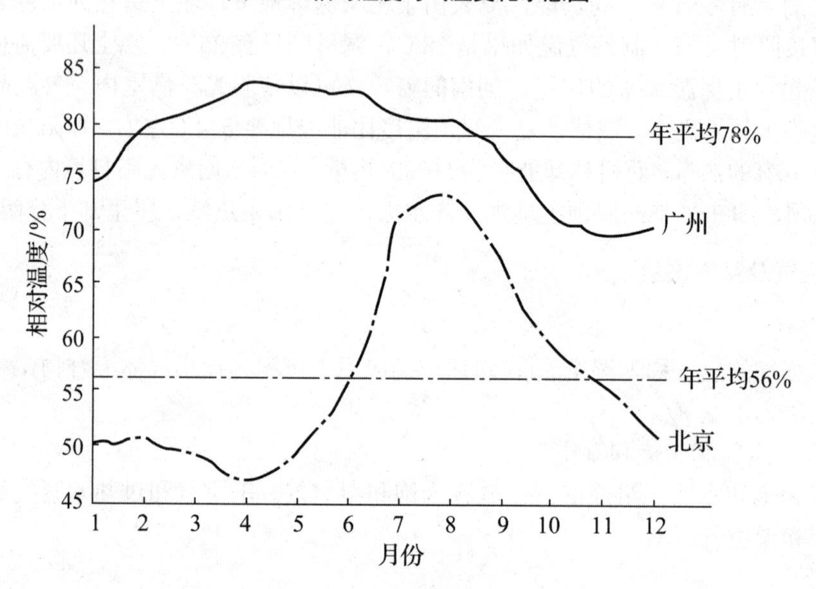

图 6.4　北京、广州相对湿度年变化

5) 空气湿度与建筑物的关系

在建筑物理中露点是一个非常重要的量。假如一幢建筑内的温度不一样的话，那么从高温部分流入低温部分的潮湿空气中的水就可能凝结，而这些地方可能会发霉，在建筑设计时必须考虑到这样的现象。此外相对湿度是衡量建筑室内热环境的一个重要指标，建筑物理把在人体的主观热感觉处于中性时，风速不大于 0.15 m/s，相对湿度为 50%定为最舒适的热环境，这也是室内热环境设计的一个基准。

3. 风

1) 定义

风是指由于大气压差所引起的大气水平方向的运动。地表增温不同是引起大气压差的主要原因。

2) 风的分类

(1) 大气环流。赤道得到太阳辐射大于长波辐射散热，极地正相反。地表温度不同是大气环流的动因，风的流动促进了地球各地能量的平衡。

(2) 地方风。地方风是由地方性地貌条件不同造成的局部差异，以一昼夜为周期，如海陆风、山谷风、庭院风、巷道风等。

(3) 季风。季风由海陆间季节温差造成，冬季由大陆吹向海洋，夏季由海洋吹向大陆，形成季节差异，以年为周期。

3) 描述风的特征的基本要素

(1) 风向。通常，人们把风吹来的地平方向，确定为风的方向。

(2) 风速。单位时间内风行进的距离，以 m/s 来表示。

在气象台上，一般以所测距地面 10 m 高处的风向和风速作为当地的观察数据。

(3) 风向频率图(风玫瑰图)。风玫瑰图是按照逐时所测得的各个方位的风向出现次数统计起来的，然后，计算出各个方位出现次数占总次数的百分比，再按一定的比例在各个方位的方位线上标出，最后，将各点连接起来，如图 6.5 所示。

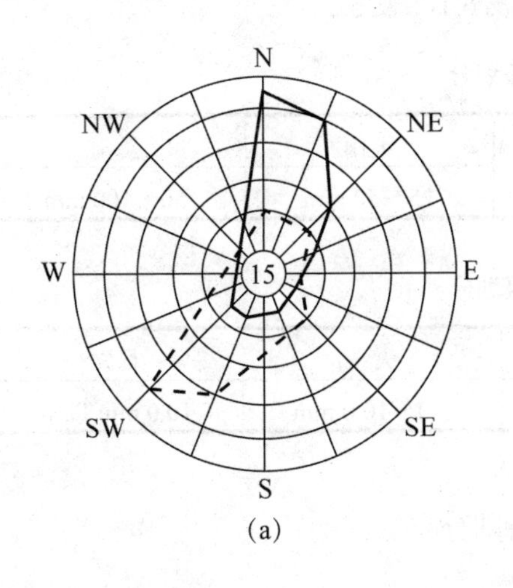

(a)

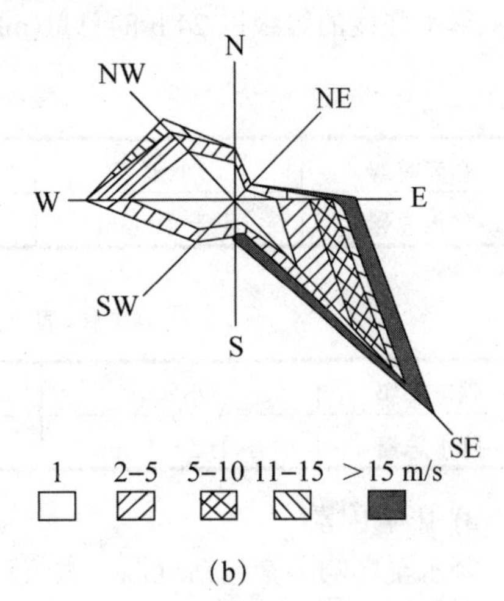

(b)

图 6.5　风向图

4) 风与建筑物的关系

风也是影响建筑物风格的重要因素之一。防风是房屋的一大功能，有些地方还将防风作为头等大事，尤其是在台风肆虐的地区。日本太平洋沿岸的一些渔村，房屋建好后一般用渔网罩住或用大石块压住。我国台湾兰屿岛，距台风策源地近，台风强度大，破坏性极强，因此岛上居民雅美族人(高山族的一支)创造性地营造了一种“地窖式”民居：房屋一般位于地面以下 1.5～2 m 处，屋顶用茅草覆盖，条件好的用铁皮，仅高出地面 0.5 m 左右，迎风坡缓，背风坡陡；室内配有火堂以弥补阴暗潮湿的缺点；地面上建有凉亭以备纳凉之用。我国冬季屡屡有寒潮侵袭(多西北风)，避风就是为了避寒，因此朝北的一面墙往往不开窗户，院落布局非常紧凑，门也开在东南角，如北京四合院。

风还会影响房屋朝向和街道走向。在山区和海滨地区，房屋多面向海风和山谷风。我国云南大理有句歌谣：“大理有三宝，风吹不进屋是第一宝”，大理位于苍山洱海之间，夏季吹西南风，冬春季节吹西风即下关风，下关风风速大，平均为4.2 m/s，最大可达10级，因此这里的房屋坐西朝东，成为我国民居建筑中的一道独特风景。城市街道走向如果正对风向，风在街道上空受到挤压，风力加大，成为风口，因此街道走向最好与当地盛行风向之间有个夹角。在一些炎热潮湿的地方，通风降温成为房屋居住的主要问题，如西萨摩亚、瑙鲁、所罗门群岛等地区，房屋没有墙。现代住宅建筑比较讲究营造“穿堂风”，用来通风避暑。

4. 降水

1) 定义

从大地蒸发出来的水进入大气层，经过凝结后又降到地面上的液态或固态水分。

2) 降水性质

(1) 降水量。降落到地面的雨、雪、雹等融化后，未经蒸发或渗漏流失而积累在水平面上的水层厚度，一般以mm表示。

(2) 降水时间。一次降水过程从开始到结束的持续时间，用h或min来表示。

(3) 降水强度。单位时间的降水量。

降水强度的等级以24 h的总量(mm)来划分，见表6.1、表6.2。

表6.1　降雨强度等级划分

强度等级	小雨	中雨	大雨	暴雨
降水总量	小于10 mm	10～25 mm	25～50 mm	50～100 mm

表6.2　降雪强度等级划分

强度等级	小雪	中雪	大雪	暴雪
降水总量	小于2～5 mm	2.5～5.0 mm	5.0～10.0 mm	10.0 mm以上

3) 影响因素

降水量影响因素包括气温、大气环流、地形、海陆分布等。

4) 降水量的分布

我国降水量分布与地区有关，南湿北干，有很大差别。

5) 降水与建筑物的关系

降雨多和降雪量大的地区，房顶坡度普遍很大，以加快泄水和减少屋顶积雪。中欧和北欧山区的中世纪尖顶民居就是因为这里冬季降雪量大，为了减轻积雪的重量和压力所致。我国云南傣族、拉祜族、佤族、景颇族的竹楼，颇具特色。这里属热带季风气候，炎热潮湿，竹楼多采用歇山式屋顶，坡度陡，达45°～50°；下部架空以利通风隔潮，室内设有火塘以驱风湿。这种高架式建筑在柬埔寨的金边湖周围、越南湄公河三角洲等地亦有分布。我国东南沿海厦门、汕头一带以及台湾的骑楼往往从二层起向街心方向延伸到人行道上，既利于行人避雨，又能遮阳。湘、桂、黔交界地区侗族的风雨桥、廊桥亦是如此。降雨少的地区，屋面一般较平，建筑材料也不是很讲究，屋面极少用瓦，有些地方甚至无顶，如撒哈拉地区。我国西北有些地方气候干旱，降水很少，屋面平缓，一般只是在椽子上铺织就的芦席、稻草或包谷秆，上抹泥浆一层，再铺干土一层，最后用麦秸拌泥抹平就可以了。宁夏虽然也用瓦，但却只有仰瓦而无复瓦。这类房屋的防雨功能较差。如秘鲁首都利马气候炎热干燥，房屋多为土质，屋顶用草甚至用纸箱覆盖，城市亦没有完善的排水设施，1925 年 3 月因厄尔尼诺现象影响突降暴雨，结果洪水中土墙酥软，房屋倒塌，道路被冲毁。

降水多的地方植被繁盛，建筑材料多为竹木；降水少的地方植被稀疏，建筑多用土石；降雪量大的地方，雪甚至也是建筑材料，如爱斯基摩人的雪屋。我国东北鄂伦春人冬季外出狩猎时也常挖雪屋作为临时休息场所。

5. 城市微气候

1) 城市微气候的概念

城市微气候是指在建筑物周围地面上及屋面、墙面、窗台等特定地点，所形成的风、阳光、辐射、气温与湿度等气候条件。

2) 城市微气候的特点

(1) 城市风场与远郊不同，风向改变，平均风速低于远郊来流风速。

(2) 气温较高，形成热岛现象。

(3) 城市中的云量，特别是低云量比郊区多，大气透明度低，太阳总辐射照度比郊区低。

3) 城市热岛效应

城市热岛效应是指城市气温高于郊区的现象。热岛强度以城市中心平均气温与郊区的平均气温之差来表示，如图 6.6 所示。

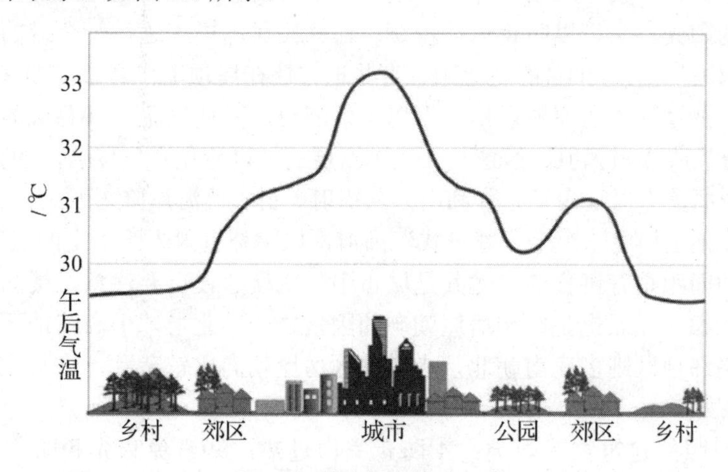

图 6.6　城市热岛效应示意

城市热岛的成因包括：

(1) 自然条件；

(2) 市内风速；

(3) 对天空长波辐射，建筑布局影响对天空角系数和风场；

(4) 云量，市区内云量大于郊区；

(5) 太阳辐射，市内大气透明度低；

(6) 下垫面的吸收和反射特性、蓄热特性；

(7) 人为影响，人为热；

(8) 交通、家用电器、炊事产热；

(9) 空调采暖产热、工业。

4) 城市风场

城市和建筑群内的风场对城市微气候和建筑群局部小气候有显著的影响。风洞效应是指在建筑群内产生的局部高速流动。建筑群内的风场形成取决于建筑的布局，不当规划产生的风场问题有下列5个方面。

(1) 冬季住区内的高速风场增加建筑物的冷风渗透，导致采暖负荷增加。

(2) 由于建筑物的遮挡，造成夏季建筑的自然通风不良。

(3) 建筑区内的风速太低，导致建筑群内气体污染物无法有效排出。

(4) 建筑群内出现旋风区域，容易积聚落叶、废纸、塑料袋等废弃物。

(5) 室外局部的高风速影响行人的活动，并影响热舒适。

5) 日照与建筑间距的关系

室内光照能杀死细菌或抑制细菌发育，满足人体生理需要，改善居室微小气候。北半球中纬地区，冬季室内只要有3 h的光照，就可以杀死大部分细菌。无光照的环境下人体内会产生一种激素——褪黑素。太阳光中的可见光对建筑的自然采光和居住者的心理影响具有重大意义。不同使用性质的建筑物对日照的要求不同，需要争取较多日照的建筑物有病房、幼儿园、农业用的日光室等。

从采光方面考虑，房屋建筑须注重三个方面：①采光面积；②房间间距；③朝向。气温高的地方，往往窗户较小或出檐深远以避免阳光直射。吐鲁番地区的房屋窗户很小，既可以避免灼热的阳光，又可以防止风沙侵袭。傣族民居出檐深远，一个目的是避雨，正所谓“吐水疾而溜远”，另一个目的是遮阳。有些地方还在屋顶上作文章，如《田夷广纪》记载：我国西北一些地区“房屋覆以白垩”以反射烈日，降低室温。气温低的地方，窗户一般较大，以充分接收太阳辐射，但窗户往往是双层的，以避免寒气侵袭，如我国东北地区。宁夏的“房屋一面盖”也是为了充分利用太阳辐射。日本西海岸降雪量大，窗户被雪掩盖，因此常常还在屋顶上伸出一个个“脖子式”高窗，以弥补室内光照不足的状况。

房屋之间的间距是有讲究的，尤其是城市中住宅楼建设更要注意，楼间距至少应从满足底楼的光照考虑。光照也是影响房屋朝向的因素之一。北半球中高纬地区房屋多座北朝南，南半球中高纬地区则多座南朝北，赤道地区房屋朝向比较杂乱，这与太阳直射点的南北移动有关。

需要避免日照的建筑物有两类：①防止室内过热；②避免眩光和防止起化学反应的建筑。

在进行日照设计时，常要满足最低日照标准，并根据最低日照标准确定住宅建筑间距。住宅建筑间距首先应满足日照要求，综合考虑其他方面，如采光、通风、消防等。决定住宅日照标准的主要因素包括所处的地理纬度及其气候特征；所处城市的规模大小及建筑布局。

(1) 住宅日照标准的目标。

冬天尽量多，但太阳高度角低易被遮挡。

夏天尽量少，但太阳高度角高不易被遮挡。

(2) 建筑布局与日照。

建筑的互遮挡，不同建筑物相互遮挡。

建筑的自遮挡，建筑物一部分被另一部分遮挡。

(3) 两种需要避免的情况。

终日日影，一天当中都无日照的现象。

永久日影，指一年当中都没有日照的现象。

6.2　绿色建筑场地生态与景观

【学习目标】了解绿色建筑场地生态与景观的基本概念、含义，掌握绿色建筑场地规划、生态保护和景观设计要求和措施。

1. 绿色建筑场地规划

1) 建筑日照标准

建筑室内的环境质量与日照密切相关。

(1) 新建建筑日照标准。

我国对住宅建筑以及幼儿园、医院、疗养院等公共建筑都有日照的要求，相关标准包括现行国家标准《城市居住区规划设计标准》GB 50180—2018、《中小学校设计规范》GB 50099—2011 等以及现行行业标准《托儿所、幼儿园建筑设计规范》JGJ 39—2016 等。进行建筑布局与设计时需要充分考虑上述标准要求，若没有相应标准要求，符合城乡规划的要求即为达标。采用日照的模拟分析时，应执行现行国家标准《建筑日照计算参数标准》GB/T 50947—2014 中的相关规定。

(2) 新建建筑对周边的影响。

新建建筑除满足日照和热环境相关标准要求外，建筑布局还应兼顾周边，减少对相邻的住宅、幼儿园生活用房等有日照标准要求的建筑产生不利的日照遮挡。

新建改建项目不得降低周边建筑的日照标准包括以下两个方面。

① 对于新项目的建设，应满足周边建筑有关日照标准的要求。

② 对于改造项目分两种情况：周边建筑改造前满足日照标准的，应保证其改造后仍符合相关日照标准的要求；周边建筑改造前未满足日照标准的，改造后不可再降低其原有的日照水平。

对于周边建筑，现行标准对其日照标准有量化要求的，可以通过模拟计算报告来判定达标；对于周边的非住宅建筑，若现行设计标准对其日照标准没有量化的要求，则可以不进行日照的模拟计算，只要其满足控制性详规即可判定达标。

(3) 住宅建筑的日照间距。

住宅建筑的间距应符合表 6.3 的规定；对于特定情况，还应符合下列规定。

① 老年人居住建筑日照标准应不低于冬至日日照时数 2 h。

② 在原设计建筑外增加任何设施不应使相邻住宅原有日照标准降低，既有住宅建筑进行无障碍改造加装电梯除外。

③ 旧区改建项目内新建住宅建筑日照标准应不低于大寒日日照时数 1h。

表 6.3　住宅建筑日照标准

建筑气候区划	I、II、III、VII 气候区		IV 气候区		V、VI 气候区
城市常住人口/万人	≥50	<50	≥50	<50	无限定
日照标准日	大寒日			冬至日	
日照时数/h	≥2	≥3		≥1	
有效日照时间带 (当地真太阳时)	8～16 时			9～15 时	
计算起点	底层窗台面				

注：底层窗台面是指距室内地坪 0.9 m 高的外墙位置。

2) 场地竖向设计

无论是水资源丰富的地区还是水资源贫乏的地区，进行建设场地竖向设计的目的之一是防止因降雨导致场地积水或内涝。

(1) 雨水控制与利用专项设计。

雨水控制与利用专项设计包括年径流总量控制率计算书、设计控制雨量计算书、场地雨水综合利用方案或专项设计文件等。专项设计可以避免实际工程中针对某个子系统(雨水利用、径流减排、污染控制等)进行独立设计所带来的诸多资源配置和统筹衔接不当的问题。

对于大于 10 hm^2 的场地，应进行雨水控制与利用专项设计，形成雨水专项设计文件；小于 10 hm^2 的项目可不作雨水专项设计，但也应根据场地条件合理采用雨水控制利用措施，编制场地雨水综合控制利用方案。绿色建筑场地应有效组织雨水的收集与排放，并应满足地表径流控制、内涝灾害防治、面源污染治理及雨水资源化利用等的要求。

(2) 雨水年径流总量控制和外排总量控制。

年径流总量控制率定义为：通过自然和人工强化的入渗、滞蓄、调蓄和收集回用，场地内累计一年得到控制的雨水量占全年总降雨量的比例。

外排总量控制包括径流减排、污染控制、雨水调节和收集回用等，应依据场地的实际情况，通过合理的技术经济比较，来确定最优方案。

从区域角度看，雨水的过量收集会导致原有水体的萎缩或影响水系统的良性循环。要使硬化地面恢复到自然地貌的环境水平，最佳的雨水控制量应以雨水排放量接近自然地貌为标准，因此从经济性和维持区域性水环境的良性循环角度出发，径流的控制率也不宜过大而应有合适的量(除非具体项目有特殊的防洪排涝设计要求)。出于维持场地生态、基流的需要，年径流总量控制率不宜超过 85%。

年径流总量控制率为 55%、70%或 85%时对应的降雨量(日值)为设计控制雨量，见表 6.4。设计控制雨量的确定要通过统计学方法获得。统计年限不同时，不同控制率下对应的设计雨量会有差异。考虑气候变化的趋势和周期性，推荐采用最近 30 年的统计数据，特殊情况除外。

设计时应根据年径流总量控制率对应的设计控制雨量来确定雨水设施规模和最终方案，有条件时，可通过相关雨水控制利用模型进行设计计算；也可采用简单计算方法，通过设计控制雨量、场地综合径流系数、总汇水面积来确定项目雨水设施需要的总规模，再分别计算滞蓄、调蓄和收集回用等措施实现的控制容积，达到设计控制雨量对应的控制规模要求。

对于地质、气候等自然条件特殊的地区，如湿陷性黄土地区等，应根据当地相关规定实施雨水控制利用。

表 6.4 年径流总量控制率对应的设计控制雨量

城 市	年均降雨量/mm	年径流总量控制率对应的设计控制雨量/mm		
		55%	70%	85%
北京	544	11.5	19.0	32.5
长春	561	7.9	13.3	23.8
石家庄	509	10.1	17.3	31.2
上海	1158	11.2	18.5	33.2
武汉	1308	14.5	24.0	42.3
西安	543	7.3	11.6	20.0
福州	1376	11.8	19.3	33.9
广州	1760	15.1	24.4	43.0
乌鲁木齐	282	4.2	6.9	11.8

注：其他城市的设计控制雨量，可参考所列类似城市的数值，或依据当地降雨资料进行统计计算确定。

(3) 绿色雨水基础设施。

场地开发应遵循低影响开发原则，合理利用场地空间设置绿色雨水基础设施。绿色雨水基础设施有雨水花园、下凹式绿地、屋顶绿化、植被浅沟、截污设施、渗透设施、雨水塘、雨水湿地、景观水体等。绿色雨水基础设施有别于传统的灰色雨水设施(雨水口、雨水管道、调蓄池等)，能够以自然的方式削减雨水径流、控制径流污染、保护水环境。

① 雨水调蓄设施。利用场地内的水塘、湿地、低洼地等作为雨水调蓄设施，或利用场地内设计景观(如景观绿地、旱溪和景观水体)来调蓄雨水，可实现有限土地资源综合利用的目标。能调蓄雨水的景观绿地包括下凹式绿地、雨水花园、树池、干塘等。

② 雨水源头控制。屋面雨水和道路雨水是建筑场地产生径流的重要源头，易被污染并形成污染源，故宜合理引导其进入地面生态设施进行调蓄、下渗和利用，并采取相应截污措施。

③ 地面生态设施。地面生态设施是指下凹式绿地、植草沟、树池等，即在地势较低的区域种植植物，通过植物截流、土壤过滤滞留处理小流量径流雨水，达到控制径流污染的目的。洗衣废水若排入绿地，将危害植物的生长，物业应定期检查并杜绝阳台洗衣废水接入雨水管的情况发生。

④ 雨水下渗措施。雨水下渗也是削减径流和径流污染的重要途径之一。“硬质铺装地面”指场地中停车场、道路和室外活动场地等，不包括建筑占地(屋面)、绿地、水面等。“透水铺装”指既能满足路用及铺地强度和耐久性要求，又能使雨水通过本身与铺装下基层相通的渗水路径直接渗入下部土壤的地面铺装系统，包括采用透水铺装方式或使用植草砖、透水沥青、透水混凝土、透水地砖等透水铺装材料。当透水铺装下为地下室顶板时，若地下室顶板设有疏水板及导水管等可将渗透雨水导入与地下室顶板接壤的实土，或地下室顶

板上覆土深度能满足当地园林绿化部门要求时，仍可认定其为透水铺装地面，但覆土深度不得小于600 mm。

(4) 海绵城市。

国务院办公厅2015年10月印发的《关于推进海绵城市建设的指导意见》指出：建设海绵城市，统筹发挥自然生态功能和人工干预功能，有效控制雨水径流，实现自然积存、自然渗透、自然净化的城市发展方式，有利于修复城市水生态，涵养水资源，增强城市防涝能力，扩大公共产品有效投资，提高新型城镇化质量，促进人与自然和谐发展。

建海绵城市就要有“海绵体”。城市“海绵体”既包括河、湖、池塘等水系，也包括绿地、花园、可渗透路面这样的城市配套设施。雨水通过这些“海绵体”下渗、滞蓄、净化、回用，最后剩余部分径流通过管网、泵站外排，缓减城市内涝的压力。

2. 场地生态保护

1) 场地原有生态环境保护

建设项目应对场地的地形和场地内可利用的资源进行勘察，充分利用原有地形地貌进行场地设计以及建筑、生态景观的布局，尽量减少土石方量，减少开发建设过程对场地及周边环境生态系统的改变，包括原有植被、水体、山体、地表行泄洪通道、滞蓄洪坑塘洼地等。在建设过程中确需改造场地内的地形、地貌、水体、植被等时，应在工程结束后及时采取生态复原措施，减少对原场地环境的改变和破坏。场地内外生态系统保持衔接，形成连贯的生态系统更有利于生态建设和保护。

2) 场地表层土质的生态补偿

土地表层土含有丰富的有机质、矿物质和微量元素，适合植物和微生物的生长，有利于生态环境的恢复。对于场地内未受污染的净地表层土进行保护和回收利用是土壤资源保护、维持生物多样性的重要方法。

绿色建筑地下空间的开发利用应适度，应合理控制用地的不透水面积并留足雨水自然渗透、净化所需的土壤生态空间。

3) 基于场地资源与生态诊断的科学规划设计

在开发建设的同时采取符合场地实际的技术措施，有效实现生态恢复或生态补偿。比如，在场地内规划设计多样化的生态体系，如湿地系统、乔灌草复合绿化体系、结合多层空间的立体绿化系统等，为本土动物提供生物通道和栖息场所。采用生态驳岸、生态浮岛等措施增加本地生物生存活动空间，充分利用水生动植物的水质自然净化功能保障水体水质。

4) 室外吸烟区设置

室内禁止吸烟，同时需要为“烟民”设置专门的室外吸烟区，有效地引导有吸烟习惯的人群走出室内，在规定的合理范围内吸烟，做到“疏堵结合”。室外吸烟区的选择还须避免人员密集区、有遮阴的人员聚集区、建筑出入口、雨篷等半开敞的空间，可开启窗户、建筑新风引入口、儿童和老年人活动区域等位置，吸烟区内须配置垃圾筒和吸烟有害健康的警示标识。

5) 历史文化保护

涉及历史城区、历史文化街区、文物保护单位及历史建筑的居住区规划建设项目，必须遵守国家有关规划的保护与建设控制规定。

3. 场地绿化与景观

1) 场地绿化形式

绿化是城市环境建设的重要内容。大面积的草坪不但维护费用昂贵，其生态效益也远远小于灌木、乔木，因此，合理搭配乔木、灌木和草坪，以乔木为主，能够提高绿地的空间利用率、增加绿量，使有限的绿地发挥更大的生态效益和景观效益。乔、灌、草组合配置，就是以乔木为主，灌木填补林下空间，地面栽花种草的种植模式，在垂直面上形成乔、灌、草空间互补和重叠的效果，根据植物的不同特性(如高矮、冠幅大小、光及空间需求等)差异而取长补短，相互兼容，进行立体多层次种植，以求在单位面积内充分利用土地、阳光、空间、水分、养分而达到最大生长量的栽培方式。

植物配置应充分体现本地区植物资源的特点，突出地方特色。因此在苗木的选择上，要保证绿植无毒无害，保证绿化环境安全和健康。合理的植物物种选择和搭配会对绿地植被的生长起到促进作用。种植区域的覆土深度应满足乔、灌、草自然生长的需要，一般来说，满足植物生长需求的覆土深度为：乔木大于 1.2 m，深根系乔木大于 1.5 m，灌木大于 0.5 m，草坪大于 0.3 m。种植区域的覆土深度应满足项目所在地园林主管部门对覆土深度的要求，鼓励各类公共建筑进行屋顶绿化和墙面垂直绿化，既能增加绿化面积，又可以改善屋顶和墙壁的保温隔热效果，还可有效滞留雨水。

2) 场地绿地率

绿地率是指建设项目用地范围内各类绿地面积的总和占该项目总用地面积的比(%)。绿地包括建设项目用地中各类用作绿化的用地。合理设置绿地可起到改善和美化环境、调节小气候、缓解城市热岛效应等作用。

绿地率以及公共绿地的数量是衡量绿色建筑环境质量的重要指标之一。根据现行国家标准《城市居住区规划设计标准》GB 50180—2018，集中绿地是指居住街坊配套建设、可供居民休憩、开展户外活动的绿化场地。集中绿地应满足的基本要求：宽度不小于 8 m，面积不小于 400 m^2，应设置供幼儿、老年人在家门口日常户外活动的场地，并应有不少于 1/3 的绿地面积在标准的建筑日照阴影线(即日照标准的等时线)范围之外。

3) 场地绿化规模要求

绿色建筑应根据其建筑规模，对应规划建设配套设施和公共绿地，并应符合下列规定。

(1) 新建居住区，应满足统筹规划、同步建设、同期投入使用的要求。

(2) 旧区可遵循规划匹配、建设补缺、综合达标、逐步完善的原则进行改造。

新建建筑配套规划建设公共绿地，并应集中设置具有一定规模，且能开展休闲、体育活动的公园；公共绿地控制指标应符合规范要求。

当旧区改建确实无法满足国标规定时，可采取多点分布以及立体绿化等方式改善居住环境，但人均公共绿地面积应不低于相应控制指标的 70%。

居住建筑内集中绿地的规划建设，应符合下列规定。

① 新区建设应不低于 0.5 m^2/人，旧区改建应不低于 0.35 m^2/人。

② 宽度应不小于 8 m。

③ 在标准的建筑日照阴影线范围之外的绿地面积应不少于 1/3，其中应设置老年人、儿童活动场地。

4) 场地绿化设计要求

绿地的建设及其绿化应遵循适用、美观、经济、安全的原则，并应符合下列规定。

(1) 宜保留并利用已有树木和水体。

(2) 应种植适宜当地气候和土壤条件、对居民无害的植物。

(3) 应采用乔、灌、草相结合的复层绿化方式。

(4) 应充分考虑场地及住宅建筑冬季日照和夏季遮阴的需求。

(5) 适宜绿化的用地均应进行绿化，并可采用立体绿化的方式丰富景观层次、增加环境绿量。

(6) 有活动设施的绿地应符合无障碍设计要求并与建筑物的无障碍系统相衔接。

(7) 绿地应结合场地雨水排放进行设计，并宜采用雨水花园、下凹式绿地、景观水体、干塘、树池、植草沟等具备调蓄雨水功能的绿化方式。

4. 场地识别系统

1) 标识系统

标识系统包括导向标识和定位标识。

常用的标识系统包括人车分流标识、公共交通接驳引导标识、易于老年人识别的标识、满足儿童使用需求与身高匹配的标识、无障碍标识、楼座及配套设施定位标识、健身慢行道导向标识、健身楼梯间导向标识、公共卫生间导向标识，以及其他促进建筑便捷使用的导向标识等。

设置便于识别和使用的标识系统，能够为建筑使用者带来便捷的使用体验。

2) 标识系统设置要求

公共建筑的标识系统应当执行现行国家标准《公共建筑标识系统技术规范》GB/T 51223—2017，住宅建筑可以参照执行。

在设计和设置标识系统时，应考虑建筑使用者的识别习惯，通过色彩、形式、字体、符号等整体进行设计，形成统一性和可辨识度，并考虑老年人、残障人士、儿童等不同人群对于标识的识别和感知的方式。例如，老年人由于视觉能力下降，需要采用较大的文字、较易识别的色彩系统等；儿童由于身高较低、识字量不够等，需要采用高度适合、色彩与图形化结合等方式的识别系统等。因此，根据不同使用人群特点设置适宜的标识引导系统，体现出对不同人群的关爱。

同时，为便于标识识别，应在场地内显著位置上设置标识，标识应反映一定区域范围内的建筑与设施分布情况，并提示当前位置等。建筑及场地的标识应沿通行路径布置，构成完整和连续引导系统。

5. 场地污染控制与垃圾处理

1) 场地污染控制

建筑场地内不应存在未达标排放或者超标排放的气态、液态或固态的污染源。例如，易产生噪声的运动和营业场所、油烟未达标排放的厨房、煤气或工业废气超标排放的燃煤锅炉房、污染物排放超标的垃圾堆等。若有污染源应积极采取相应的治理措施并达到无超标污染物排放的要求。

2) 垃圾处理

绿色建筑设计时应合理规划和设置垃圾收集设施，并制定垃圾分类收集管理制度。

根据垃圾产生量和种类合理设置垃圾分类收集设施，其中有害垃圾必须单独收集、单独清运。垃圾收集设施规格和位置应符合国家有关标准的规定，其数量、外观色彩及标志应符合垃圾分类收集的要求，并置于隐蔽、避风处，与周围景观相协调。垃圾收集设施应坚固耐用，防止垃圾无序倾倒和露天堆放。

生活垃圾一般分 4 类，包括有害垃圾、易腐垃圾(厨余垃圾)、可回收垃圾和其他垃圾等。有害垃圾主要包括：废电池(镉镍电池、氧化汞电池、铅蓄电池等)，废荧光灯管(日光灯管、节能灯等)，废温度计，废血压计，废药品及其包装物，废油漆、溶剂及其包装物，废杀虫剂、消毒剂及其包装物，废胶片及废相纸等。易腐垃圾(厨余垃圾)包括剩菜剩饭、骨头、菜根菜叶、果皮等可腐烂有机物。可回收垃圾主要包括：废纸、废塑料、废金属、废包装物、废旧纺织物、废弃电器电子产品、废玻璃、废纸塑铝复合包装、大件垃圾等。有害垃圾、易腐垃圾(厨余垃圾)、可回收垃圾应分别收集。

同时，在垃圾容器和收集点布置时，重视垃圾容器和收集点的环境卫生与景观美化问题，做到密闭并相对位置固定，如果按规划需配垃圾收集站，应能具备定期冲洗、消杀条件，并能及时做到密闭清运。

6.3　绿色建筑室外物理环境

【学习目标】了解室外环境的基本概念、含义，掌握绿色建筑热、声、风、光环境的要求。

绿色建筑规划设计应尊重气候及地形地貌等自然条件，并应塑造舒适宜人的居住环境。建筑用地的日照、气温、风等气候条件，地形、地貌、地物等自然条件，用地周边的交通、设施等外部条件，以及地方习俗等文化条件，都将影响着建筑布局和环境塑造。因而，应通过不同的规划手法和处理方式，将绿色建筑、配套设施、道路、绿地景观等规划内容进行全面、系统地组织、安排，使其成为有机整体，为居民创造舒适宜居的室外物理环境，体现地域特征、民族特色和时代风貌等。

1. 室外热环境

建筑室外物理环境质量与场地热环境密切相关，热环境直接影响人们户外活动的热安全性和热舒适度。

1) 热岛效应的危害

热岛现象在夏季出现，不仅会使人们高温中暑的概率变大，同时还容易形成光化学烟雾污染，并增加建筑的空调能耗，给人们的生活和工作带来负面影响。项目规划设计时，应充分考虑场地内热环境的舒适度，采取有效措施改善场地通风不良、遮阳不足、绿量不够、渗透不强的一系列问题，降低热岛强度，提高环境舒适度。

2) 热岛效应的防治措施

(1) 保护并增加建筑区的绿化、水体面积，增加建筑阴影区户外活动场地。因为建筑区的水体、绿化对减弱夏季热岛效应起着十分可观的作用。

(2) 控制建筑人口密度和建筑物密度。因为人口高密度区也是建筑物高密度区和能量高消耗区，常形成气温的高值区。

(3) 建筑物淡色化以增加热量的反射。

(4) 用透水性强的新型材料铺设道路广场，以储存雨水，降低地面温度。

(5) 形成建筑区域水系，调节区域气候。因为水的比热大于混凝土的比热，所以在吸收相同热量的条件下，两者升高的温度不同而形成温差，这就必然加大热力环流的循环速度，而在大气的循环过程中，建筑区域水系又起到了二次降温的作用，这样就可以使城区温度不致过高，达到了防止热岛效应的目的。

(6) 提高人工水蒸发补给，如喷泉、喷雾、细水雾浇灌等。

2. 室外声环境

1) 噪声

噪声是一类引起人烦躁、或音量过强而危害人体健康的声音。从环境保护的角度讲凡是妨碍人们正常休息、学习和工作的声音，以及对人们要听的声音产生干扰的声音，都属于噪声。从物理学的角度讲噪声是发声体作无规则振动时发出的声音。

2) 环境噪声限值

国家标准《声环境质量标准》GB 3096—2008 中对各类声环境功能区的环境噪声等效声级限值进行了规定，见表 6.5。

表 6.5　各类声环境功能区的环境噪声等效声级限值

dB

声环境功能区类别		时段	
		昼间	夜间
0 类		50	40
1 类		55	45
2 类		60	50
3 类		65	55
4 类	4a 类	70	55
	4b 类	70	60

3) 绿色建筑噪声控制措施

绿色建筑仅考虑室外环境噪声对人的影响，不考虑建筑所处的声环境功能分区，项目应尽可能地采取措施来实现环境噪声控制。

针对绿色建筑主要噪声源，可采取多种措施降低噪声对建筑室外环境的负面影响，如优化建筑布局和交通组织方式，减少对居民生活的影响；优先遮挡或避开声级高的噪声源；设置绿化隔离带或噪声缓冲带、声屏障等隔声设施。此外，应采取相应的减振、消声和遮挡等技术措施降低建筑区内部行车、居民活动和工作营业场所产生的噪声。有研究表明，10 m 左右宽的乔木林可实现降低噪声 5 dB。

3. 室外风环境

绿色建筑场地设计应结合当地主导风向、周边环境、温度湿度等微气候条件，统筹建筑空间组合、绿地设置及绿化设计，优化场地的风环境。建筑布局应充分考虑自身所处的气候区，所在区域冬季、过渡季和夏季主导风向和典型风速，以及地形变化而产生的地方风，使居住区的微气候满足防寒、保温的要求，有利于居民室外行走、舒适的活动和建筑的自然通风。

1) 冬季人行区风速控制和保温要求

人行区是指区域范围内功能或主要功能可供行人通行和停留的场所。

冬季建筑物周围人行区距地 1.5 m 高处风速小于 5 m/s 是绿色建筑标准要求，是不影响人们正常室外活动的。对于严寒和寒冷地区以及沿海地区的不利主导风，应通过多种技术措施削弱和阻挡其对居住区的不利影响。通常可以通过树木绿化、山体土堆布置建筑物及构筑物等方法阻挡不利风的影响。

建筑的迎风面与背风面风压差控制在一定范围，可以减少冷风向室内渗透，有利于建筑冬季保温要求。

2) 夏季通风要求

夏季、过渡季通风不畅在某些区域形成无风区或涡旋区，将影响室外散热和污染物消散。外窗室内外表面的风压差达到 0.5 Pa 有利于建筑的自然通风。对于过渡季和夏季主导风向，可通过合理设置区域或用地内的微风通廊、有效控制建筑形体和宽度、在适当位置采用过街楼或首层架空等技术措施引导或加强通风，使居住街坊内保持适宜的风速，不出现涡旋或无风区，减少气流对区域微环境和建筑本身的不利影响。同时，高层住宅建筑群的规划布局应避免产生风洞效应，避免人行高度上产生“旋涡风”等不安全因素。

3) 室外风环境模拟

利用计算流体动力学(CFD)手段针对不同季节典型风向、风速可对建筑外风环境进行模拟。其中来流风速、风向为对应季节内出现频率最高的平均风速和风向，室外风环境模拟使用的气象参数建议依次按地方有关标准要求、现行行业标准《建筑节能气象参数标准》JGJ/T 346—2014、现行国家标准《民用建筑供暖通风与空气调节设计规范》GB 50736—2016、《中国建筑热环境分析专用气象数据集》的优先顺序取得。数据选用尽可能使用地区内的气象站过去 10 年内的代表性数据，也可以采用相关气象部门出具的逐时气象数据，计算“可开启外窗扇内外表面的风压差”可将建筑外窗室内表面风压默认为 0 Pa。可开启外窗的室外风压绝对值大于 0.5 Pa，即可判定此外窗满足要求。

室外风环境模拟应得到以下输出结果。

(1) 不同季节不同来流风速下，模拟得到场地内 1.5 m 高处的风速分布。

(2) 不同季节不同来流风速下，模拟得到冬季室外活动区的风速放大系数。

(3) 不同季节不同来流风速下．模拟得到建筑首层及以上典型楼层迎风面与背风面(或主要开窗面)表面的压力分布。

对于不同季节，如果主导风向、风速不唯一，宜分析两种主导风向下的情况。

4. 室外光环境

绿色建筑场地内附属道路、老年人及儿童活动场地、住宅建筑出入口等公共区域应设置夜间照明。照明设计不应产生光污染。

1) 建筑光污染

建筑物光污染包括建筑反射光(眩光)、夜间的室外夜景照明以及广告照明等造成的光污染。光污染产生的眩光会让人感到不舒服，还会使人降低对灯光信号等重要信息的辨识力，甚至带来道路安全隐患。

2) 建筑光污染控制

光污染控制对策包括降低建筑物表面(玻璃和其他材料、涂料)的可见光反射比、合理选配照明器具、采取防止溢光措施等。

现行国家标准《玻璃幕墙光热性能》GB/T 18091—2015将玻璃幕墙的光污染定义为有害光反射，对玻璃幕墙的可见光反射比作了规定。玻璃幕墙建筑的可见光反射比及反射光对周边环境的影响应符合《玻璃幕墙光热性能》GB/T 18091—2015的规定。

室外夜景照明设计应满足现行国家标准《室外照明干扰光限制规范》GB/T 35626—2017和现行行业标准《城市夜景照明设计规范》JGJ/T 163—2008中关于光污染控制的相关要求。夜间照明设计应从居民生活环境和生活需求出发，宜采用泛光照明，合理运用暖光与冷光进行协调搭配，对照明进行艺术化提升，塑造自然、舒适、宁静的夜间照明环境；在住宅建筑出入口、附属道路、活动场地等居民活动频繁的公共区域进行重点照明设计；针对绿色建筑的装饰性照明以及照明标识的亮度水平进行限制，避免产生光污染。

6.4 绿色建筑环境宜居评价标准

【学习目标】掌握绿色建筑环境宜居评价标准。

1. 控制项

(1) 建筑规划布局应满足日照标准，且不得降低周边建筑的日照标准。

(2) 室外热环境应满足国家现行有关标准的要求。

(3) 配建的绿地应符合所在地城乡规划的要求，应合理选择绿化方式，植物种植应适应当地气候和土壤，且应无毒害、易维护，种植区域覆土深度和排水能力应满足植物生长需求，并应采用复层绿化方式。

(4) 场地的竖向设计应有利于雨水的收集或排放，应有效组织雨水的下渗、滞蓄或再利用；对大于10 hm^2的场地应进行雨水控制利用专项设计。

(5) 建筑内外均应设置便于识别和使用的标识系统。

(6) 场地内不应有排放超标的污染源。

(7) 生活垃圾应分类收集，垃圾容器和收集点的设置应合理并应与周围景观协调。

2. 评分项

1) 场地生态与景观

(1) 充分保护或修复场地生态环境，合理布局建筑及景观，评价总分值为10分，并按下列规则评分。

① 保护场地内原有的自然水域、湿地、植被等，保持场地内的生态系统与场地外生态

系统的连贯性，得 10 分。

② 采取净地表层土回收利用等生态补偿措施，得 10 分。

③ 根据场地实际状况，采取其他生态恢复或补偿措施，得 10 分。

(2) 规划场地地表和屋面雨水径流，对场地雨水实施外排总量控制，评价总分值为 10 分。场地年径流总量控制率达到 55%，得 5 分；达到 70%，得 10 分。

(3) 充分利用场地空间设置绿化用地，评价总分值为 16 分，并按下列规则评分。

① 住宅建筑按下列规则分别评分并累计。

a. 绿地率达到规划指标 105%及以上，得 10 分。

b. 住宅建筑所在居住街坊内人均集中绿地面积按表 6.6 的规则评分，最高得 6 分。

表 6.6　住宅建筑人均集中绿地面积评分规则

人均集中绿地面积/(m²/人)		得　分
新区建设	旧区改建	
0.50	0.35	2
0.50<Ag<0.60	0.35<Ag<0.45	4
Ag≥0.60	Ag≥0.45	6

② 公共建筑按下列规则分别评分并累计。

a. 公共建筑绿地率达到规划指标 105%及以上，得 10 分。

b. 绿地向公众开放，得 6 分。

(4) 室外吸烟区位置布局合理，评价总分值为 9 分，并按下列规则分别评分并累计。

① 室外吸烟区布置在建筑主出入口的主导风的下风向，与所有建筑出入口、新风进气口和可开启窗扇的距离不少于 8 m，且距离儿童和老人活动场地不少于 8 m，得 5 分。

② 室外吸烟区与绿植结合布置，并合理配置座椅和带烟头收集的垃圾筒，从建筑主出入口至室外吸烟区的导向标识完整、定位标识醒目，吸烟区设置吸烟有害健康的警示标识，得 4 分。

(5) 利用场地空间设置绿色雨水基础设施，评价总分值为 15 分，并按下列规则分别评分并累计。

① 下凹式绿地、雨水花园等有调蓄雨水功能的绿地和水体的面积之和占绿地面积的比例达到 40%，得 3 分；达到 60%，得 5 分。

② 衔接和引导不少于 80%的屋面雨水进入地面生态设施，得 3 分。

③ 衔接和引导不少于 80%的道路雨水进入地面生态设施，得 4 分。

④ 硬质铺装地面中透水铺装面积的比例达到 50%，得 3 分。

2) 室外物理环境

(1) 场地内的环境噪声优于现行国家标准《声环境质量标准》GB 3096—2008 的要求，评价总分值为 10 分，并按下列规则评分。

① 环境噪声值大于 2 类声环境功能区标准限值，且小于或等于 3 类声环境功能区标准限值，得 5 分。

② 环境噪声值小于或等于 2 类声环境功能区标准限值，得 10 分。

(2) 建筑及照明设计避免产生光污染，评价总分值为 10 分，并按下列规则分别评分并累计。

① 玻璃幕墙的可见光反射比及反射光对周边环境的影响符合《玻璃幕墙光热性能》GB/T 18091—2015的规定，得5分。

② 室外夜景照明光污染的限制符合现行国家标准《室外照明干扰光限制规范》GB/T 35626—2017和现行行业标准《城市夜景照明设计规范》JGJ/T 163—2008的规定，得5分。

(3) 场地内风环境有利于室外行走、活动舒适和建筑的自然通风，评价总分值为10分，并按下列规则分别评分并累计。

① 在冬季典型风速和风向条件下，按下列规则分别评分并累计。

a. 建筑物周围人行区距地高1.5 m 处风速小于5 m/s，户外休息区、儿童娱乐区风速小于2 m/s，且室外风速放大系数小于2，得3分。

b. 除迎风第一排建筑外，建筑迎风面与背风面表面风压差不大于5 Pa，得 2 分。

② 过渡季、夏季典型风速和风向条件下，按下列规则分别评分并累计。

a. 场地内人活动区不出现涡旋或无风区，得3分。

b. 50% 以上可开启外窗室内外表面的风压差大于0. 5 Pa，得2分。

(4) 采取措施降低热岛强度，评价总分值为 10 分，按下列规则分别评分并累计。

① 场地中处于建筑阴影区外的步道、休闲场所、庭院、广场等室外活动场地设有乔木、花架等遮阴措施的面积比例，住宅建筑达到30%，公共建筑达到 10%，得2分；住宅建筑达到50%，公共建筑达到20%，得3分。

② 场地中处于建筑阴影区外的机动车道，路面太阳辐射反射系数不小于0.4或设有遮阴面积较大的人行道树的路段长度超过70%，得3分。

③ 屋顶的绿化面积、太阳能板水平投影面积以及太阳辐射反射系数不小于0.4 的屋面面积合计达到75%，得4分。

项 目 实 训

【实训内容】

进行绿色建筑环境宜居的评价实训(指导教师选择一个真实的工程项目或学校实训场地，带学生实训操作)，熟悉绿色建筑环境宜居的评价标准，从控制项、评分项等全过程模拟训练，熟悉绿色建筑环境宜居的技术要点和国家相应的规范要求。

【实训目的】

通过课堂学习结合课下实训达到熟练掌握绿色建筑环境宜居的评价标准和国家相应的技术要求，提高学生进行绿色建筑环境宜居评价的综合能力。

【实训要点】

(1) 通过对绿色建筑环境宜居的评价和技术措施的实训，培养学生加深对绿色建筑环境宜居国家标准的理解，掌握绿色建筑环境宜居技术要点，进一步加强对专业知识的理解。

(2) 分组制订计划与实施，培养学生团队协作的能力，获取绿色建筑环境宜居的评价技术和经验。

【实训过程】

1) 实训准备要求

(1) 做好实训前相关资料查阅，熟悉绿色建筑环境宜居有关的规范要求。

(2) 准备实训所需的工具与材料。

2) 实训要点

(1) 实训前做好交底。

(2) 制订实训计划。

(3) 分小组进行，小组内部分工合作。

3) 实训操作步骤

(1) 按照绿色建筑环境宜居的要求选择建筑服务设施及管理方案。

(2) 进行建筑场地规划设计。

(3) 进行建筑室外物理环境分析。

(4) 做好实训记录和相关技术资料整理。

(5) 进行小组互评和最终评定。

4) 教师指导点评和疑难解答

5) 实地观摩

6) 进行总结

【实训项目基本步骤表】

步　骤	教师行为	学生行为
1	交代工作任务背景，引出实训项目	分好小组； 准备实训工具、材料和场地
2	布置绿色建筑环境宜居评价实训应做的准备工作	
3	使学生明确绿色建筑环境宜居的评价实训的步骤	
4	学生分组进行实训操作，教师巡回指导	完成绿色建筑环境宜居评价实训全过程
5	结束指导点评实训成果	自我评价或小组评价
6	实训总结	小组总结并进行经验分享

【实训小结】

项目：　　　　　　　　　　　　　　　　　　指导老师：

项目技能	技能达标分项	备　注
绿色建筑环境宜居	方案完善　得 0.5 分 准备工作完善　得 0.5 分 评价过程准确　得 1.5 分 评价结果符合　得 1.5 分 分工合作合理　得 1 分	根据职业岗位所需，技能需求，学生可以补充完善达标项

续表

项目技能	技能达标分项	备　注
自我评价	对照达标分项　得3分为达标 对照达标分项　得4分为良好 对照达标分项　得5分为优秀	客观评价
评议	各小组间互相评价 取长补短，共同进步	提供优秀作品观摩学习

自我评价__________________　　个人签名________________

小组评价　达标率____________　　组长签名________________

良好率____________

优秀率____________

年　月　日

小　结

城市微气候是指在建筑物周围地面上及屋面、墙面、窗台等特定地点，所形成的风、阳光、辐射、气温与湿度等气候条件。城市热岛效应是指城市气温高于郊区的现象。热岛强度以城市中心平均气温与郊区的平均气温之差来表示。

新建绿色建筑除满足日照和热环境相关标准要求外，建筑布局还应兼顾周边，减少对相邻的住宅、幼儿园生活用房等有日照标准要求的建筑产生不利的日照遮挡。

场地开发应遵循低影响开发原则，合理利用场地空间设置绿色雨水基础设施。绿色雨水基础设施有雨水花园、下凹式绿地、屋顶绿化、植被浅沟、截污设施、渗透设施、雨水塘、雨水湿地、景观水体等。

绿化是城市环境建设的重要内容。大面积的草坪不但维护费用昂贵，其生态效益也远远小于灌木、乔木，因此，合理搭配乔木、灌木和草坪，以乔木为主，能够提高绿地的空间利用率、增加绿量，使有限的绿地发挥更大的生态效益和景观效益。

绿色建筑设计时应合理规划和设置垃圾收集设施，并制定垃圾分类收集管理制度。

建筑室外物理环境质量与场地热环境密切相关，热环境直接影响人们户外活动的热安全性和热舒适度。

绿色建筑仅考虑室外环境噪声对人的影响，不考虑建筑所处的声环境功能分区，项目应尽可能地采取措施来实现环境噪声控制。

绿色建筑场地设计应结合当地主导风向、周边环境、温度湿度等微气候条件，统筹建筑空间组合、绿地设置及绿化设计，优化场地的风环境。

绿色建筑场地内附属道路、老年人及儿童活动场地、住宅建筑出入口等公共区域应设置夜间照明。照明设计不应产生光污染。

绿色建筑环境宜居评价标准包括控制项和评分项。

习　题

思考题

1. 何谓气温？影响气温的主要因素有哪些？
2. 何谓空气湿度？空气湿度与建筑物有何关系？
3. 风的特征的基本要素有哪些？
4. 降水与建筑物有哪些关系？
5. 何谓城市微气候？城市微气候有何特点？
6. 何谓城市热岛效应？城市热岛的成因有哪些？
7. 新建建筑日照标准有哪些？
8. 绿色雨水基础设施有哪些？
9. 何谓海绵城市？
10. 场地生态保护措施有哪些？
11. 场地绿化设计要求有哪些？
12. 场地标识系统有哪些？
13. 生活垃圾如何分类？
14. 热岛效应的防治措施有哪些？
15. 绿色建筑噪声控制措施有哪些？
16. 绿色建筑室外风环境有哪些要求？
17. 绿色建筑室外光污染如何防治？
18. 绿色建筑环境宜居评价标准有哪些？

第 7 章　绿色建筑之提高与创新

【内容提要】

本章以绿色建筑提高与创新为对象，主要讲述绿色建筑节能新措施、装配式结构、BIM 技术应用、绿色建筑碳排放计算、绿色建筑提高与创新评价标准等内容，并在实训环节提供绿色建筑提高与创新专项技术实训项目，作为本教学章节的实践训练项目，以供学生训练和提高。

【技能目标】

- 通过对绿色建筑节能新措施的学习，了解绿色建筑节能的新措施、新构造、新做法。
- 通过对装配式结构的学习，要求学生熟练掌握装配式结构的概念、特点和技术措施。
- 通过对 BIM 技术的学习，要求学生了解 BIM 技术的应用与创新。
- 通过对绿色建筑碳排放计算的学习，要求学生掌握绿色建筑碳排放计算方法。
- 通过对绿色建筑提高与创新评价标准的学习，要求学生掌握绿色建筑提高与创新的评价标准。

本章是为了全面训练学生对绿色建筑提高与创新的掌握能力，检查学生对绿色建筑提高与创新内容知识的理解和运用程度而设置的。

【项目导入】

绿色建筑全寿命周期内各环节和阶段都有可能在技术、产品选用和管理方式上进行性能提高和创新。为进一步加强绿色建筑性能的提高和创新，鼓励在各环节和阶段采用先进、适用、经济的技术、产品和管理方式，进一步降低建筑综合能耗、传承地域建筑文化、利用建筑信息模型(BIM)、加强碳排放分析计算等，在技术、管理、生产方式等方面进行创新。

7.1　绿色建筑节能新措施

【学习目标】了解绿色建筑节能新措施，掌握双层幕墙、光电幕墙等新技术。

近几年，不同地区在绿色建筑节能方面出现许多新措施，进一步降低了建筑能耗，达到了建筑节能的新标准。

1. 双层幕墙节能技术

20 世纪 70 年代以来，玻璃幕墙随着现代建筑的发展以前所未有的速度在全世界得到普及。随着玻璃幕墙的广泛应用，其弊端也逐渐显现出来，如由于玻璃材料的传热系数较传统的砖石等材料要大很多，并且夏季太阳辐射可以直接射入玻璃从而形成温室效应，所以普通玻璃幕墙的供热、制冷能耗相应大大增加，而且很难达到人体舒适性的要求。玻璃幕墙建筑由于其高能耗也被人们所诟病。另外玻璃幕墙也会给城市环境带来光污染、吸热作用产生的热岛效应等不良问题。

随着世界范围内环境、能源问题的凸显，人们对玻璃幕墙的种种弊端逐渐重视起来，开始开发和采用新型建筑材料、品种，以及新型的结构构造体系、正确的施工方法来解决这些问题。近几十年来，玻璃幕墙逐渐向智能化、生态化的方向发展，其中一个重要的成果是双层幕墙结构(Double Skin Façade，DSF)。

1) 双层幕墙的概念

根据 GB/T 21086—2007 的定义，双层幕墙由外层幕墙、热通道和内层幕墙(或门、窗)构成，且在热通道内可以形成空气有序流动的建筑幕墙。双层幕墙是双层结构的新型幕墙，外层结构一般采用点式玻璃幕墙、隐框玻璃幕墙或明框玻璃幕墙，内层结构一般采用隐框玻璃幕墙、明框玻璃幕墙、铝合金门或铝合金窗。内外结构之间分离出一个介于室内和室外的中间层，形成一种通道，空气可以从下部进风口进入通道，也可以从上部出风口排出通道，空气在通道流动，导致热能在通道的流动和传递，这个中间层称为热通道，也称为热通道幕墙。

2) 双层幕墙的类型

双层幕墙由内外两层玻璃幕墙组成，与传统幕墙相比，它的最大特点是在内外两层幕墙之间形成一个通风换气层，由于此换气层中空气的流通或循环作用，内层幕墙的温度接近室内温度，减小内外温差，因而采暖时它比传统的幕墙节约能源 42%～52%，制冷时节约能源 38%～60%。另外由于双层幕墙的使用，整个幕墙的隔音效果、安全性能等也得到了很大的提高。双层幕墙根据通风层结构的不同可分为封闭式内通风和敞开式外通风两种。

(1) 封闭式内通风双层幕墙。

封闭式内通风双层幕墙一般在冬季较为寒冷的地区使用，其外层原则上是完全封闭的，一般由断热型材与中空玻璃组成外层玻璃幕墙；其内层一般为单层玻璃组成的玻璃幕墙或可开启窗，以便对外层幕墙进行清洗；两层幕墙之间的通风换气层一般为 100～200 mm。通风换气层与吊顶部位设置的暖通系统抽风管相连，形成自下而上的强制性空气循环，室内空气通过内层玻璃下部的通风口进入换气层，使内侧幕墙玻璃温度达到或接近室内温度，从而形成优越的温度条件，达到节能效果。在通道内设置可调控的百叶窗或垂帘，可有效地调节日照遮阳，为室内创造更加舒适的环境。

根据英国劳氏船社总部大厦及美国西方化学中心大厦的使用情况来看，其节能效果较传统单层幕墙达 50%以上。

(2) 敞开式外通风双层幕墙。

敞开式外通风双层幕墙与封闭式内通风双层幕墙相反，其外层是由单层玻璃与非断热型材组成的玻璃幕墙，内层是由中空玻璃与断热型材组成的幕墙。内外两层幕墙形成的通风换气层的两端装有进风和排风装置，通道内也可设置百叶等遮阳装置。冬季时，关闭通风层两端的进排风口，换气层中的空气在阳光的照射下温度升高，形成一个温室，有效地提高了内层玻璃的温度，减少建筑物的采暖费用。夏季时，打开换气层的进排风口，在阳光的照射下换气层空气温度升高自然上浮，形成自下而上的空气流，由于烟囱效应带走通道内的热量，降低内层玻璃表面的温度，减少制冷费用。另外，通过对进排风口的控制以及对内层幕墙结构的设计，达到由通风层向室内输送新鲜空气的目的，从而优化建筑通风质量。

可见敞开式外通风双层幕墙不仅具有封闭式内通风双层幕墙在遮阳、隔音等方面的优点，在舒适节能方面更为突出，提供了高层、超高层建筑自然通风的可能，从而最大限度地满足了使用者生理与心理上的要求。

敞开式外循环体系双层幕墙，在德国法兰克福的德国商业银行总行大厦、德国北莱茵-威斯特法伦州鲁尔河畔埃森市的RWE工业集团总部大楼采用。

内通风与外通风双层幕墙作用原理如图7.1所示。

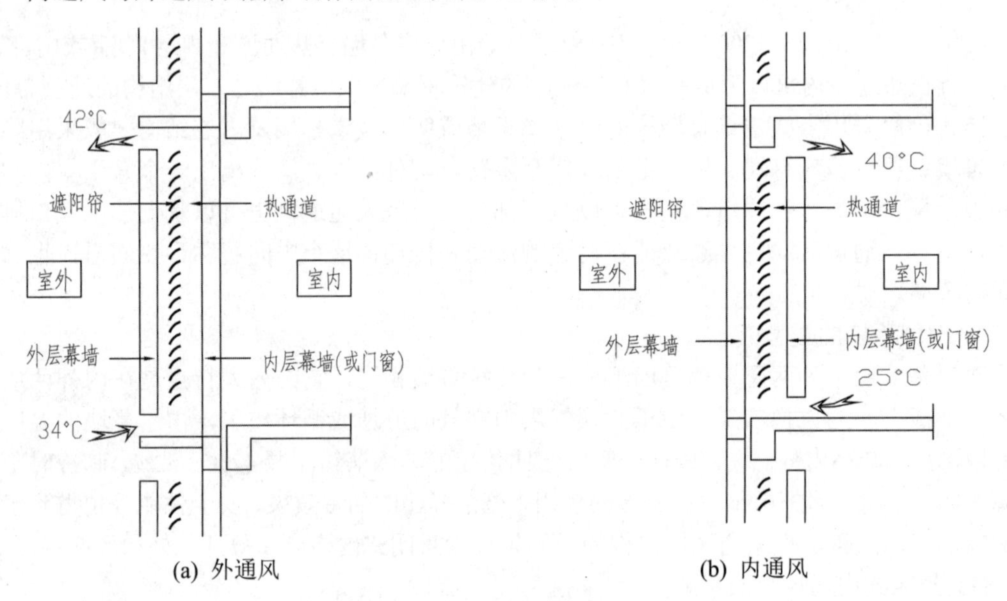

图7.1　内通风与外通风双层幕墙作用原理

3) 双层玻璃幕墙的特点

(1) 高效节能。

与基准幕墙和普通节能幕墙相比，双层幕墙是节能效果最理想的高效节能幕墙。以北京地区为例统计其节能效果见表7.1。

(2) 环境舒适。

与单层幕墙和普通节能幕墙相比，双层幕墙能创设良好的热环境和通风环境，提供舒适的办公环境，如图7.2所示。

(3) 采光合理。

进入室内的光线角度和强弱直接影响到人们的舒适感。双层玻璃幕墙内的遮阳百叶可以根据用户的需要，或收起，或在任意位置放下，或叶片倾斜，让光线均匀进入室内，让用户尽情享受光线的变化，大大改善室内光环境。

表 7.1　双层幕墙节能效果对比

序号	幕墙类型	传热系数 K /[W/(m^2·K)]	遮阳系数 SC	围护结构平均热流量/(W/m^2)	围护结构节能百分比/%	备　注
1	基准幕墙	6	0.7	336.46	0	非隔热型材 非镀膜单玻
2	节能幕墙	2.0	0.35	166.99	50.4	隔热型材 镀膜中空玻璃
3	双层幕墙	<1.0	0.2	101.16	69.9(39.5)	

注：计算以北京地区夏季为例，建筑体形系数取 0.3，窗墙面积比取 0.7，外墙(包括非透明幕墙)传热系数取 0.6 W/(m^2·K)，室外温度取 34℃，室内温度取 26℃，夏季垂直面太阳辐射照度取 690 W/m^2，室外风速取 1.9 m/s，内表面换热系数取 8.3 W/m^2。

(a) 单层幕墙办公环境

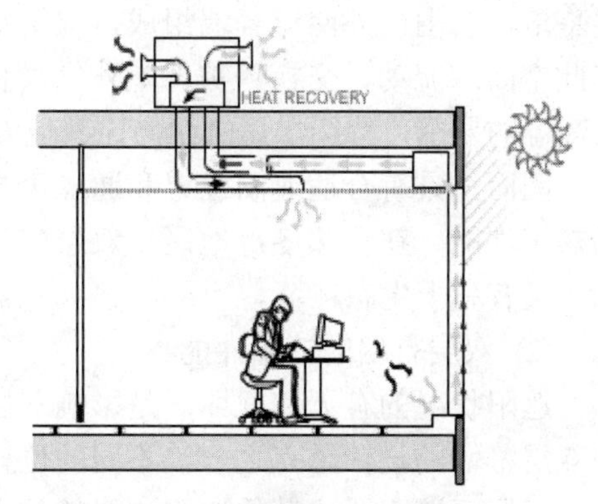

(b) 智能型呼吸式幕墙办公环境

图 7.2　单层幕墙和智能型呼吸式幕墙的办公环境

(4) 隔声降噪。

双层幕墙特制的内外双层构造、缓冲区和内层全密封方式，使其隔声性能比传统幕墙高一倍以上(内层玻璃幕墙开窗时 45 dB，关窗时 67 dB)，为营造舒适、宁静的生活环境必不可少。

(5) 安全性能。

双层幕墙下雨时可通风，雨不会进入室内，可保持物品安全，通风时风速柔和，东西不会被风卷走。双层幕墙物品不易坠落，而且两道玻璃幕墙防护有利于防盗。

(6) 双层玻璃幕墙的缺点。

目前，有些双层幕墙由于设计不当会造成炎热夏季室内过热、缺乏对有害气体的净化能力等；同时，双层幕墙也具有立面造价增加 1.5～2 倍、立面清洁维护费用高等缺点。

4) 双层幕墙的工作原理

(1) 冬季保温工作原理。

进入冬季，关闭呼吸幕墙的出气口，使缓冲区形成温室。白天太阳照射使温室内空气蓄热，温度升高，内层幕墙的外片玻璃温度升高，从而降低内层幕墙内外的温差，有效阻止室内热量向外扩散。夜间室外温度降低，由缓冲区内蓄热空气向外层幕墙补偿热量，而室内热量得到相应保持，因而无论白天和夜间，均可实现保温功能。

(2) 夏季隔热工作原理。

进入夏季，打开出气口，利用空气流动热压原理和烟囱效应，使双层玻璃幕墙由进气口吸入空气进入缓冲区，缓冲区内气体受热，产生由下向上的热运动，由出气口把“双层”玻璃幕墙内的热气体排到外面，从而降低内层幕墙温度，起到隔热作用。

5) 双层幕墙节能技术

(1) 双层幕墙的热适应性。

双层玻璃幕墙在四个朝向均有较好的热工性能(双层间遮阳的双层幕墙相对于采取内遮阳的单层幕墙)，尤其是西向。但前提条件是保证双层玻璃幕墙的空腔间层有较好的通风状况。经测试，南向实验室内温差有6℃～7℃，北向实验室内温差也有4℃～5℃，而西向实验室竟达17℃之多。传统的单层玻璃幕墙的维护结构为一层玻璃，由于玻璃的通透性，夏季阳光直射到室内，直接产生温室效应，造成室内过热。而双层玻璃幕墙不同于传统的单层幕墙，它由内外两道幕墙组成，双层空腔间层处于空气流动的可控制状态，室内外热量在此空间内流动、交换，实现室外气候和室内小环境的过滤器和缓冲层作用。不难理解，在高温的夏季，持续烘烤的西向比其他方向更能体现这种过滤缓冲效应带来的差异。

因而，具有合适遮阳位置和通风模式的双层玻璃幕墙比传统的单层玻璃幕墙具有更佳的热工性能。在夏热冬冷地区，双层玻璃幕墙会直接降低空调的使用时间，不仅节约了能源，又有利于生态环境。

(2) 双层幕墙的遮阳性能。

遮阳状况的有无和好坏，是影响双层幕墙室内热环境的关键因素，而其中遮阳的位置是双层幕墙的设计重点之一，不同的位置将对其功效产生不同影响。在有通风的前提条件下，双层间遮阳要比其他遮阳方式的效果好，不仅降低了室内空气温度，而且减少了遮阳构件所占用的建筑室内使用面积，实现了在节能的前提下保持建筑物表面光洁的设计初衷，没有作任何热防护的单层玻璃幕墙的隔热效能则最差。值得注意的是在没有通风的情况下，双层间遮阳的综合相对 U 值要高于外遮阳的单层皮，也就是说前者不能保证较好的通风时，其空腔间层的烟囱效应无法发挥作用，隔热效能反而不好。

因而，对于双层幕墙而言，除了正确设计以外，正确使用也是十分重要的。采用双层间遮阳并配合恰当的通风方式是双层幕墙在夏季不可或缺的条件。

(3) 双层幕墙的通风性能。

通风状况的好坏，是影响双层幕墙空腔间层和室内热环境的基本因素。由于通风，幕墙空腔内二次辐射热较快地从出风口导出，由此影响到双层幕墙内层玻璃内外表面的温度，又直接影响到室内温度。有通风的双层幕墙比无通风的在夏季具有更佳的防热能力。

在夏天强烈的阳光辐射下，双层幕墙空腔换气层往往温度较高，若是进出风口的自然通风无法实现，反而急剧增加了制冷的负荷，这对于夏季炎热地区是致命的缺点。所以，在夏季保证双层幕墙空腔间层良好的通风条件，是发挥双层幕墙优越性的关键所在。

(4) 双层幕墙的节能效果。

双层幕墙在夏季具有良好的节能效应。在有通风条件下，双层间有遮阳的双层幕墙和内遮阳的单层幕墙的能耗比较实验当中，双层幕墙室内温度在空调设定的工作温度27℃上下波动，空调正常间歇时间为30～45 min。然而，单层幕墙室内温度从9:30～17:00一直在空调工作温度以上，并于中午 13:30 出现峰值 32℃，空调持续工作。单层幕墙其他时段内空调的间歇时间也比双层幕墙要短一些。24 小时能耗比较，无论双层幕墙空腔间层有无通风，都比单层幕墙要节能 14%。即便在单层幕墙采取外遮阳的情况下，双层玻璃幕墙也要节能 5.9%。

能耗对比试验所采用的单层玻璃幕墙是把其中一个双层玻璃幕墙实验房外层的玻璃拿掉后形成，其内层由一半复合铝板和一半 8 mm 白玻组合成外皮。而真正意义上的传统单层玻璃幕墙是整片大玻璃覆盖立面，比实验站使用的单层玻璃幕墙多出一半的直接接受热辐射的面积，室内外换热量多出一倍，因此能耗也要增加将近一倍。这样理解的话，实际上双层幕墙比单层幕墙要节能约 50%。

2. 光电幕墙(屋顶)节能技术

人类对太阳能的利用很早就开始了，最早可追溯到 20 世纪二三十年代。在 20 世纪六七十年代，太阳能光伏电池已经在实际使用中获得了不错的效果，但由于当时的光伏组件转换率不高，同时价格昂贵，所以没有得到大面积的推广。

人类真正大规模应用太阳能进行光伏发电还是在本世纪初，2000 年前后，在以德国为首的欧美国家的大力倡导和扶持下，太阳能热潮席卷了全球，促成了太阳能光伏产业的快速发展。光电幕墙可就地发电、就地使用，减少电力输送过程中的费用和能耗，省去输电费用；自发自用，有削峰的作用，带储能可以用作备用电源；分散发电，避免传输和分电损失(5%～10%)，降低输电和分电投资及维修成本；并使建筑物的外观更有魅力。

1) 光电幕墙(屋顶)的概念

光电幕墙(屋顶)是将传统幕墙(屋顶)与光生伏特效应(光电原理)相结合的一种新型建筑幕墙(屋顶)，主要是利用太阳能来发电的一种新型的绿色的能源技术。

2) 光电电池基本原理

光电幕墙(屋顶)的基本单元为光电板，而光电板是由若干个光电电池(又名太阳能电池)进行串、并联组合而成的电池阵列，把光电板安装在建筑幕墙(屋顶)相应的结构上就组成了光电幕墙(屋顶)。

(1) 光电现象。

1839 年，法国物理学家 A.E.贝克威尔观察到光照在浸入电解液的锌电板上产生了电流，将锌板换成带铜的氧化物半导体，其效果更为明显。1954 年美国科学家发现从石英中提取出来的硅板在光的照射下能产生电流，并且硅越纯，作用越强，并利用此原理做了光电板，称为硅晶光电电池。

(2) 硅晶光电电池分类。

硅晶光电电池可分为单晶硅电池、多晶硅电池和非晶硅电池。

单晶硅光电电池表面规则稳定，通常呈黑色，效率为 14%～17%。

多晶硅光电电池结构清晰，通常呈蓝色，效率约 12%～14 %。

非晶硅光电电池透明、不透明或半透明，透过 12%的光时，颜色为灰色，效率为 5%～7%。

(3) 光电板基本结构。

光电板上层一般为 4 mm 白色玻璃，中层为光伏电池组成的光伏电池阵列，下层为 4 mm

的玻璃，其颜色可任意，上下两层和中层之间一般用铸膜树脂(EVA)热固而成，光电电池阵列被夹在高度透明、经加固处理的玻璃中，背面是接线盒和导线。模板尺寸：500 mm×500 mm至2100 mm×3500 mm。从接线盒中穿出的导线一般有两种构造：一种是从接线盒穿出的导线在施工现场直接与电源插头相连，这种结构比较适合于表面不通透的建筑物，因为仅外片玻璃是透明的；另一种是导线从装置的边缘穿出，导线隐藏在框架之间，这种结构比较适合于透明的外立面，从室内可以看见此装置。

(4) 光电幕墙的基本结构。

光电模板安装在建筑幕墙(屋顶)的结构上则组成光电幕墙，一般情况下，建筑幕墙的立柱和横梁都采用的是断热铝型材，除了要满足《玻璃幕墙工程技术规范》JGJ 102—2016和《建筑幕墙》GB/T 21086—2007要求之外，刚度一般高一些为好，同时，光电模板要能够便于更换。

3) 光电幕墙设计

(1) 光电幕墙(屋顶)产生电能的计算公式如下：

$$PS=H\times A\times \eta\times K$$

式中：PS——光电幕墙(屋顶)每年生产的电能(兆焦/年) (MJ/a)。

H——光电幕墙(屋顶)所在地区，每平方米太阳能一年的总辐射[MJ/(m²·a)]，可参照表7.2查取。

A——光电幕墙(屋顶)光电面积(m²)。

η——光电电池效率，建议单晶硅η=12%；多晶硅η=10%；非晶硅η=8%。

K——参正系数。

$$K=K_1\cdot K_2\cdot K_3\cdot K_4\cdot K_5\cdot K_6$$

式中，各分项系数建议值如下：

K_1——光电电池长期运行性能参正系数，K_1=0.8；

K_2——灰尘引起光电板透明度的性能参正系数，K_2=0.9；

K_3——光电电池升温导致功率下降参正系数，K_3=0.9；

K_4——导电损耗参正系数，K_4=0.95；

K_5——逆变器效率，K_5=0.85；

K_6——光电模板朝向修正系数，其数值可参考表7.3选取。

3600 J=3600 W/s=3.6 kW/s=0.001 kW·h

表7.2 我国太阳辐射资源带

资源带号	名称	指标
Ⅰ	资源丰富带	≥6 700 MJ/(m²·a)
Ⅱ	资源较富带	5 400～6 700 MJ/(m²·a)
Ⅲ	资源一般带	4 200～5 400 MJ/(m²·a)
Ⅳ	资源贫乏带	<4 200 MJ/(m²·a)

表 7.3　光电板朝向与倾角的修正系数 K_6

幕墙方向	光电阵列与地平面的倾角			
	0°	30°	60°	90°
东	93%	90%	78%	55%
南-东	93%	96%	88%	66%
南	93%	100%	91%	68%
南-西	93%	96%	88%	66%
西	93%	90%	78%	55%

(2) 光电幕墙设计需注意以下问题。

① 光电幕墙设计必须考虑美观、耐用。

② 光电幕墙设计必须具备基本的建筑功能。

③ 光电幕墙设计必须满足建筑设计规范(载荷、受力)。

④ 太阳能光伏发电系统：必须安全、稳定、可靠。

⑤ 当地的气象因素是太阳能系统今后发挥效能的最重要影响因素。

⑥ 由于工程所在地的气象条件不同，包括不同的基本风压、雪压；安装的位置不同，如屋面、立面、雨篷等，都会使围护系统的受力结构不同。

⑦ 结晶硅玻璃可以有任意尺寸，非晶硅(薄膜电池)光伏组件的规格不能随意进行切割，进行分割时也必须充分考虑。

⑧ 光伏幕墙走线在胶缝或型材腔内，也可以在明框幕墙的扣盖内，即可以走线隐蔽的空隙内。

⑨ 光伏并网逆变系统(并网逆变器)和交、直流配电系统也是设计中要考虑的重要部分。

⑩ 光伏发电对于建筑的要求涉及方位角和倾角的问题，比如城市中央建筑物林立，很容易造成遮挡，这样会使发电量减少。

4) 光电幕墙安装与维护

(1) 安装地点要选择光照比较好、周围无高大的物体遮挡太阳光照的地方。当安装面积较大的光电板时，安装地方要适当宽阔一些，避免碰损光电板。

(2) 通常光电板总是朝向赤道，在北半球其表面朝南，在南半球其表面朝北。

(3) 为了更好利用太阳能，并使光电板全年接受太阳辐射量比较均匀，一般将其倾斜放置。光电电池阵列表面与地平面的夹角称为阵列倾角。

(4) 当阵列倾角不同时，各个月份光电板表面接收到太阳辐射量差别很大。有的资料认为：阵列倾角可以等于当地的纬度，但这样又往往会使夏季光电阵列发电过多而造成浪费，而冬天则由于光照不足而造成亏损。也有些资料认为：所取阵列倾角应使全年辐射量最弱的月份能得到最大的太阳辐射量，但这样又往往会使夏季所得辐射量削弱过多而导致全年得到的总辐射量偏小。在选择阵列倾角时，应综合考虑太阳辐射的连续性、均匀性和冬季极大性等因素。大体来说，在我国南方地区，阵列倾角可比当地纬度增加 10°～15°；在北方地区，阵列倾角可比当地纬度增加 5°～10°。

(5) 光电幕墙(屋顶)的导线布线要合理，防止因布线不合理而漏水、受潮、漏电，进而腐蚀光电电池，缩短其寿命；为了防止夏天温度较高影响光电电池的效率，提高光电板寿命，还应注意光电板的散热。

(6) 光电幕墙(屋顶)安装还应注意以下几点。

① 安装时最好用指南针确定方位，光电板前不能有高大建筑物或树木等遮蔽阳光。

② 仔细检查地脚螺钉是否结实可靠，所有螺钉、接线柱等均应拧紧，不能有松动。

③ 光电幕墙和光电屋顶都应有有效的防雷、防火装置和措施，必要时还要设置驱鸟装置。

④ 安装时不要同时接触光电板的正负两极，以免短路烧坏或电击，必要时可用不透明材料覆盖后接线、安装。

⑤ 安装光电板时，要轻拿轻放，严禁碰撞、敲击，以免损坏。注意组件、二极管、蓄电池、控制器等电器极性不要接反。

⑥ 光电幕墙(屋顶)每年至少进行两次常规性检查，时间最好在春天和秋天。首先检查各组件的透明外壳及框架有无松动和损坏，可用软布、海绵和淡水对表面进行清洗除尘，最好在早晚清洗，避免在白天较热的时候用冷水冲洗。

⑦ 除了定期维护之外，还要经常检查和清洗，遇到狂风、暴雨、冰雹、大雪等天气应及时采取防护措施，并在事后进行检查，只有检查合格后才能正常使用。

5) 光电幕墙经济效益

(1) 某市某工程南立面单晶硅光伏幕墙装机容量为50 kWp，年发电量见表7.4。

表7.4 某工程南立面单晶硅光伏幕墙年发电量

参数名称	数 值
水平面年辐照度/(MJ/m^2)	4421
当地纬度/度	32
光伏阵列倾角/度	90
光伏阵列容量/kWp	50
光伏系统损耗/%	35
直射辐照度/(MJ/m^2)	5213
阵列平面辐照度/(MJ/m^2)	2762
光伏系统年发电量/(kW·h)	42998
光伏系统日发电量/(1kWh=1度)	119
平均每天满功率小时数/h	2.35
每千瓦小时电耗煤/g	390
年节省标准煤/T	10.6
年减排二氧化碳/T	27.6
年减排二氧化碳/万立方米	1.39
年减排二氧化硫/T	0.127
年减排氮氧化物/T	0.212
年减排粉尘/T	0.132
年减排灰渣/T	2.80

(2) 薄膜光伏幕墙投入产出计算。

2009年，财建〔2009〕129号《太阳能光电建筑应用财政补助资金管理暂行办法》颁布，其中明确指出“2009年补助标准原则上定为20元/Wp”。

以装机容量为50kWp计算，国家的财政补助为20×50 000=100万元人民币；

光伏幕墙每平米的容量为100Wp，容量为50kWp需500(50 000/100)m^2光伏幕墙，每平米光伏幕墙4000元，光伏幕墙造价为：500×4000=200(万元)；

如此处安装常规幕墙的费用为500×1000=50(万元)；

安装光伏幕墙比安装普通幕墙前期多投入200−100−50=50(万元)；

光伏幕墙年产电量价值42 998度×0.8元/度=3.44万元。

光电幕墙(屋顶)在中国的大规模推广应用，除了有关研究开发机构及公司企业的努力之外，很重要的一个方面，还需要政府有关机构和部门对其重要性和迫切性进一步提高认识，进一步扩展其战略规划和发展计划，制定有效的扶持政策和措施，加强指导和引导，使光电幕墙、光电屋顶在尽可能短的的时间内，大规模合理应用、健康发展。

3. 被动房

1) 基本概念

被动房，是各种技术产品的集大成者，是通过充分利用可再生能源使所有消耗的一次性能源总和不超过120kW・h/(m^2・a)的房屋。如此低的能耗标准，是通过高隔热隔音、密封性强的建筑外墙和可再生能源实现的。

被动房是国外倡导的一种全新节能建筑概念，也是我国推动建筑节能工作的重要契机和平台。位于河北省石家庄市河北省建筑科技研发中心的中德被动式低能耗办公建筑，是2012年中德国际技术合作项目，为河北省乃至全国首例采用德国被动房标准设计的公共建筑。该建筑地下1层，地上6层，建筑占地面积约2100 m^2，总建筑面积14 119 m^2，地下约2100 m^2，地上约12 000 m^2，其中被动房区域为地上1～6层，主要功能为科研办公、技术展示、小型办公会议等。

2) 被动房的发展历史

“被动房”建筑的概念是在德国20世纪80年代低能耗建筑的基础上建立起来的。1988年瑞典隆德大学的阿达姆森教授和德国的菲斯特首先提出这一概念，他们认为被动房应该是不用主动的采暖和空调系统就可以维持室内舒适热环境的建筑。1991年在德国的达姆施塔特建成了第一座“被动房”建筑(Passive House Darmstadt Kranichstein)，在建成至今的二十几年里，该建筑一直按照设计的要求正常运行，取得了很好的效果。

世界上最大的被动办公楼energon丁2002年建于德国的乌尔姆。按照达姆施塔特被动房机构公布的要求，建筑必须在年热能需求、热负荷、空气密度和基本能源需求等方面符合特定的标准，才能称为合格的“被动房”。

“被动房”的建筑方式不受楼宇类型的限制，包括办公楼宇、住房、校舍、体育馆以及工业用房。因此普通建筑可以通过改建达到“被动房”的标准要求，具有广泛的实践意义。在德国、奥地利、瑞士和意大利共计有6000多栋被动房投入使用，而“汉堡之家”将成为中国境内首座获得认证的“被动房”。

3) 被动房设计基本规定

(1) 被动式房屋的规划和设计，应充分利用场地的自然资源，建筑朝向宜为南北向或接近南北向。

(2) 被动式房屋应满足自然通风要求并符合现行国家标准《民用建筑供暖通风与空气调节设计规范》GB 50736—2016的相关规定。

(3) 被动式房屋应充分利用自然光，房屋采光应符合现行国家标准《建筑采光设计标准》GB 50033—2013的规定。起居室与书房的自然采光应满足书写和阅读要求。

(4) 电梯、水泵、照明、家用电器等用能设备应为符合国家有关标准规定的节能产品。

(5) 宜选用可再生能源作为被动式房屋的主要用能来源。

(6) 被动式房屋宜符合紧凑型设计原则，体形系数宜小于0.4。

(7) 被动式房屋的外围护结构，应符合下列规定：外围护结构的保温层应连续完整，严禁出现结构性热桥，外围护结构应采用外保温系统，外保温系统的连接锚栓应采取阻断热桥措施。

(8) 被动式房屋的气密层，应符合下列规定：房屋应具有包绕整个采暖体积的、连续完整的气密层；每一居住单元应具有包绕整个采暖体积的、连续完整的气密层；由不同材料构成的气密层的连接处，必须妥善处理，以保证气密层的完整性。

4) 被动房室内环境规定

(1) 室内环境应全年处于舒适状态并符合下列规定。

① 室内温度宜为20℃～26℃，超出该温度范围的频率不宜大于10%。

② 室内相对湿度宜为35%～65%。

③ 室内二氧化碳浓度不宜大于1000 ppm。

④ 围护结构非透明部分内表面温差不得超过3℃。围护结构内表面温度不得低于室内温度3℃。

⑤ 室内一侧门窗不得出现结露。

(2) 室内允许噪声级应符合下列规定。

① 卧室、起居室和书房≤30 dB。

② 放置新风机组的设备机房≤35 dB。

(3) 房屋的气密性。室内气密性应符合在室内外压差50 Pa的条件下，每小时换气次数不超过0.6次的规定。

5) 被动房能耗和负荷规定

(1) 房屋单位面积采暖控制指标应符合下列规定。

房屋单位面积的年采暖需求 Q_h≤15 kW·h/(m²·a)；

房屋单位面积采暖负荷 Q_h≤10 W/m²。

(2) 房屋单位面积制冷控制指标应符合下列规定：

房屋单位面积的年制冷需求 Q_h≤15 kW·h/(m²·a)；

房屋单位面积制冷最大负荷 Q_h≤20 W/m²。

6) 被动房一次能源需求规定

(1) 房屋能源需求必须用一次能源需求计量。

(2) 房屋的一次能源需求，应同时符合下列规定：

采暖房屋单位面积年一次能源需求≤60 kW·h/(m²·a)；

制冷房屋单位面积年一次能源需求≤60 kW·h/(m²·a)；

通风房屋单位面积年一次能源需求≤60 kW・h/(m²・a)；

房屋单位面积年一次能源总需求≤120 kW・h/(m²・a)。

7) 被动房通风系统设计规定

(1) 被动式房屋应设置带有高效热回收系统的通风系统，并满足每人每小时 30 m^3 新风量的要求。

(2) 通风系统的热回收效率宜≥75%，通风系统的热回收率由选用机组的性能决定；通风系统的通风电力需求宜≤0.45 wh/m^3。

8) 被动房照明和遮阳设计规定

(1) 被动式房屋的立面设计宜满足自然光日间照明的要求。当利用自然光照明时，应符合现行国家标准《建筑照明设计标准》GB 50034—2013 的规定。

(2) 对于地下车库等需要日间照明的地下设施，宜采用太阳能光照系统满足日间照明的要求。

(3) 被动式房屋的南向外窗，宜采用水平固外遮阳设施。其挑出长度宜同时满足夏季太阳光不直射到室内和冬季日照尽量充足的要求。

(4) 被动式房屋的东西向外窗，可采用固定或活动外遮阳设施。活动外遮阳设施应具有良好的耐久性和光线调节功能且宜具有智能调光和抗风措施。

9) 被动房防火设计规定

(1) 防火设计必须符合现行国家标准《建筑设计防火规范》GB 50016—2014 的规定。

(2) 应采用燃烧性能等级不小于 B_1 级的保温材料。

(3) 木结构房屋应采用燃烧等级为 A_1 级的保温材料。

(4) 防火隔离带的墙体应为砌体或混凝土墙体。

(5) 当采用燃烧等级为 B_1 级的保温材料作外墙保温材料时，应设置水平环绕型防火隔离带或在门窗洞口三侧设置防火隔离带。

(6) 防火隔离带应采用遇火时结构足够稳定且不可燃的岩棉材料。

(7) 当采用环绕型防火隔离带时，应符合下列规定。

① 外墙保温系统应沿楼层每层设置环绕型防火隔离带。

② 岩棉防火隔离带的宽度应不小于 300 mm。过梁下沿与防火隔离带下沿之间的最大距离不得超过 500 mm；内外两层岩棉防火隔离带应错缝处理，错缝宽度不得小于 50 mm。内外两层岩棉防火隔离带的大街高度不得小于 200 mm。

③ 如果位于防火隔离带区域的窗户在高度上有位移，可以通过下移下沉窗户处的防火隔离带来确保其和过梁之间的距离不超过 500 mm；对于向上延伸的窗户，必须将防火隔离带围绕窗洞上移，移动的距离不得超过 1000 mm。

(8) 当在门洞洞口三侧设置防火隔离带时，必须在其上侧和双侧至少贴满 300 mm 高/宽的符合规定的岩棉条，内外两层岩棉防火隔离带应错缝处理，错缝宽度不得小于 50 mm，内外两层岩棉防火隔离带的大街高度不得小于 200 mm。

(9) 门窗、百叶窗或卷帘窗与防火隔离带相交的节点处可能会出现保温性能降低的现象，该节点处应符合下列规定。

① 室内一侧不得出现结露。

② 室内一侧任何一点的温度不得低于其他围护结构内表面温度 3℃。

(10) 防火隔离带的安装，应符合下列规定。

① 防火隔离带只允许采用水泥(矿物)聚合物砂浆贴在基层墙体上。

② 除贴满岩棉条之外，还应将防火隔离带进行锚固，按照每个岩棉条至少配置两个锚栓数的要求，将锚栓固定在防火隔离带的半高处，相邻锚栓间距不得超过600 mm。

10) 被动房案例——汉堡之家

汉堡之家是中国境内首座获得认证的被动房，是以位于汉堡“港口新城”沙门码头的被动房 H_2O 大楼为原型所建，采用了被动房的节能建筑原则，是上海世博会德国汉堡市城市最佳实践区案例馆。“汉堡之家”每平方米一年消耗相当于 50 度电的能量，仅相当于普通办公楼的1/4。它在屋顶上安装的光能利用设备可以提供建筑所需电能的90%，而地源热泵装置则为整个建筑的制冷和供暖供给能量。

在德国，被动房消耗的外部能源一般只有普通房屋的 10%，由于上海的光照条件优于德国，所以“汉堡之家”所需的外部能源可能更少。

“汉堡之家”的墙体用砖表面上看与一般红砖无异，但其隔热保温性能极好；窗户采用 3 层特制玻璃，木质窗架中有特别的隔热材料，保温和气密性好，降低了冬季和夏季的采暖、制冷能耗。此外，阳光、人体或室内电器等热源能满足屋内大部分热需求，中央通风设备可以为所有房间提供经过加热或冷却的除湿新风。

考虑到上海地区冬冷夏热的气候特点，设计人员将玻璃幕墙安装在“汉堡之家”北面，西面和南面则安装特制的窗户，能根据阳光的照射情况自动开关，从而更好地隔热。

(1) 太阳能设备供电。

被动房是融合各种建筑节能技术于一体的建筑范例，简而言之，被动房的概念是指房屋在建造之后不再主动向外要求能源，除了建造时的能源需求，设备调试、太阳能启动时使用外部能源，其他时候便能实现能源的自给自足。

“汉堡之家”建筑的红色砖墙是北德特有的，外形极富北德地区风格。“汉堡之家”的屋顶装有450 m^2 的光伏发电设备，可以提供建筑运行和使用所需80%左右的电能；再加上具有良好保温和气密性的外墙结构，使得该建筑不仅能提供良好的室内舒适度，还大幅度降低能源需求。

(2) 地下水泵取暖制冷。

被动房内没有空调，它通过几种技术的结合实现冬暖夏凉，其中很重要的一部分是地下水泵，它位于35m的地下，通过管道循环利用地下水，实现采暖和制冷。同时，建筑的通风装置也与热循环系统相连。“汉堡之家”采用了一台德国运来的具有热回收、制冷和除湿功能的通风装置，其热回收功率和制冷功率在80%～90%，最大限度减少了能量损失。

被动房并非只是概念，还有严格的量化标准，如被动房对能源的需求是每年不超过50 kW·h/m^2，采暖需求则是每年15 kW·h/m^2 以下。相比之下同等规模建筑每年的能源需求至少要300 kW·h/m^2。除了电力供应自己资助，“汉堡之家”原本还打算把多余的电能返还给电网。

7.2　装配式结构

【学习目标】了解装配式结构的基本概念、发展现状、含义，掌握装配式结构的基本特征和关键技术。

《国务院办公厅关于大力发展装配式建筑的指导意见》(国办发〔2016〕71号)指出“装配式建筑是用预制部品部件在工地装配而成的建筑。发展装配式建筑是建造方式的重大变革，是推进供给侧结构性改革和新型城镇化发展的重要举措，有利于节约资源能源、减少施工污染、提升劳动生产效率和质量安全水平，有利于促进建筑业与信息化工业化深度融合、培育新产业新动能、推动化解过剩产能。”

1. 装配式建筑

将建筑的部分或全部构件在工厂预制完成，然后运至施工现场，将构件通过可靠的连接方式组装而成的建筑，称为装配式建筑。

预制构件分为预制钢构件、预制混凝土构件。

装配整体式混凝土结构(PC)由预制混凝土构件通过可靠的连接方式装配而成。

20世纪80年代以预制空心板为主要预制构件的装配式建筑造型单一、功能不全、抗震性能不佳、易渗漏。

新的装配式建筑吸收国外先进技术(连接技术)，充分考虑结构整体抗震性能，形成了以装配整体式建筑为主流的装配式建造技术。

2. 我国装配式建筑发展现状

2012年以来，党的十八大提出“走新型工业化道路”，国务院办公厅转发《绿色建筑行动方案》。

2016年2月，《中共中央国务院关于进一步加强城市规划建设管理工作的若干意见》发布。

2016年3月，李克强总理《2016年政府工作报告》积极推广绿色建筑和建材，大力发展钢结构和装配式建筑，提高建筑工程标准和质量。

2016年9月27日，《国务院办公厅关于大力发展装配式建筑的指导意见》发布。

2017年2月，《关于促进建筑业持续健康发展的意见》提出要推广智能和装配式建筑，大力发展装配式混凝土和钢结构建筑，在具备条件的地方倡导发展现代木结构建筑。

2017年3月24日，《“十三五”装配式建筑行动方案》、《装配式建筑示范城市管理办法》、《装配式建筑产业基地管理办法》发布。

3. 装配式建筑的意义

(1) 有利于大幅降低建造过程中的能源资源消耗。

据统计，相对于传统的现浇建造方式，装配式建筑可节水约25%，降低抹灰砂浆用量约55%，节约模板木材约60%，降低施工能耗约20%。

(2) 有利于减少施工过程造成的环境污染影响。

显著降低施工粉尘和噪声污染，减少建筑垃圾70%以上。

(3) 有利于显著提高工程质量和安全。

以工业化代替传统手工湿作业，既能确保部品部件质量，提高施工精度，大幅减少建筑质量通病，又能减少事故隐患，降低劳动者工作强度，提高施工安全性。

(4) 有利于提高劳动生产率。

缩短综合施工周期25%～30%。工厂生产与现场施工相比，生产效率明显提高。

(5) 有利于促进形成新兴产业。

促进建筑业与工业制造产业及信息产业、物流产业、现代服务业等深度融合，对发展新经济、新动能，拉动社会投资促进经济增长具有积极作用。

装配式建筑与传统现浇建筑的区别见表7.5。

表7.5　装配式建筑与传统现浇建筑的区别

内　容	预制装配式混凝土结构	现浇混凝土结构
生产效率	现场装配，生产效率高，减少人力成本； 5～6天一层楼，人工减少50%以上	现场工序多，生产效率低，人力投入大； 需6～7天一层，靠人海战术和低价劳动力
工程质量	误差控制毫米级，墙体无渗漏、无裂缝； 室内可实现100%无抹灰工程	误差控制厘米级，空间尺寸变形较大； 部品安装难以实现标准化，基层质量差
技术集成	可实现设计、生产、施工一体化、精细化； 通过标准化、装配化形成集成技术	难以实现装修部品的标准化、精细化； 难以实现设计、施工一体化、信息化
资源节约	施工节水60%、节材20%、节能20%； 垃圾减少80%，脚手架、支撑架减少70%	水耗大、用电多、材料浪费严重； 产生的垃圾多，大量脚手架、支撑架
环境保护	施工现场无扬尘、无废水、无噪声	施工现场有扬尘、废水、垃圾、噪声

4. 装配式建筑根本特征

(1) 在设计角度，体现为标准化、模式化的设计方法。

(2) 生产环节强调构件在工厂中制作完成的生产工业化。

(3) 现场施工机械化，施工现场的主要工作是对预制构件进行拼装。

(4) 强调结构主体与建筑装饰装修、机电管线预埋一体化，实现了高完成度的设计及各专业集成化的设计。

(5) 建造过程信息化，需要在设计建造过程中引入信息化手段，采用BIM技术进行设计、施工、生产、运营与项目管理全产业链整合。

5. 装配式混凝土建筑结构体系和关键技术

在装配式建筑中，设计与生产存在着不可分割的联系：设计便于在生产制造中降低成本；生产工艺改进促进提高设计灵活性，设计与工艺是两个互利互进的关键环节。

1) 工业化建筑的设计分析

(1) 构件详图。制作适合生产的构件详图，包括模板图、配筋图。

(2) 模具图纸设计。符合模具设计的初步构件图可以在构件外观尺寸确定后提供，设计师根据需要可审核模具图。

(3) 模具加工。尽量考虑模具使用的通用性及重复利用率。

(4) 工厂备料。设计确定构件的所有预埋件型号、外饰面材料、门窗型号等。

(5) 绑筋、组模、预埋、构件图中需明确标示配筋要求、预埋件的定位、防雷设置要求，注意位置需避免。

(6) 混凝土浇筑。构件图需表达不同构件所用混凝土的标号。

(7) 脱模、养护。构件图需表达脱模的吊点、吊具型号及位置。

2) 工业化建筑的构件运输

从构件运输角度来看深化设计需考虑以下几个环节。

(1) 构件养护。是否达到脱模、起吊强度要求，要求达到设计强度的 75%以上。

(2) 成品堆放。构件详图明确构件编号、楼栋号、层号、轴线及构件顺序，构件表面喷涂相应信息。

(3) 成品质检。对应构件详图检验钢筋外露尺寸、构件尺寸等，发放合格证或准用证。

(4) 构件装车。构件拆分尺寸考虑车辆宽度及载重要求，配备专用构件运输架。

(5) 构件质量检查。深化设计图纸明确构件验收标准。

3) 工业化建筑的现场安装

目前，装配式混凝土结构施工采用预制装配与现场现浇相结合的施工工艺，该技术的关键在于提高劳动效率和机械化水平。

在装饰、机电施工工业化方面，力求取消或大大减少现场湿作业，消除砌筑抹灰等强体力劳动，减少手工作业，最大程度地实行工厂预制、现场组装的工艺。

门窗全部在工厂制作并组装成整体运至现场整体安装，外门窗也要在预制外墙板的生产厂内安装完成后再出厂。

卫浴、厨房宜采取标准模数式设计，采用标准部配件和定型设备，有条件最好采用厕、厨匣子结构，在厂内整套组装好后运至现场整体安装。

装饰工程和机电工程工作量虽然不如结构工程大，但品种复杂、工序频繁、相互交错，并且不少项目在工厂内预制有诸多不便，需进一步探索。

7.3　BIM 技术应用

【学习目标】了解 BIM 技术的基本概念、含义，掌握 BIM 技术的特点和地位。

近几年，不同地区在绿色建筑节能方面出现许多新措施，进一步降低了建筑能耗，达到了建筑节能的新标准。

1. 基本概念

建筑信息模型(Building Information Modeling，BIM)，是以三维数字技术为基础，集成了建筑工程项目各种相关信息的工程数据模型，是对工程项目相关信息的详尽表达。建筑信息模型是数字技术在建筑工程中的直接应用，以解决建筑工程在软件中的描述问题，使设计人员和工程技术人员能够对各种建筑信息做出正确的应对，并为协同工作提供坚实的基础。

建筑信息模型同时又是一种应用于设计、建造、管理的数字化方法，这种方法支持建筑工程的集成管理环境，可以显著提高建筑工程在其整个进程中的效率和大量减少风险。

2. BIM的优势

1) 设计阶段的主要优势

(1) 空间三维复杂形态的表达。

设计者的灵感在BIM技术的辅助下发挥得更加淋漓尽致，思路随着模型的不断深化更加清晰；而施工者能够应用BIM技术更加准确地捕捉设计者的设计理念，从而真实地再现设计者脑海中或精致、或宏伟、或灵动、或庄重的建筑造型。

(2) 协同设计、冲突碰撞检查。

(3) 自动协调更改。自动协调更改包括参数化修改引擎和关联变更。

(4) 可进行多种分析。主要包括结构分析、节能分析、造价分析(数据库中丰富数据信息)以及空间分析、体量分析、效果图分析(三维可视化表现方式)等。

2) 施工阶段的主要优势

(1) 提供有关建筑质量、进度以及成本的信息。

(2) 直接无纸化加工建造。

(3) 可视化模拟、可视化管理。促进建筑量化，生成最新的评估与施工规划(展示场地使用情况或更新调整情况的规划)。

(4) 提高文档的质量，节省过程与管理问题上的资金投入。

3) 运营管理阶段的主要优势

(1) 同步提供有关建筑使用情况或性能、入住人员与容量、建筑已用时间以及建筑财务方面的信息。

(2) 提供数字更新记录，并改善搬迁规划与管理。

(3) 建筑的物理信息(完工情况、承租人或部门分配、家具和设备库存)和关于可出租面积、租赁收入或部门成本分配的重要财务数据。

3. BIM的应用前景

1) 业主

(1) 记录和评估存量物业。

用BIM模型来记录和评估已有物业可以为业主更好地管理物业生命周期运营的成本，如果能够集成物业的BIM信息和业主的业务决策和管理系统，就能使业主如虎添翼。

(2) 产品规划。

通过BIM模型使设计方案和投资回报分析的财务工具集成，业主就可以实时了解设计方案变化对项目投资收益的影响。

(3) 设计评估和招投标。

通过BIM模型帮助业主检查设计院提供的设计方案在满足多专业协调、规划、消防、安全以及日照、节能、建造成本等各方面要求上的表现，保证提供正确和准确的招标文件。

(4) 项目沟通和协同。

利用BIM的3D、4D(三维模型+时间)、5D(三维模型+时间+成本)模型和投资机构、政府主管部门以及设计、施工、预制、设备等项目方进行沟通和讨论，大大节省决策时间和减少由于理解不同带来的错误。

(5) 和 GIS 系统集成。

无论业内人士还是公众都可以用和真实世界同样的方法利用物业的信息，对营销、物业使用和应急响应等都有极大帮助。

(6) 物业管理和维护。

BIM 模型包括了物业使用、维护、调试手册中需要的所有信息，同时为物业改建、扩建、重建或退役等重大变化提供了完整的原始信息。

2) 设计方

(1) 方案设计。

使用 BIM 技术除能进行造型、体量和空间分析外，还可以同时进行能耗分析和建造成本分析等，使得初期方案决策更具有科学性。

(2) 扩初设计。

建筑、结构、机电各专业建立 BIM 模型，利用模型信息进行能耗、结构、声学、热工、日照等分析，各种干涉检查和规范检查，以及工程量统计等。

(3) 施工图。

各种平面、立面、剖面图纸和统计报表都从 BIM 模型中得到。

(4) 设计协同。

设计中有十几个甚至几十个专业需要协调，包括设计计划、互提资料、校对审核、版本控制等。

(5) 设计工作重心前移。

目前设计师将 50%以上的工作量用在施工图阶段，以至于设计师得到了一个无奈的但又名副其实的称号“画图匠”，BIM 可以帮助设计师把主要精力放在方案和扩初阶段，恢复设计师的本来面目。

3) 承包商

(1) 虚拟建造。

在 BIM 模型中使用实际产品进行物理碰撞(硬碰撞)和规则碰撞(软碰撞)检查。

(2) 施工分析和规划。

BIM 和施工计划集成的 4D 模型，实现时间—空间合成以后的碰撞检查。

(3) 成本和工期管理。

BIM、施工计划和采购计划集成的 5D 模型。

(4) 预制。

BIM 和数控制造集成的自动化工厂预制。

(5) 现场施工。

BIM 和移动技术、RFID 技术以及 GPS 技术集成的现场施工情况动态跟踪。

4. BIM 软件的特点

(1) 参数化设计。

BIM 工具描述的是墙体、门、窗等建筑构件。整个设计过程就是不断地确定和修改各种建筑构件的参数。

(2) 构件关联变化、智能互动。

BIM 软件立足于数据关联的技术进行三维建模，模型中的构件存在关联关系。

(3) 单一建筑模型。

BIM 软件建立起来的模型是建筑设计的成果。

(4) 统一的关系数据库实现了信息集成。

在 BIM 中，有关建筑工程所有基本构件的数据都存放在统一的数据库中。

所有数据都分为两类：基本数据和附属数据；基本数据是模型的本身，附属数据指模型以外的数据，也称扩展数据。

(5) 能有更多的时间搞设计思想。

通过 BIM，建筑师只要完成设计构思、建筑成型信息模型，就可以立即生成各种施工图。

具有较好的协调性，在后期的调整设计中工作量是很少的。

(6) 丰富的附加功能。

由于丰富的附属数据，BIM 软件可以方便地统计各类门窗表、材料表和各类综合表格。

BIM 也可用于各种性能分析。

(7) 实现信息共享、协同工作。

BIM 支持 XML，实现了在整个建筑设计过程的全生命周期中的协同设计，从而也可以对各种信息进行有效的管理和应用，保证工程高效、顺利进行。

5. BIM 在数字化建筑设计中的作用与地位

1) 全新的信息化设计方法

应用 BIM 能将建筑设计的 4 个阶段：概念设计、初步设计、详细设计、经济评价结合在一起，降低整个设计成本，提高工作效率，保证质量。

2) BIM 是进行协同设计的基础

未来的建筑设计必须向集成化、协同设计的方向发展。集成化分两个方面：设计信息集成化、设计过程集成化。有了信息的集成化，才可以信息共享，实现协同设计。

3) BIM 是实现集成化的基础

BIM 为设计人员增加了附加设计能力；BIM 减少了设计错误，提高了设计效率，建筑师在 BIM 基础上可以进行更多的附加工作。

4) 效果图，动画虚拟现实

主要包括各类统计表格、进行各类性能的可视化分析、对建筑的整个生命周期进行管理等。通过丰富的设计工具和附加的能力，使设计人员的设计创造了更多的价值。

5) BIM 在建筑节能设计中的应用

主要包括应用 BIM 进行节能分析的方法、将 BIM 与节能分析软件集成、通过 XML 实现建筑设计与能耗分析的互操作等。

7.4 绿色建筑碳排放计算

【学习目标】了解绿色建筑碳排放计算的基本概念、基本规定，掌握绿色建筑碳排放计算方法。

根据联合国环境规划署计算，建筑行业消耗了全球 30%～40%的能源，并排放了几乎占全球30%的温室气体，如果不提高建筑能效，降低建筑用能和碳排放，到2050年建筑行业温室气体排放将占总排放量的50%以上。

通过对不同绿色建筑设计方案的全生命期碳排放进行计算比较，可优选绿色建筑设计方案、能源系统方案和低碳建材，为绿色建筑低碳建造和运行提供技术依据。

1. 基本概念

1) 建筑碳排放

与建筑物有关的建材生产及运输、建造及拆除、运行阶段产生的温室气体排放的总和，以二氧化碳当量表示。

2) 计算边界

与建筑物建材生产及运输、建造及拆除、运行等活动相关的温室气体排放的计算范围。

3) 碳排放因子

将能源与材料消耗量与二氧化碳排放相对应的系数，用于量化建筑物不同阶段相关活动的碳排放。

4) 建筑碳汇

在划定的建筑物项目范围内，绿化、植被从空气中吸收并存储的二氧化碳量。

5) 全球变暖潜值

在固定时间范围内1 kg物质与二氧化碳(CO_2)的脉冲排放引起的时间累积辐射力的比。

2. 基本规定

(1) 建筑物碳排放计算应以单栋建筑或建筑群为计算对象。

(2) 建筑物碳排放计算方法用于建筑设计阶段对碳排放量进行计算，或在建筑物建造后对碳排放进行核算。

(3) 建筑物碳排放计算应根据不同需求按阶段进行计算，并可将分段计算结果累计为建筑全生命期碳排放。

(4) 碳排放计算应包含《IPCC国家温室气体清单指南》中列出的各类温室气体。

(5) 建筑运行、建造及拆除阶段中因电力消耗造成的碳排放计算，应采用由国家相关机构公布的区域电网平均碳排放因子。

(6) 建筑碳排放量应按建筑碳排放计算标准提供的方法和数据进行计算，宜采用基于国家标准计算方法和数据开发的建筑碳排放计算软件计算。

3. 运行阶段碳排放计算

(1) 建筑运行阶段碳排放计算范围应包括暖通空调、生活热水、照明及电梯、可再生能源、建筑碳汇系统在建筑运行期间的碳排放量。

(2) 碳排放计算中采用的建筑设计寿命应与设计文件一致，设计文件不能提供时，应按50年计算。

(3) 建筑物碳排放的计算范围应为建设工程规划许可证范围内能源消耗产生的碳排放和可再生能源及碳汇系统的减碳量。

(4) 建筑运行阶段碳排放量应根据各系统不同类型能源消耗和不同类型能源的碳排放因子确定，单位建筑面积的总碳排放(C_M)应按式(7-1)、(7-2)计算：

$$C_M = \frac{\left[\sum_{i=1}^{n}(E_i EF_i) - C_p\right] y}{A} \tag{7-1}$$

$$E_i = \sum_{j=1}^{n}(E_{i,j} - ER_{i,j}) \tag{7-2}$$

式中：C_M——建筑运行阶段单位建筑面积碳排放(kg/m^2)；

E_i——建筑第 i 类能源年消耗(a)；

EF_i——第 i 类能源的碳排放因子；

$E_{i,j}$——j 类系统的第 i 类能源消耗(a)；

$ER_{i,j}$——j 类系统消耗由可再生能源系统提供的第 i 类能源(a)；

i—— 建筑消耗终端能源类型，包括电力、燃气、石油、市政热力等；

j——建筑用能系统类型，包括供暖空调、照明、生活热水系统等；

C_p——建筑绿地碳汇系统年减碳(kgCO_2/m^2)；

y——建筑设计寿命(a)；

A——建筑面积(m^2)。

(5) 绿色建筑运营阶段暖通空调系统、生活热水系统、照明及电梯系统、可再生能源系统能耗或提供能源需分别计算。

4. 建造及拆除阶段碳排放计算

(1) 建筑建造阶段的碳排放应包括完成各分部分项工程施工产生的碳排放和各项措施项目实施过程产生的碳排放。

(2) 建筑拆除阶段的碳排放应包括人工拆除和使用小型机具机械拆除使用的机械设备消耗的各种能源动力产生的碳排放。

(3) 建筑建造和拆除阶段的碳排放的计算边界应符合下列规定。

① 建造阶段碳排放计算时间边界应从项目开工起至项目竣工验收止，拆除阶段碳排放计算时间边界应从拆除起至拆除肢解并从楼层运出止。

② 建筑施工场地区域内的机械设备、小型机具、临时设施等使用过程中消耗的能源产生的碳排放应计入。

③ 现场搅拌的混凝土和砂浆、现场制作的构件和部品，其产生的碳排放应计入。

④ 建造阶段使用的办公用房、生活用房和材料库房等临时设施的施工和拆除可不计入。

5. 建材生产及运输阶段碳排放计算

(1) 建材碳排放应包含建材生产阶段及运输阶段的碳排放，并应按现行国家标准《环境管理 生命周期评价原则与框架》GB/T 24040—2016、《环境管理 生命周期评价要求与指南》GB/T 24044—2016 计算。

(2) 建材生产及运输阶段的碳排放应为建材生产阶段碳排放与建材运输阶段碳排放之和，并应按式(7-3)计算：

$$C_{jc} = \frac{C_{sc} + C_{ys}}{A} \tag{7-3}$$

式中：C_{jc}——建材生产及运输阶段单位建筑面积的碳排放量($kg\ CO_2e / m^2$)；

C_{sc}——建材生产阶段碳排放量($kg\ CO_2e$)；

C_{ys}——建材运输过程碳排放量($kg\ CO_2e$)；

A——建筑面积(m^2)。

(3) 建材生产及运输阶段碳排放计算应包括建筑主体结构材料、建筑围护结构材料、建筑构件和部品。纳入计算的主要建筑材料的确定应符合下列规定。

① 所选主要建筑材料的总重量应不低于建筑中所耗建材总重量的95%。

② 当符合上述条款的规定时，重量比小于0.1%的建筑材料可不计算。

7.5　绿色建筑提高与创新评价标准

【学习目标】掌握绿色建筑提高与创新评价标准。

1. 一般规定

(1) 绿色建筑评价时，应按本章规定对提高与创新项进行评价。

(2) 提高与创新项得分为加分项得分之和，当得分大于100分时，应取为100 分。

2. 加分项

(1) 采取措施进一步降低建筑供暖空调系统的能耗，评价总分值为30分。建筑供暖空调系统能耗相比国家现行有关建筑节能标准降低40%，得10分；每再降低10%，再得5分，最高得30分。

(2) 采用适宜地区特色的建筑风貌设计，因地制宜传承地域建筑文化，评价分值为20分。

(3) 合理选用废弃场地进行建设，或充分利用尚可使用的旧建筑，评价分值为8分。

(4) 场地绿容率不低于3.0，评价总分值为5分，并按下列规则评分。

① 场地绿容率计算值不低于3.0，得3分。

② 场地绿容率实测值不低于3.0，得5分。

(5) 采用符合工业化建造要求的结构体系与建筑构件，评价分值为10分，并按下列规则评分。

① 主体结构采用钢结构、木结构，得10分。

② 主体结构采用装配式混凝土结构，地上部分预制构件应用混凝土体积占混凝土总体积的比例达到35%，得5分；达到50%，得10分。

(6) 应用建筑信息模型 (BIM) 技术，评价总分值为15分。

在建筑的规划设计、施工建造和运行维护阶段中的一个阶段应用，得 5 分；两个阶段应用，得10分；三个阶段应用，得15分。

(7) 进行建筑碳排放计算分析，采取措施降低单位建筑面积碳排放强度，评价分值为12分。

(8) 按照绿色施工的要求进行施工和管理，评价总分值为20分，并按下列规则分别评分并累计。

① 获得绿色施工优良等级或绿色施工示范工程认定，得8 分。

② 采取措施减少预拌混凝土损耗，损耗率降低至 1.0%，得 4 分。

③ 采取措施减少现场加工钢筋损耗，损耗率降低至 1.5%，得 4 分。

④ 现浇混凝土构件采用铝模等免墙面粉刷的模板体系，得 4 分。

(9) 采用建设工程质量潜在缺陷保险产品，评价总分值为 20 分，并按下列规则分别评分并累计。

① 保险承保范围包括地基基础工程、主体结构工程、屋面防水工程和其他土建工程的质量问题，得 10 分。

② 保险承保范围包括装修工程、电气管线、上下水管线的安装工程，供热、供冷系统工程的质量问题，得 10 分。

(10) 采取节约资源、保护生态环境、保障安全健康、智慧友好运行、传承历史文化等其他创新，并有明显效益，评价总分值为 40 分。每采取一项，得 10 分，最高得 40 分。

项 目 实 训

【实训内容】

学生到绿色建筑实地现场调研，完成调研报告。

【实训目的】

为了让学生了解绿色建筑提高和创新的新技术，全面增强理论知识和实践能力，尽快了解企业、接受企业文化熏陶，提升整体素质，为今后的专业学习培养感性认识，为确定学习目标打下思想理论基础。

【实训要点】

(1) 学生必须高度重视，服从领导安排，听从教师指导，严格遵守实习单位的各项规章制度和学校提出的纪律要求。

(2) 学生在实习期间应认真、勤勉、好学、上进，积极主动完成调研报告。

(3) 学生在实习中应做到：①将所学的专业理论知识同实习单位实际和企业实践相结合；②将思想品德的修养同良好职业道德的培养相结合；③将个人刻苦钻研同虚心向他人求教相结合。

【实训过程】

1) 实训准备

(1) 做好实训前相关资料查阅，熟悉绿色建筑新技术的基本要求。

(2) 联系参观企业现场，提前沟通好各个环节。

2) 调研内容

调研内容主要包括绿色建筑项目概况；绿色建筑新技术、新措施和新方法；绿色建筑的特色和创新等。

3) 调研步骤

(1) 领取调研任务。

(2) 分组并分别确定实训企业和现场地点。
(3) 亲临现场参观调研并记录。
(4) 整理调研资料，完成调研报告。
4) 教师指导点评和疑难解答
5) 部分带队讲解
6) 进行总结

【实训项目基本步骤表】

步　骤	教师行为	学生行为
1	交代实训工作任务背景，引出实训项目	分好小组； 准备调研工具，施工现场戴好安全帽
2	布置现场调研应做的准备工作	
3	使学生明确调研步骤和内容，帮助学生落实调研企业	
4	学生分组调研，教师巡回指导	完成调研报告
5	点评调研成果	自我评价或小组评价
6	布置下节课的实训作业	明确下一步的实训内容

【项目评估】

项目：		指导老师：
项目技能	技能达标分项	备　注
调研报告	内容完整　得2.0分 符合施工现场情况　得2.0分 佐证资料齐全　得1.0分	根据职业岗位所需，技能需求，学生可以补充完善达标项
自我评价	对照达标分项　得3分为达标 对照达标分项　得4分为良好 对照达标分项　得5分为优秀	客观评价
评议	各小组间互相评价 取长补短，共同进步	提供优秀作品观摩学习

自我评价　　　　　　　　　　　　个人签名

小组评价　达标率＿＿＿＿＿＿　　　组长签名＿＿＿＿＿＿＿＿

　　　　　良好率＿＿＿＿＿＿

　　　　　优秀率＿＿＿＿＿＿

年　　月　　日

小　结

双层幕墙是由外层幕墙、热通道和内层幕墙(或门、窗)构成，且在热通道内可以形成空气有序流动的建筑幕墙。双层幕墙根据通风层结构的不同可分为“封闭式内通风”和“敞开式外通风”两种。

光电幕墙(屋顶)是将传统幕墙(屋顶)与光生伏特效应(光电原理)相结合的一种新型建筑幕墙(屋顶)，主要是利用太阳能来发电的一种新型的绿色能源技术。

被动房，是各种技术产品的集大成者，是通过充分利用可再生能源使所有消耗的一次性能源总和不超过 $120kW \cdot h/(m^2 \cdot a)$的房屋。如此低的能耗标准，是通过高隔热隔声、密封性强的建筑外墙和可再生能源得以实现的。

将建筑的部分或全部构件在工厂预制完成，然后运至施工现场，将构件通过可靠的连接方式组装而成的建筑，称为装配式建筑。

建筑信息模型(Building Information Modeling，BIM)，以三维数字技术为基础，集成了建筑工程项目各种相关信息的工程数据模型，是对工程项目相关信息的详尽表达。建筑信息模型同时又是一种应用于设计、建造、管理的数字化方法，这种方法支持建筑工程的集成管理环境，可以使建筑工程效率在其整个进程中显著提高并大量减少风险。

建筑碳排放是建筑物在与其有关的建材生产及运输、建造及拆除、运行阶段产生的温室气体排放的总和，以二氧化碳当量表示。

绿色建筑提高与创新评价标准包括一般规定和加分项。

习　题

思考题

1. 什么是双层幕墙？双层幕墙有哪些类型？
2. 双层玻璃幕墙具有哪些特点？
3. 双层幕墙节能技术有哪些？
4. 何谓光电幕墙？
5. 光电电池基本原理有哪些？
6. 何谓被动房？被动房有哪些设计规定？
7. 何谓装配式建筑？装配式建筑有何特征？
8. 装配式建筑的关键技术有哪些？
9. 何谓建筑信息模型 BIM？有何优势和应用前景？
10. 何谓建筑碳排放？
11. 运行阶段碳排放如何计算？
12. 绿色建筑提高与创新评价标准有哪些？

第8章 绿色施工

【内容提要】

本章以绿色施工为对象，主要讲述绿色施工的基本概念、原则、基本要求和绿色施工整体框架、绿色施工技术和绿色施工新技术等内容，并在实训环节提供绿色施工专项技术实训项目，作为本教学章节的实践训练项目，以供学生训练和提高。

【技能目标】

- 通过对绿色施工概念的学习，巩固已学的绿色施工的基本知识，了解绿色施工的基本概念、原则、基本要求和绿色施工整体框架等。
- 通过对绿色施工技术的学习，要求学生掌握绿色施工管理、环境保护技术要点、节材与材料资源利用技术要点、节水与水资源利用的技术要点、节能与能源利用技术要点、节地与施工用地保护等技术要点。
- 通过对绿色施工新技术的学习，要求学生了解基坑施工封闭降水技术、施工过程水回收利用技术、预拌砂浆技术、外墙外保温体系施工技术等绿色施工新技术。
- 通过对绿色施工评价标准的学习，掌握建筑工程绿色施工评价标准，能够对建筑工程绿色施工进行评价。

本章是为了全面训练学生对绿色施工的掌握能力，检查学生对绿色施工内容知识的理解和运用程度而设置的。

【项目导入】

在我国经济快速发展的现阶段，建筑业大量消耗资源能源，对环境也有较大影响。我国尚处于经济快速发展阶段，年建筑量世界排名第一，建筑规模已经占到世界的 45%。我国已连续 19 年蝉联世界第一水泥生产大国，因水泥生产排放的二氧化碳高达 5.5 亿吨，而美国仅为 0.5 亿吨。年混凝土搅拌与养护用自来水 10 亿吨，而国家每年缺水 60 亿吨。

建筑垃圾问题也相当严重。据北京、上海两地统计，施工 1 万平方米的建筑垃圾达 500～600 吨，均是由新材料演变而生，属施工环节中明显的浪费资源、浪费材料。

这些高污染、高消耗的数字令人触目惊心。

绿色施工作为建筑全寿命周期中的一个重要阶段，是实现建筑领域资源节约和节能减排的关键环节。绿色施工是指工程建设中，在保证质量、安全等基本要求的前提下，通过科学管理和技术进步，最大限度地节约资源并减少对环境负面影响的施工活动，实现节能、节地、节水、节材和环境保护(“四节一环保”)。实施绿色施工，应依据因地制宜的原则，贯彻执行国家、行业和地方相关的技术经济政策。

8.1 绿色施工的概念

【学习目标】了解绿色施工的基本概念、原则、基本要求和绿色施工总体框架。

1. 绿色施工的基本概念

绿色施工是指工程建设中，通过施工策划、材料采购，在保证质量、安全等基本要求的前提下，通过科学管理和技术进步，最大限度地节约资源与减少对环境负面影响的施工活动，强调的是从施工到工程竣工验收全过程的节能、节地、节水、节材和环境保护(“四节一环保”)的绿色建筑核心理念。

实施绿色施工，应依据因地制宜的原则，贯彻执行国家、行业和地方相关的技术经济政策。绿色施工应是可持续发展理念在工程施工中全面应用的体现，并不仅仅是指在工程施工中实施封闭施工，没有尘土飞扬，没有噪声扰民，在工地四周栽花、种草，实施定时洒水等这些内容，它涉及可持续发展的各个方面，如生态与环境保护、资源与能源利用、社会与经济的发展等内容。

2. 绿色施工原则

绿色施工是建筑全寿命周期中的一个重要阶段。实施绿色施工，应进行总体方案优化。在规划、设计阶段，应充分考虑绿色施工的总体要求，为绿色施工提供基础条件。

实施绿色施工，应对施工策划、材料采购、现场施工、工程验收等各阶段进行控制，加强对整个施工过程的管理和监督。绿色施工基本原则如下。

1) 减少场地干扰、尊重基地环境

绿色施工要减少场地干扰。工程施工过程会严重扰乱场地环境，这一点对于未开发区域的新建项目尤其严重。场地平整、土方开挖、施工降水、永久及临时设施建造、场地废物处理等均会对场地上现存的动植物资源、地形地貌、地下水位等造成影响；还会对场地内现存的文物、地方特色资源等带来破坏，影响当地文脉的继承和发扬。因此，施工中减少场地干扰、尊重基地环境对于保护生态环境，维持地方文脉具有重要的意义。业主、设计单位和承包商应当识别场地内现有的自然、文化和构筑物特征，并通过合理的设计、施工和管理将这些特征保存下来。可持续的场地设计对于减少这种干扰具有重要的作用。就工程施工而言，承包商应结合业主、设计单位对承包商使用场地的要求，制订满足这些要求的、能尽量减少场地干扰的场地使用计划，计划中应明确以下事项。

(1) 场地内哪些区域将被保护、哪些植物将被保护，并明确保护的方法。

(2) 怎样在满足施工、设计和经济方面要求的前提下，尽量减少清理和扰动的区域面积，尽量减少临时设施及施工用管线。

(3) 场地内哪些区域将被用作仓储和临时设施建设，如何合理安排承包商、分包商及各工种对施工场地的使用，减少材料和设备的搬动。

(4) 各工种为了运送、安装和其他目的对场地通道的要求。

(5) 废物将如何处理和消除，如有废物回填或填埋，应分析其对场地生态、环境的影响。

(6) 怎样将场地与公众隔离。

2) 施工结合气候

承包商在选择施工方法、施工机械，安排施工顺序，布置施工场地时应结合气候特征，这可以减少因为气候原因而带来的施工措施的增加、资源和能源用量的增加，有效地降低施工成本；可以减少因为额外措施对施工现场及环境的干扰；可以有利于施工现场环境质量品质的改善和工程质量的提高。

承包商要能做到施工结合气候，首先要了解现场所在地区的气象资料及特征，主要包括：降雨、降雪资料，如全年降雨量、降雪量、雨季起止日期、一日最大降雨量等；气温资料，如年平均气温、最高最低气温及持续时间等；风的资料，如风速、风向和风的频率等。

施工结合气候主要体现在以下几个方面。

(1) 承包商应尽可能合理地安排施工顺序，使会受到不利气候影响的施工工序能够在不利气候来临前完成。如在雨季来临之前，完成土方工程、基础工程的施工，以减少地下水位上升对施工的影响，减少其他需要增加的额外雨季施工保证措施。

(2) 安排好全场性排水、防洪，减少对现场及周边环境的影响。

(3) 施工场地布置应结合气候，符合劳动保护、安全、防火的要求。产生有害气体和污染环境的加工场(如沥青熬制、石灰熟化)及易燃的设施(如木工棚、易燃物品仓库)应布置在下风向，且不危害当地居民；起重设施的布置应考虑风、雷电的影响。

(4) 在冬季、雨季、风季、炎热夏季施工中，应针对工程特点，尤其是对混凝土工程、土方工程、深基础工程、水下工程和高空作业等，选择适合的季节性施工方法或有效措施。

3) 绿色施工要求节水节电环保

节约资源(能源)建设项目通常要使用大量的材料、能源和水资源，减少资源的消耗、节约能源、提高效益、保护水资源是可持续发展的基本观点。施工中资源(能源)的节约主要有以下几方面内容。

(1) 水资源的节约利用。通过监测水资源的使用，安装小流量的设备和器具，在可能的场所采取重新利用雨水或施工废水等措施来减少施工期间的用水量，降低用水费用。

(2) 节约电能。通过监测利用率，安装节能灯具和设备、利用声光传感器控制照明灯具、采用节电型施工机械，合理安排施工时间等降低用电量，节约电能。

(3) 减少材料的损耗。通过更仔细地采购、合理的现场保管、减少材料的搬运次数、减少包装、完善操作工艺、增加摊销材料的周转次数等降低材料在使用中的消耗，提高材料的使用效率。

(4) 可回收资源的利用。可回收资源的利用是节约资源的主要手段，也是当前应加强的方向。主要体现在两个方面：①使用可再生的或含有可再生成分的产品和材料，这有助于将可回收部分从废弃物中分离出来，同时减少了原始材料的使用，即减少了自然资源的消耗；②加大资源和材料的回收利用、循环利用，如在施工现场建立废物回收系统，再回收或重复利用在拆除时得到的材料，这可减少施工中材料的消耗量或通过销售来增加企业的收入，也可降低企业运输或填埋垃圾的费用。

4) 减少环境污染，提高环境品质

绿色施工要求减少环境污染。工程施工中产生的大量灰尘、噪声、有毒有害气体、废物等会对环境品质造成严重的影响，也将有损于现场工作人员、使用者以及公众的健康。因此，减少环境污染，提高环境品质也是绿色施工的基本原则，提高与施工有关的室内外空气品质是该原则的最主要内容。施工过程中，扰动建筑材料和系统所产生的灰尘，从材料、产品、施工设备或施工过程中散发出来的挥发性有机化合物或微粒均会引起室内外空气品质问题。许多挥发性有机化合物或微粒会对人群健康构成潜在的威胁和损害，这些威胁和损伤有些是长期的，甚至是致命的，需要特殊的安全防护。而且在建造过程中，这些空气污染物也可能渗入邻近的建筑物，并在施工结束后继续留在建筑物内。这种影响尤其对那些需要在房屋使用者在场的情况下进行施工的改建项目更需引起重视。常用的提高施工场地空气品质的绿色施工技术措施如下。

(1) 制定有关室内外空气品质的施工管理计划。

(2) 使用低挥发性的材料或产品。

(3) 安装局部临时排风或局部净化和过滤设备。

(4) 进行必要的绿化，经常洒水清扫，防止建筑垃圾堆积在建筑物内，储存好可能造成污染的材料。

(5) 采用更安全、健康的建筑机械或生产方式，如用商品混凝土代替现场混凝土搅拌，可大幅度地消除粉尘污染。

(6) 合理安排施工顺序，尽量减少一些建筑材料，如地毯、顶棚饰面等对污染物的吸收。

(7) 对于施工时仍在使用的建筑物而言，应将有毒的工作安排在非工作时间进行，并与通风措施相结合，在进行有毒工作时以及工作完成以后，用室外新鲜空气对现场通风。

(8) 对于施工时仍在使用的建筑物而言，将施工区域保持负压或升高使用区域的气压会有助于防止空气污染物污染使用区域。

(9) 对于噪声的控制也是防止环境污染，提高环境品质的一个方面。当前中国已经出台了一些相应的规定对施工噪声进行限制。绿色施工也强调对施工噪声的控制，以防止施工扰民。合理安排施工时间，实施封闭式施工，采用现代化的隔离防护设备，采用低噪声、低振动的建筑机械如无声振捣设备等是控制施工噪声的有效手段。

5) 实施科学管理、保证施工质量

实施绿色施工，必须要实施科学管理，提高企业管理水平，使企业从被动地适应转变为主动地响应，使企业实施绿色施工制度化、规范化。这将充分发挥绿色施工对促进可持续发展的作用，增加绿色施工的经济性效果，增加承包商采用绿色施工的积极性。企业通过《环境管理体系》(ISO14001：20157)认证是提高企业管理水平，实施科学管理的有效途径。

实施绿色施工，尽可能减少场地干扰、提高资源和材料利用效率、增加材料的回收利用等，但采用这些手段的前提是确保工程质量。好的工程质量，可延长项目寿命、降低项目日常运行费用、利于使用者的健康和安全、促进社会经济发展，本身就是可持续发展的体现。

3. 绿色施工基本要求

(1) 我国尚处于经济快速发展阶段，作为大量消耗资源、影响环境的建筑业，应全面实施绿色施工，承担起可持续发展的社会责任。

(2) 绿色施工导则用于指导绿色施工，在建筑工程的绿色施工中应贯彻执行。

(3) 绿色施工是指工程建设中，在保证质量、安全等基本要求的前提下，通过科学管理和技术进步，最大限度地节约资源与减少对环境负面影响的施工活动，实现“四节一环保”(节能、节地、节水、节材和环境保护)。

(4) 绿色施工应符合国家的法律、法规及相关的标准规范，实现经济效益、社会效益和环境效益的统一。

(5) 实施绿色施工，应依据因地制宜的原则，贯彻执行国家、行业和地方相关的技术经济政策。

(6) 运用 ISO 18000 管理体系，将绿色施工有关内容分解到管理体系目标中去，使绿色施工规范化、标准化。

(7) 鼓励各地区开展绿色施工的政策与技术研究，发展绿色施工的新技术、新设备、新材料与新工艺，推行应用示范工程。

4. 绿色施工总体框架

绿色施工导则中绿色施工总体框架由施工管理、环境保护、节材与材料资源利用、节水与水资源利用、节能与能源利用、节地与施工用地保护 6 个方面组成(图 8.1)。这六个方面涵盖了绿色施工的基本指标，同时包含了施工策划、材料采购、现场施工、工程验收等各阶段的指标的子集。

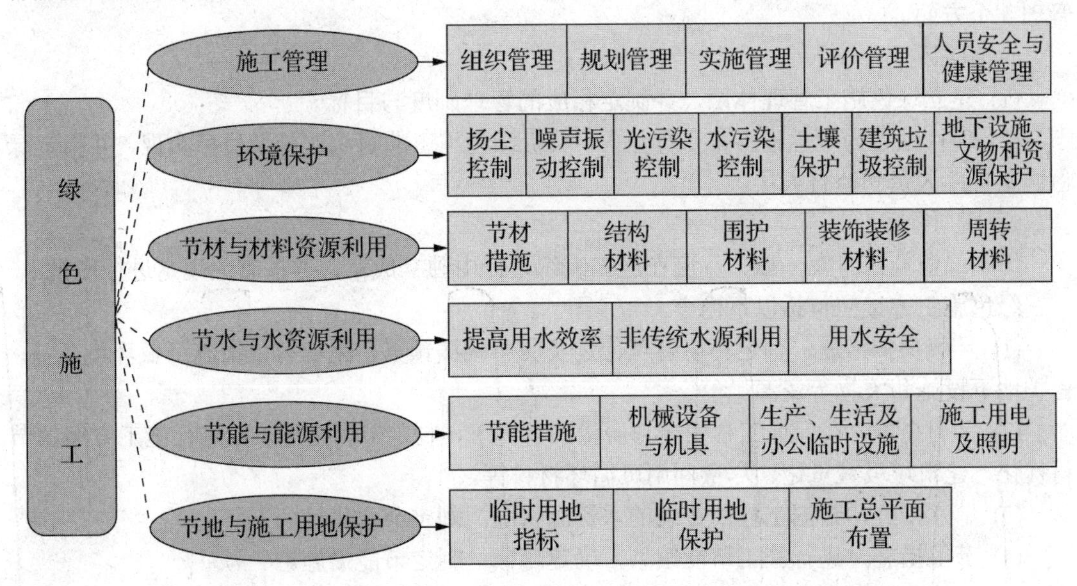

图 8.1　绿色施工总体框架

《绿色施工导则》作为绿色施工的指导性原则，共有 6 大块内容：①总则；②绿色施工原则；③绿色施工总体框架；④绿色施工要点；⑤发展绿色施工的新技术、新设备、新材料、新工艺；⑥绿色施工应用示范工程。在这 6 大块内容中，总则主要是考虑设计、施工一体化问题，施工原则强调的是对整个施工过程的控制。

绿色施工总体框架与绿色建筑评价标准结构相同，明确这样的指标体系，是为将来制定“绿色建筑施工评价标准”打基础。

在绿色施工总体框架中，将施工管理放在第一位是有其深层次考虑的。我国工程建设发展的情况是体量越做越大，基础越做越深，所以施工方案是绿色施工中的重大问题。如地下工程的施工，无论是采用明挖法、盖挖法、暗挖法、沉管法还是冷冻法，都会涉及工期、质量、安全、资金投入、装备配置、施工力量等一系列问题，对此《绿色施工导则》在施工管理中，对施工方案确定均有具体规定。

8.2 绿色施工技术措施

【学习目标】掌握绿色施工管理、环境保护技术要点、节材与材料资源利用技术要点、节水与水资源利用的技术要点、节能与能源利用技术要点、节地与施工用地保护等技术要点。

绿色施工技术要点包括绿色施工管理、环境保护技术要点、节材与材料资源利用技术要点、节水与水资源利用技术要点、节能与能源利用技术要点、节地与施工用地保护技术要点 6 方面内容，每项内容又有若干项要求。

1. 绿色施工管理

绿色施工管理主要包括组织管理、规划管理、实施管理、评价管理和人员安全与健康管理 5 个方面。

1) 组织管理

(1) 建立绿色施工管理体系，并制定相应的管理制度与目标。

(2) 项目经理为绿色施工第一责任人，负责绿色施工的组织实施及目标实现，并指定绿色施工管理人员和监督人员。

2) 规划管理

编制绿色施工方案，该方案应在施工组织设计中独立成章，并按有关规定进行审批。

绿色施工方案应包括以下内容。

(1) 环境保护措施，制定环境管理计划及应急救援预案，采取有效措施降低环境负荷，保护地下设施和文物等资源。

(2) 节材措施，在保证工程安全与质量的前提下，制定节材措施。如进行施工方案的节材优化、建筑垃圾减量化、尽量利用可循环材料等。

(3) 节水措施，根据工程所在地的水资源状况，制定节水措施。

(4) 节能措施，进行施工节能策划，确定目标，制定节能措施。

(5) 节地与施工用地保护措施，制定临时用地指标、施工总平面布置规划及临时用地节地措施等。

3) 实施管理

(1) 绿色施工应对整个施工过程实施动态管理，加强对施工策划、施工准备、材料采购、

现场施工、工程验收等各阶段的管理和监督。

(2) 应结合工程项目的特点，有针对性地对绿色施工作相应的宣传，通过宣传营造绿色施工的氛围。

(3) 定期对职工进行绿色施工知识培训，增强职工绿色施工意识。

4) 评价管理

(1) 对照本导则的指标体系，结合工程特点，对绿色施工的效果及采用的新技术、新设备、新材料与新工艺，进行自评估。

(2) 成立专家评估小组，对绿色施工方案、实施过程至项目竣工，进行综合评估。

5) 人员安全与健康管理

(1) 制订施工防尘、防毒、防辐射等职业危害的措施，保障施工人员的长期职业健康。

(2) 合理布置施工场地，保护生活及办公区不受施工活动的有害影响。施工现场建立卫生急救、保健防疫制度，在安全事故和疾病疫情出现时提供及时救助。

(3) 提供卫生、健康的工作与生活环境，加强对施工人员的住宿、膳食、饮用水等生活与环境卫生等管理，明显改善施工人员的生活条件。

绿色施工管理主要包括组织管理、规划管理、实施管理、评价管理和人员安全与健康管理 5 个方面。例如，组织管理要建立绿色施工管理体系，并制定相应的管理制度与目标；规划管理要编制绿色施工方案，该方案应在施工组织设计中独立成章，并按有关规定进行审批。

绿色施工应对整个施工过程实施动态管理，加强对施工策划、施工准备、材料采购、现场施工、工程验收等各阶段的管理和监督。

2. 绿色施工环境保护技术要点

绿色施工环境保护是个很重要的问题。建筑工程施工对环境的破坏很大，大气环境污染的主要污染源之一就是总悬浮颗粒，粒径小于 10 μm 的颗粒可以被人类吸入肺部，对健康十分有害。悬浮颗粒包括道路尘、土壤尘、建筑材料尘等的贡献。《绿色施工导则》(环境保护技术要点)对土方作业阶段、结构安装装饰阶段作业区目测扬尘高度明确提出了量化指标；对噪声与振动控制、光污染控制、水污染控制、土壤保护、建筑垃圾控制、地下设施、文物和资源保护等也提出了定性或定量要求。

1) 扬尘控制

(1) 运送土方、垃圾、设备及建筑材料等，不污损场外道路；运输容易散落、飞扬、流漏的物料的车辆，必须采取措施封闭严密，保证车辆清洁。施工现场出口应设置洗车槽。

(2) 土方作业阶段，采取洒水、覆盖等措施，达到作业区目测扬尘高度小于 1.5 m，不扩散到场区外。

(3) 结构施工、安装装饰装修阶段，作业区目测扬尘高度小于 0.5 m。对易产生扬尘的堆放材料应采取覆盖措施；对粉末状材料应封闭存放；场区内可能引起扬尘的材料及建筑垃圾搬运应有降尘措施，如覆盖、洒水等；浇筑混凝土前清理灰尘和垃圾时尽量使用吸尘器，避免使用吹风器等易产生扬尘的设备；机械剔凿作业时可用局部遮挡、掩盖、水淋等防护措施；高层或多层建筑清理垃圾应搭设封闭性临时专用道或采用容器吊运。

(4) 施工现场非作业区达到目测无扬尘的要求。对现场易飞扬物质采取有效措施，如洒水、地面硬化、围挡、密网覆盖、封闭等，防止扬尘产生。

(5) 构筑物机械拆除前，做好扬尘控制计划。可采取清理积尘、拆除体洒水、设置隔挡等措施。

(6) 构筑物爆破拆除前，做好扬尘控制计划。可采用清理积尘、淋湿地面、预湿墙体、屋面敷水袋、楼面蓄水、建筑外设高压喷雾状水系统、搭设防尘排栅和直升机投水弹等方式进行综合降尘，选择风力小的天气进行爆破作业。

(7) 在场界四周隔挡高度位置测得的大气总悬浮颗粒物(TSP)月平均浓度与城市背景值的差值不大于 0.08 mg/m^3。

2) 噪声与振动控制

(1) 现场噪声排放不得超过国家标准《建筑施工场界环境噪声排放标准》GB 12523—2011 的规定。

(2) 在施工场界对噪声进行实时监测与控制。

(3) 使用低噪声、低振动的机具，采取隔声与隔振措施，避免或减少施工噪声和振动。施工车辆进入现场严禁鸣笛。

3) 光污染控制

(1) 尽量避免或减少施工过程中的光污染。夜间室外照明灯加设灯罩，透光方向集中在施工范围。

(2) 电焊作业采取遮挡措施，避免电焊弧光外泄。

4) 水污染控制

(1) 施工现场污水排放应达到国家标准《污水综合排放标准》GB 8978—1996 的要求。

(2) 在施工现场应针对不同的污水，设置相应的处理设施，如沉淀池、隔油池、化粪池等。

(3) 污水排放应委托有资质的单位进行废水水质检测，提供相应的污水检测报告。

(4) 保护地下水环境。采用隔水性能好的边坡支护技术。在缺水地区或地下水位持续下降的地区，基坑降水尽可能少地抽取地下水；当基坑开挖抽水量大于 50 万立方米时，应进行地下水回灌，并避免地下水被污染。

(5) 对于化学品等有毒材料、油料的储存地，应有严格的隔水层设计，做好渗漏液收集和处理。

(6) 非传统水源和现场循环再利用水在使用过程中，应对水质进行检测。

(7) 砂浆、混凝土搅拌用水应达到《混凝土拌合用水标准》JGJ 63 的有关要求，并制订卫生保障措施，避免对人体健康、工程质量以及周围环境产生不良影响。

(8) 施工现场存放的油料和化学溶剂等物品应设有专门的库房，地面应做防渗漏处理。废弃的油料和化学溶剂应集中处理，不得随意倾倒。

(9) 施工机械设备检修及使用中产生的油污，应集中汇入接油盘中并定期清理。

(10) 食堂、盥洗室、淋浴间的下水管线应设置过滤网，并应与市政污水管线连接，保证排水畅通。食堂应设隔油池，并应及时清理。

(11) 施工现场宜采用移动式厕所，委托环卫单位定期清理。

5) 土壤保护

(1) 保护地表环境，防止土壤侵蚀、流失。因施工造成的裸土，要及时覆盖沙石或种植速生草种，以减少土壤侵蚀；因施工造成容易发生地表径流土壤流失的情况，应采取设置地表排水系统、稳定斜坡、植被覆盖等措施，减少土壤流失。

(2) 沉淀池、隔油池、化粪池等不发生堵塞、渗漏、溢出等现象，及时清掏各类池内沉淀物，并委托有资质的单位清运。

(3) 对于有毒有害废弃物，如电池、墨盒、油漆、涂料等应回收后交有资质的单位处理，不能作为建筑垃圾外运，避免污染土壤和地下水。

(4) 施工后应恢复施工活动破坏的植被(一般指临时占地内)。与当地园林、环保部门或当地植物研究机构进行合作，在先前开发地区种植当地或其他合适的植物，以恢复剩余空地地貌或科学绿化，补救施工活动中人为破坏植被和地貌造成的土壤侵蚀。

6) 建筑垃圾控制

(1) 制订建筑垃圾减量化计划，如住宅建筑，每万平方米的建筑垃圾不宜超过 400 吨。

(2) 加强建筑垃圾的回收再利用，力争建筑垃圾的再利用和回收率达到 30%，建筑物拆除产生的废弃物的再利用和回收率大于 40%。对于碎石类、土石方类建筑垃圾，可采用地基填埋、铺路等方式提高再利用率，力争再利用率大于 50%。

(3) 施工现场应设置封闭式垃圾站(或容器)，施工垃圾、生活垃圾应分类存放，并按规定及时清运消纳。对有毒有害废弃物的分类率应达到 100%；对有可能造成二次污染的废弃物必须单独储存，设置安全防范措施和醒目标识。

7) 地下设施、文物和资源保护

(1) 施工前应调查清楚地下各种设施，做好保护计划，保证施工场地周边的各类管道、管线、建筑物、构筑物的安全运行。

(2) 施工过程中一旦发现文物，立即停止施工，保护现场通报文物部门并协助做好工作。

(3) 避让、保护施工场区及周边的古树名木。

(4) 逐步开展统计分析施工项目的 CO_2 排放量，以及各种不同植被和树种的 CO_2 固定量的工作。

3. 节材与材料资源利用技术要点

1) 节材措施

(1) 图纸会审时，应审核节材与材料资源利用的相关内容，达到材料损耗率比定额损耗率降低 30%。

(2) 根据施工进度、库存情况等合理安排材料的采购、进场时间和批次，减少库存。

(3) 现场材料堆放有序，储存环境适宜，措施得当，保管制度健全，责任落实。

(4) 材料运输工具适宜，装卸方法得当，防止损坏和遗洒。根据现场平面布置情况就近卸载，避免和减少二次搬运。

(5) 采取技术和管理措施提高模板、脚手架等的周转次数。

(6) 优化安装工程的预留、预埋、管线路径等方案。

(7) 应就地取材，施工现场 300 km 以内生产的建筑材料用量占建筑材料总重量的 70%以上。

2) 结构材料

(1) 推广使用预拌混凝土和商品砂浆。准确计算采购数量、供应频率、施工速度等，在施工过程中动态控制。结构工程使用散装水泥。

(2) 推广使用高强钢筋和高性能混凝土，减少资源消耗。

(3) 推广钢筋专业化加工和配送。

(4) 优化钢筋配料和钢构件下料方案。钢筋及钢结构制作前应对下料单及样品进行复核，无误后方可批量下料。

(5) 优化钢结构制作和安装方法。大型钢结构宜采用工厂制作，现场拼装；宜采用分段吊装、整体提升、滑移、顶升等安装方法，减少方案的措施用材量。

(6) 采取数字化技术，对大体积混凝土、大跨度结构等专项施工方案进行优化。

3) 围护材料

(1) 门窗、屋面、外墙等围护结构选用耐候性及耐久性良好的材料，施工确保密封性、防水性和保温隔热性。

(2) 门窗采用密封性、保温隔热性能、隔音性能良好的型材和玻璃等材料。

(3) 屋面材料、外墙材料具有良好的防水性能和保温隔热性能。

(4) 当屋面或墙体等部位采用基层加设保温隔热系统的方式施工时，应选择高效节能、耐久性好的保温隔热材料，以减小保温隔热层的厚度及材料用量。

(5) 屋面或墙体等部位的保温隔热系统采用专用的配套材料，以加强各层次之间的粘结或连接强度，确保系统的安全性和耐久性。

(6) 根据建筑物的实际特点，优选屋面或外墙的保温隔热材料系统和施工方式，如保温板粘贴、保温板干挂、聚氨酯硬泡喷涂、保温浆料涂抹等，以保证保温隔热效果，并减少材料浪费。

(7) 加强保温隔热系统与围护结构的节点处理，尽量降低热桥效应。针对建筑物的不同部位保温隔热特点，选用不同的保温隔热材料及系统，以做到经济适用。

4) 装饰装修材料

(1) 贴面类材料在施工前，应进行总体排版策划，减少非整块材的数量。

(2) 采用非木质的新材料或人造板材代替木质板材。

(3) 防水卷材、壁纸、油漆及各类涂料基层必须符合要求，避免起皮、脱落。各类油漆及黏结剂应随用随开启，不用时及时封闭。

(4) 幕墙及各类预留预埋应与结构施工同步。

(5) 木制品及木装饰用料、玻璃等各类板材等宜在工厂采购或定制。

(6) 采用自粘类片材，减少现场液态黏结剂的使用量。

5) 周转材料

(1) 应选用耐用、维护与拆卸方便的周转材料和机具。

(2) 优先选用制作、安装、拆除一体化的专业队伍进行模板工程施工。

(3) 模板应以节约自然资源为原则，推广使用定型钢模、钢框竹模、竹胶板。

(4) 施工前应对模板工程的方案进行优化。多层、高层建筑使用可重复利用的模板体系，模板宜采用工具式支撑。

(5) 优化高层建筑的外脚手架方案，采用整体提升、分段悬挑等方案。

(6) 推广采用外墙保温板替代混凝土施工模板的技术。

(7) 现场办公和生活用房采用周转式活动房。现场围挡应最大限度地利用已有围墙，或采用装配式可重复使用围挡封闭，力争工地临房、临时围挡材料的可重复使用率达到 70%。

4. 节水与水资源利用技术要点

1) 提高用水效率

(1) 施工中采用先进的节水施工工艺。

(2) 施工现场喷洒路面、绿化浇灌不宜使用市政自来水。现场搅拌用水、养护用水应采取有效的节水措施，严禁无措施浇水养护混凝土。

(3) 施工现场供水管网应根据用水量设计布置，管径合理、管路简捷，采取有效措施减少管网和用水器具的漏损。

(4) 现场机具、设备、车辆冲洗用水必须设立循环用水装置。施工现场办公区、生活区的生活用水采用节水系统和节水器具，提高节水器具配置比率。项目临时用水应使用节水型产品，安装计量装置，采取针对性的节水措施。

(5) 施工现场建立可再利用水的收集处理系统，使水资源得到梯级循环利用。

(6) 施工现场对生活用水与工程用水分别确定用水定额指标，并分别计量管理。

(7) 大型工程的不同单项工程、不同标段、不同分包生活区，凡具备条件的应分别计量用水量。在签订不同标段分包或劳务合同时，将节水定额指标纳入合同条款，进行计量考核。

(8) 对混凝土搅拌站点等用水集中的区域和工艺点进行专项计量考核。施工现场建立雨水、中水或可再利用水的搜集利用系统。

2) 非传统水源利用

(1) 优先采用中水搅拌、中水养护，有条件的地区和工程应收集雨水养护。

(2) 处于基坑降水阶段的工地，宜优先采用地下水作为混凝土搅拌用水、养护用水、冲洗用水和部分生活用水。

(3) 现场机具、设备、车辆冲洗、喷洒路面、绿化浇灌等用水，优先采用非传统水源，尽量不使用市政自来水。

(4) 大型施工现场，尤其是雨量充沛地区的大型施工现场建立雨水收集利用系统，充分收集自然降水用于施工和生活中适宜的部位。

(5) 力争施工中非传统水源和循环水的再利用量大于 30%。

3) 用水安全

在非传统水源和现场循环再利用水的使用过程中，应制定有效的水质检测与卫生保障措施，避免对人体健康、工程质量以及周围环境产生不良影响。

5. 节能与能源利用技术要点

1) 节能措施

(1) 制订合理施工能耗指标，提高施工能源利用率。

(2) 优先使用国家、行业推荐的节能、高效、环保的施工设备和机具，如选用变频技术的节能施工设备等。

(3) 施工现场分别设定生产、生活、办公和施工设备的用电控制指标，定期进行计量、核算、对比分析，并有预防与纠正措施。

(4) 在施工组织设计中，合理安排施工顺序、工作面，以减少作业区域的机具数量，相邻作业区充分利用共有的机具资源。安排施工工艺时，应优先考虑耗用电能或其他能耗较少的施工工艺，避免设备额定功率远大于使用功率或超负荷使用设备的现象。

(5) 根据当地气候和自然资源条件，充分利用太阳能、地热等可再生能源。

2) 机械设备与机具

(1) 建立施工机械设备管理制度，开展用电、用油计量，完善设备档案，及时做好维修保养工作，使机械设备保持低耗、高效的状态。

(2) 选择功率与负载相匹配的施工机械设备，避免大功率施工机械设备低负载长时间运行。机电安装可采用节电型机械设备，如逆变式电焊机和能耗低、效率高的手持电动工具等，以利节电。机械设备宜使用节能型油料添加剂，在可能的情况下，考虑回收利用，节约油量。

(3) 合理安排工序，提高各种机械的使用率和满载率，降低各种设备的单位耗能。

3) 生产、生活及办公临时设施

(1) 利用场地自然条件，合理设计生产、生活及办公临时设施的体形、朝向、间距和窗墙面积比，使其获得良好的日照、通风和采光。南方地区可根据需要在其外墙窗设遮阳设施。

(2) 临时设施宜采用节能材料，墙体、屋面使用隔热性能好的材料，减少夏天空调、冬天取暖设备的使用时间及耗能量。

(3) 合理配置采暖、空调、风扇数量，规定使用时间，实行分段分时使用，节约用电。

4) 施工用电及照明

(1) 临时用电优先选用节能电线和节能灯具，临电线路合理设计、布置，临电设备宜采用自动控制装置，采用声控、光控等节能照明灯具。

(2) 照明设计以满足最低照度为原则，照度应不超过最低照度的20%。

6. 节地与施工用地保护技术要点

1) 临时用地指标

(1) 根据施工规模及现场条件等因素合理确定临时设施，如临时加工厂、现场作业棚及材料堆场、办公生活设施等的占地指标。临时设施的占地面积应按用地指标所需的最低面积设计。

(2) 要求平面布置合理、紧凑，在满足环境、职业健康与安全及文明施工要求的前提下尽可能减少废弃地和死角，临时设施占地面积有效利用率大于90%。

2) 临时用地保护

(1) 应对深基坑施工方案进行优化，减少土方开挖和回填量，最大限度地减少对土地的扰动，保护周边自然生态环境。

(2) 红线外临时占地应尽量使用荒地、废地，少占用农田和耕地。工程完工后，及时恢复红线外占地原地形、地貌，使施工活动对周边环境的影响降至最低。

(3) 利用和保护施工用地范围内原有绿色植被。对于施工周期较长的现场，可按建筑永久绿化的要求，安排场地新建绿化。

3) 施工总平面布置

(1) 施工总平面布置应做到科学、合理，充分利用原有建筑物、构筑物、道路、管线等为施工服务。

(2) 施工现场搅拌站、仓库、加工厂、作业棚、材料堆场等布置应尽量靠近已有交通线路或即将修建的正式或临时交通线路，缩短运输距离。

(3) 临时办公和生活用房应采用经济、美观、占地面积小、对周边地貌环境影响较小，且适合于施工平面布置动态调整的多层轻钢活动板房、钢骨架水泥活动板房等标准化装配式结构。生活区与生产区应分开布置，并设置标准的分隔设施。

(4) 施工现场围墙可采用连续封闭的轻钢结构预制装配式活动围挡，减少建筑垃圾，保护土地。

(5) 施工现场道路按照永久道路和临时道路相结合的原则布置。施工现场内形成环形通路，减少道路占用土地。

(6) 临时设施布置应注意远近结合(本期工程与下期工程)，努力减少和避免大量临时建筑拆迁和场地搬迁。

我国绿色施工尚处于起步阶段，应通过试点和示范工程，总结经验，引导绿色施工的健康发展。各地应根据具体情况，制定有针对性的考核指标和统计制度，制定引导施工企业实施绿色施工的激励政策，促进绿色施工的发展。

8.3 绿色建筑施工管理

【学习目标】掌握绿色建筑施工管理要求。

建筑工程绿色施工应实施目标管理。2014 年住房与城乡建设部制定《建筑工程绿色施工规范》GB/T 50905，参建各方责任应符合下列规定。

1. 建设单位

(1) 向施工单位提供建设工程绿色施工的相关资料，保证资料的真实性和完整性。

(2) 在编制工程概算和招标文件时，建设单位应明确建设工程绿色施工的要求，并提供包括场地、环境、工期、资金等方面的保障。

(3) 建设单位应会同工程参建各方接受工程建设主管部门对建设工程实施绿色施工的监督、检查工作。

(4) 建设单位应组织协调工程参建各方的绿色施工管理工作。

2. 监理单位

(1) 监理单位应对建设工程的绿色施工承担监理责任。

(2) 监理单位应审查施工组织设计中的绿色施工技术措施或专项绿色施工方案，并在实施过程中做好监督检查工作。

3. 施工单位

(1) 施工单位是建筑工程绿色施工的责任主体，全面负责绿色施工的实施。

(2) 实行施工总承包管理的建设工程，总承包单位对绿色施工过程负总责，专业承包单位应服从总承包单位的管理，并对所承包工程的绿色施工负责。

(3) 施工项目部应建立以项目经理为第一责任人的绿色施工管理体系，负责绿色施工的组织实施及目标实现，制定绿色施工管理责任制度，组织绿色施工教育培训，定期开展自检、考核和评比工作，并指定绿色施工管理人员和监督人员。

(4) 在施工现场的办公区和生活区应设置明显的有节水、节能、节约材料等具体内容的警示标识。

(5) 施工现场的生产、生活、办公和主要耗能施工设备应有节能的控制措施和管理办法。对主要耗能施工设备应定期进行耗能计量检查和核算。

(6) 施工现场应建立可回收再利用物资清单，制定并实施可回收废料的管理办法，提高废料利用率。

(7) 应建立机械保养、限额领料、废弃物再生利用等管理与检查制度。

(8) 施工单位及项目部应建立施工技术、设备、材料、工艺的推广、限制以及淘汰、公布的制度和管理方法。

(9) 施工项目部应定期对施工现场绿色施工实施情况进行检查，做好检查记录，并根据绿色施工情况实施改进措施。

(10) 施工项目部应按照国家法律、法规的有关要求，做好职工的劳动保护工作。

8.4 绿色施工规范要求

【学习目标】掌握绿色施工规范要求。

为了在建筑工程中实施绿色施工，达到节约资源、保护环境和施工人员健康的目的，国家制定《建筑工程绿色施工规范》GB/T 50905，对绿色施工提出具体要求。

1. 施工准备

(1) 建筑工程施工项目应建立绿色施工管理体系和管理制度，实施目标管理。

(2) 施工单位应按照建设单位提供的施工周边建设规划和设计资料，施工前做好绿色施工的统筹规划和策划工作，应充分考虑绿色施工的总体要求，为绿色施工提供基础条件，并合理组织一体化施工。

(3) 建设工程施工前，应根据国家和地方法律、法规的规定，制定施工现场环境保护和人员安全与健康等突发事件的应急预案。

(4) 编制施工组织设计和施工方案时要明确绿色施工的内容、指标和方法。分部分项工程专项施工方案应涵盖“四节一环保”要求。

(5) 施工单位应积极推广应用 “建筑业十项新技术”。

(6) 施工现场宜推行电子资料管理档案，减少纸质资料。

2. 土石方与地基工程

1) 一般规定

(1) 通过有计划的采购、合理的现场保管、减少材料的搬运次数、减少包装、完善操作工艺、增加摊销材料的周转次数等措施降低材料在使用中的消耗，提高材料的使用效率。

(2) 灰土、灰石、混凝土、砂浆宜采用预拌技术，减少现场施工扬尘，采用电子计量，节约建筑材料。

(3) 施工组织设计应结合桩基施工特点，有针对性地制定相应绿色施工措施，主要内容应包括：组织管理措施、资源节约措施、环境保护措施、职业健康与安全措施等。

(4) 桩基施工现场应优先选用低噪、环保、节能、高效的机械设备和工艺。

(5) 土石方工程施工应加强场地保护，施工中减少场地干扰，保护基地环境。施工时应当识别场地内现有的自然、文化和构筑物特征，并通过合理的措施将这些特征保存。

(6) 土石方工程在选择施工方法、施工机械、安排施工顺序、布置施工场地时应结合气候特征，减少因为气候原因而带来施工措施和资源消耗的增加，同时还要满足以下要求。

① 合理地安排施工顺序，易受不利气候影响的施工工序应在不利气候到来前完成。

② 安排好全场性排水、防洪，减少对现场及周边环境的影响。

(7) 土石方工程施工应符合以下要求。

① 应选用高性能、低噪声、少污染的设备，采用机械化程度高的施工方式，减少使用污染排放高的各类车辆。

② 施工区域与非施工区域间设置标准的分隔设施，做到连续、稳固、整洁、美观。

③ 易产生泥浆的施工，应实行硬地坪施工；所有土堆、料堆须采取加盖防止粉尘污染的遮盖物或喷洒覆盖剂等措施。

④ 土石方施工现场大门位置应设置限高栏杆、冲洗车装置；渣土运输车应有防止遗洒和扬尘的措施。

⑤ 土石方类建筑废料、渣土的综合利用，可采用地基填埋、铺路等方式提高再利用率，再利用率应大于 50%。

⑥ 搬迁树木应手续齐全；在绿化施工中应科学、合理地使用处置农药，尽量减少对环境的污染。

(8) 土石方开挖过程应详细勘察，逐层开挖，弃土应合理分类堆放、运输，遇到有腐蚀性的渣土应进行深埋处理，回填土质应满足设计要求。

(9) 基坑支护结构中有侵入占地红线外的预应力锚杆时，宜采用可拆式锚杆。

2) 土石方工程

(1) 土石方工程在开挖前应进行挖、填方的平衡计算，综合考虑土石方最短运距和各个项目施工的工序衔接，减少重复挖填，并与城市规划和农田水利相结合，保护环境减少资源浪费。

(2) 粉尘控制应符合下列规定。

① 土石方挖掘施工中，表层土和砂卵石覆盖层可以用一般常用的挖掘机械直接挖装，岩石层的开挖宜采用凿裂法施工，或者采用凿裂法适当辅以钻爆法施工；凿裂和钻孔施工宜采用湿法作业。

② 爆破施工前，做好扬尘控制计划。应采用清理积尘、淋湿地面、外设高压喷雾状水系统、搭设防尘排栅和直升机投水弹等综合降尘。同时应选择风力小的天气进行爆破作业。

③ 土石方爆破要对爆破方案进行设计，对用药量进行准确计算，注意控制噪声和粉尘扩散。

④ 土石方作业采取洒水、覆盖等措施，达到作业区目测扬尘高度小于 1.5 m，不扩散到场区外。

⑤ 4级以上大风天气，不应进行土石方工程的施工作业。

(3) 土方作业对施工区域的所有障碍物，包括地下文物、树木、地上高压电线、电杆、塔架、地下管线、电缆、坟墓、沟渠以及原有旧房屋等应按照以下要求采取保护措施。

① 在文物保护区内进行土方作业时，应采用人工挖土，禁止机械作业。

② 施工区域内有地下管线或电缆时，禁止用机械挖土，应采用人工挖土，并按施工方案对地下管线、电缆采取保护或加固措施。

③ 高压线塔 10 m 范围内，禁止机械土方作业。

④ 发现有土洞、地道(地窖)、废井时，要探明情况，制定专项措施方可施工。

(4) 喷射混凝土施工防尘应遵照以下规定。

喷射混凝土施工应采用湿喷或水泥裹砂喷射工艺。采用干法喷射混凝土施工时，宜采用下列综合防尘措施。

① 在保证顺利喷射的条件下，增加骨料含水率。

② 在距喷头 3～4 m 处增加一个水环，用双水环加水。

③ 在喷射机或混合料搅拌处，设置集尘器或除尘器。

④ 在粉尘浓度较高地段，设置除尘水幕。

⑤ 加强作业区的局部通风。

⑥ 采用增黏剂等外加剂。

3) 桩基工程

(1) 工程施工中成桩工艺应根据工程设计，结合当地实际情况，并参照附表控制指标进行优选。常用桩基成桩工艺对绿色施工的影响见表 8-2。

表 8-2 常用桩基成桩工艺对绿色施工控制指标的影响

桩基类型		绿色施工控制指标				
		环境保护	节材与材料资源利用	节水与水资源利用	节能与能源资源利用	节土与土地资源利用
混凝土灌注桩	人工挖孔	√	√	√	√	√
	干作业成孔	√	√	√	√	√
	泥浆护壁钻孔	√	√	√	√	√
	长螺旋或旋挖钻钻孔	√	√	√	√	√
	沉管和内夯沉管	√	√	√	√	○
混凝土预制桩与钢桩	锤击沉桩	√	○	√	√	○
	静压沉桩	○	○	√	√	○

注：“√”表明该类型桩基对绿色施工指标有重要影响；

“○”表明该类型桩基对绿色施工指标有一定影响。

(2) 混凝土预制桩和钢桩施工时，施工方案应充分考虑施工中的噪声、振动、地层扰动、废气、废油、烟火等对周边环境的影响，制定针对性措施。

(3) 混凝土灌注桩施工。

① 施工现场应设置专用泥浆池，用以存储沉淀施工中产生的泥浆。泥浆池应可以有效防止污水渗入土壤，防止污染土壤和地下水源；当泥浆池沉积泥浆厚度超过容量的 1/3 时，应及时清理。

② 钻孔、冲孔、清孔时清出的残渣和泥浆，应及时装车运至泥浆池内处置。

③ 泥浆护壁正反循环成孔工艺施工现场应设置泥浆分离净化处理循环系统。循环系统由泥浆池、沉淀池、循环槽、废浆池、泥浆泵、泥浆搅拌设备、钻渣分离装置等组成，并配有排水、清渣、排废浆设施和钻渣运转通道等。施工时泥浆应集中搅拌，集中向钻孔输送。清出的钻渣应及时采用封闭容器运出。

④ 桩身钢筋笼进行焊接作业时，应采取遮挡措施，避免电焊弧光外泄；同时焊渣应随清理随装袋，待焊接完成后，及时将收集的焊渣运至指定地点处置。

⑤ 市区范围内严禁敲打导管和钻杆。

(4) 人工挖孔灌注桩施工。

人工挖孔灌注桩施工时，开挖出的土方不得长时间在桩边堆放，应及时运至现场集中堆土处集中处置，并采取覆盖等防尘措施。

(5) 混凝土预制桩。

① 混凝土预制桩的预制场地必须平整、坚实，并设沉淀池、排水沟渠等设施。混凝土预制桩制作完成后，作为隔离桩使用的塑料薄膜、油毡等，不得随意丢弃，应收集并集中进行处理。

② 现场制作预制桩用水泥、砂、石等物料存放应满足混凝土工程中的材料储存要求。水泥应入库存放，成垛码放，砂石应表面覆盖，减少扬尘。

③ 沉淀池、排水沟渠应能防止污水溢出；当污水沉淀物超过容量 1/3 时，应进行清掏，沉淀池中污水无悬浮物后方可排入市政污水管道或进行绿化降尘等循环利用。

(6) 振动、振动冲击沉管灌注桩施工。控制振动箱振动频率，防止产生较大噪声，同时应避免对桩身生成破坏，浪费资源。

(7) 采用射水法沉桩工艺施工时，应为射水装置配备专用供水管道，同时布置好排水沟渠、沉淀池，有组织地将射水产生的多余水或泥浆排入沉淀池沉淀后，循环利用，并减少污水排放。

(8) 钢桩。

① 现场制作钢桩应有平整坚实的场地及挡风防雨排水设施。

② 钢桩切割下来的剩余部分，应运至专门位置存放，并尽可能再利用，不得随意废弃，浪费资源。

(9) 地下连续墙。

① 泥浆制作前应先通过试验确定施工配合比。

② 施工时应随时测定泥浆性能并及时予以调整和改善，满足循环使用的要求。

③ 施工中产生的建筑垃圾应及时清理干净，使用后的旧泥浆应该在成槽之前进行回收处理和利用。

4) 地基处理工程

(1) 污染土地基处理应遵照以下规定。

① 进行污染土地基勘察、监测，地基处理施工和检验时，应采取必要的防护措施以防止污染土、地下水等对人体造成伤害或对勘察机具、监测仪器、施工设备等造成腐蚀。

② 处理方法应能够防止污染土对周边地质和地下水环境的二次污染。

③ 污染土地基处理后，必须防止污染土地基与地表水、周边地下水或其他污染物的物质交换，防止污染土地基因化学物质的变化而引起工程性质及周边环境的恶化。

(2) 换垫法施工。

① 在回填施工前，填料应采取防止扬尘的措施，避免在大风天气作业。不能及时回填土方应及时覆盖，控制回填土含水率。

② 冲洗回填砂石应采用循环水，减少水资源浪费。需要混合和过筛的砂石应保持一定湿润。

③ 机械碾压优先选择静作用压路机。

(3) 强夯法施工。

① 强夯施工前应平整场地，周围做好排水沟渠。同时，应挖设应力释放沟(宽 1 m×深 2 m)。

② 施工前须进行试夯，确定有关技术参数，如夯锤重量、底面直径及落距、下沉量及相应的夯击遍数和总下沉量等。在达到夯实效果前提下，应减少夯实次数。

③ 单夯击能不宜超过 3000 kN·m。

(4) 高压喷射注浆法施工。

① 浆液拌制应在浆液搅拌机中进行，不得超过设备设计允许容量。同时搅拌机应尽量靠近灌浆孔和灌浆泵布置。

② 在灌浆过程中，压浆泵压力数值应控制在设计范围内，不得超压，避免对设备造成损害，浪费资源。压浆泵与注浆管间各部件应密封严密，防止发生泄漏。

③ 灌浆完成后，应及时对设备四周遗洒的垃圾及浆液进行清理收集，并集中运至指定地点处置。

④ 现场应设置适用、可靠的储浆池和排浆沟渠，防止泥浆污染周边土壤及地下水源。

(5) 挤密桩法施工。

① 采用灰土回填时，应对灰土提前进行拌和。采用砂石回填时，砂石应过筛，并冲洗干净，冲洗砂石应采用循环水，减少水资源浪费；砂石应保持一定湿润，避免在过筛和混合过程中产生较大扬尘。

② 桩位填孔完成后，应及时将桩四周洒落的灰土砂石等收集清扫干净。

5) 地下水控制

(1) 在缺水地区或地下水位持续下降的地区，基坑施工应选择抽取地下水量较少的施工方案，达到节水的目的。宜选择止水帷幕、封闭降水等隔水性能好的边坡支护技术进行施工。

(2) 地下水控制、降排水系统应满足以下要求。

① 降水系统的平面布置图，应根据现场条件合理设计场地，布置应紧凑，并应尽量减少占地。

② 降水系统中排水沟管的埋设及排水地点的选择要有防止地面水、雨水流入基坑(槽)的措施。

③ 降水再利用的水收集处理后应就近用于施工中车辆冲洗、降尘、绿化、生活用水等。

④ 降水系统使用的临时用电应设置合理，采用能源利用率高、节能环保型的施工机械设备。

⑤ 应考虑到水位降低区域内地表及建筑物可能产生的沉降和水平位移，并制定相应的预防措施。

(3) 井点降水。

① 根据水文地质、井点设备等因素计算井点管数量、井点管埋入深度，保持井点管连续工作，且地下水抽排量适当，避免过度抽水对地质、周围建筑物产生影响。

② 排水总管铺设时，避免直接敲击总管。总管应进行防锈处理，防止锈蚀污染地面。

③ 采用冲孔时应避免孔径过大产生过多泥浆，产生的泥浆排入现场泥浆池沉淀处置。

④ 钻井成孔时，采用泥浆护壁，成孔完成并用水冲洗干净后才准使用；钻井产生的泥浆，应排入泥浆池循环使用。

⑤ 抽水设备设置专用机房，并有隔声防噪功能，机房内设置接油盘防止油污染。

(4) 采用集水明排降水时，应符合下列规定。

① 基坑降水应储存使用，并应设立循环用水装置。

② 降水设备应采用能源利用效率高的施工机械设备，同时建立设备技术档案，并应定期进行设备维护、保养。

(5) 地下水回灌。

① 施工现场基坑开挖抽水量大于 50 万立方米时，应采取地下水回灌，以保证地下水资源平衡。

② 回灌时，水质应符合《地下水质量标准》GB/T 14848 的要求，并按《中华人民共和国水污染防治法》和《中华人民共和国水法》有关规定执行。

3. 主体结构工程

1) 一般规定

(1) 在图纸会审时，应增加高强高效钢筋(钢材)、高性能混凝土应用，利用大体积混凝土后期强度等绿色施工的相关内容。

(2) 钢、木、装配式结构等构件，应采取工厂化加工、现场安装的生产方式；构件的加工和进场顺序应与现场安装顺序一致；构件的运输和存放应采取防止变形和损坏的可靠措施。

(3) 钢结构、钢混组合结构、预制装配式结构等大型结构件安装所需的主要垂直运输机械，应与基础和主体结构施工阶段的其他工程垂直运输统一安排，减少大型机械的投入。

(4) 应选用能耗低、自动化程度高的施工机械设备，并由专人使用，避免空转。

(5) 施工现场应采用预拌混凝土和预拌砂浆，未经批准不得采用现场拌制。

(6) 应制订垃圾减量化计划，每万平方米的建筑垃圾不宜超过 200 吨，并分类收集、集中堆放、定期处理、合理利用，回收利用率须达到 30%以上；钢材、板材等下脚料和撒落混凝土及砂浆回收利用率达到 70%以上。

(7) 施工使用的乙炔、氧气、油漆、防腐剂等危险品、化学品的运输、储存、使用及污物排放应采取隔离措施。

(8) 夜间焊接作业和大型照明灯具工作时，应采取挡光措施，防止强光线外泄。

(9) 基础与主体结构施工阶段，作业区目测扬尘高度小于0.5 m。对易产生扬尘的堆放材料应采取覆盖措施。

2) 混凝土结构工程

(1) 钢筋宜采用专用软件优化配料，根据优化配料结果合理确定进场钢筋的定尺长度；在满足相关规范要求的前提下，合理利用短筋。

(2) 积极推广钢筋加工工厂化与配送方式、应用钢筋网片或成型钢筋骨架；现场加工时，宜采取集中加工方式。

(3) 钢筋连接优先采用直螺纹套筒、电渣压力焊等接头方式。

(4) 进场钢筋原材料和加工半成品应存放有序、标识清晰、储存环境适宜，采取防潮、防污染等措施，保管制度健全。

(5) 钢筋除锈时应采取可靠措施，避免扬尘和土壤污染。

(6) 钢筋加工中使用的冷却水应过滤后循环使用。排放时，应按照方案要求处理后排放。

(7) 钢筋加工产生的粉末状废料，应按建筑垃圾进行处理，不得随地掩埋或丢弃。

(8) 钢筋安装时，绑扎丝、焊剂等材料应妥善保管和使用，散落的应及时收集利用，防止浪费。

(9) 模板及其支架应优先选用周转次数多、能回收再利用的材料，减少木材的使用。

(10) 积极推广使用大模板、滑动模板、爬升模板和早拆模板等工业化模板体系。

(11) 采用木或竹制模板时，应采取工厂化定型加工、现场安装方式，不得在工作面上直接加工拼装；在现场加工时，应设封闭场所集中加工，采取有效的隔声和防粉尘污染措施。

(12) 提高模板加工、安装精度，达到混凝土表面免抹灰或减少抹灰厚度。

(13) 脚手架和模板支架宜优先选用碗扣式架、门式架等管件合一的脚手架材料搭设。

(14) 高层建筑结构施工，应采用整体提升、分段悬挑等工具式脚手架。

(15) 模板及脚手架施工应及时回收散落的铁钉、铁丝、扣件、螺栓等材料。

(16) 短木方应采用叉接接长后使用，木、竹胶合板的边角余料应拼接使用。

(17) 模板脱模剂应专人保管和涂刷，剩余部分应及时回收，防止污染环境。

(18) 模板拆除，应采取可靠措施，防止损坏，及时检修维护、妥善保管，提高模板周转率。

(19) 合理确定混凝土配合比，混凝土中宜添加粉煤灰、磨细矿渣粉等工业废料和高效减水剂。

(20) 现场搅拌混凝土时，应使用散装水泥；搅拌机棚应有封闭降噪和防尘措施；现场存放的砂、石料应采取有效的遮盖或洒水防尘措施。

(21) 混凝土应优先采用泵送、布料机布料浇筑，地下大体积混凝土可采用溜槽或串筒浇筑。

(22) 混凝土振捣应采用低噪声振捣设备或围挡降噪措施。

(23) 混凝土应采用塑料薄膜和塑料薄膜加保温材料覆盖保湿、保温养护；当采用洒水或喷雾养护时，养护用水宜使用回收的基坑降水或雨水。

(24) 混凝土结构冬季施工优先采用综合蓄热法养护，减少热源消耗。

(25) 浇筑剩余的少量混凝土，应制成小型预制件，严禁随意倾倒或作为建筑垃圾处理。

(26) 清洗泵送设备和管道的水应经沉淀后回收利用，浆料分离后可作室外道路、地面、散水等垫层的回填材料。

3) 砌体结构工程

(1) 砌筑砂浆使用干粉砂浆时，应采取防尘措施。

(2) 采取现场搅拌砂浆时，应使用散装水泥。

(3) 砌块运输应采用托板整体包装，减少破损。

(4) 块体湿润和砌体养护宜使用经检验合格的非传统水源。

(5) 混合砂浆掺合料可使用电石膏、粉煤灰等工业废料。

(6) 砌筑施工时，落地灰应及时清理收集再利用。

(7) 砌块砌筑时应按照排块图进行；非标准砌块应在工厂加工，并按比例进场，现场切割时应集中加工，并采取防尘降噪措施。

(8) 毛石砌体砌筑时产生的碎石块，应用于填充毛石块间空隙，不得随意丢弃。

4) 钢结构工程

(1) 钢结构深化设计时，应结合加工、安装方案和焊接工艺要求，合理确定分段、分节数量和位置，优化节点构造，尽量减少钢材用量。

(2) 合理选择钢结构安装方案，大跨度钢结构优先采用整体提升、顶升和滑移(分段累积滑移)等安装方法。

(3) 钢结构加工应制订废料减量化计划，优化下料，综合利用下脚料，废料分类收集、集中堆放、定期回收处理。

(4) 钢材、零(部)件、成品、半成品件和标准件等产品应堆放在平整、干燥场地或仓库内，防止在制作、安装和防锈处理前发生锈蚀和构件变形。

(5) 大跨度复杂钢结构在制作和安装前，应采用建筑信息三维技术模拟施工过程，以避免或减少错误或误差。

(6) 钢结构现场涂装应采取适当措施，减少涂料浪费和对环境的污染。

5) 其他

(1) 装配式构件应按安装顺序进场，存放应支、垫可靠或设置专用支架，防止变形或损伤。

(2) 装配式混凝土结构安装所需的埋件和连接件与室内外装饰装修所需的连接件，应在工厂制作时准确预留、预埋。

(3) 钢混组合结构中的钢结构件，应结合配筋情况，在深化设计时确定与钢筋的连接方式，钢筋连接套筒焊接及预留孔应在工厂加工时完成，严禁安装时随意割孔或后焊接。

(4) 木结构件连接用铆榫、螺栓孔应在工厂加工时完成，不得在现场制榫和钻孔。

(5) 建筑工程在升级或改造时，可采用碳纤维等新颖结构加固材料进行加固处理。

(6) 索膜结构施工时，索、膜应工厂化制作和裁减，现场安装。

4. 建筑装饰装修

1) 一般规定

(1) 建筑装饰装修工程的施工设施和施工技术措施应与基础及结构、机电安装等工程施工相结合，统一安排，综合利用。

(2) 建筑装饰装修工程的块材、卷材用料等应进行排板深化设计，在保证质量的前提下，应减少块材的切割量及其产生的边角余料量。

(3) 建筑装饰装修工程采用的块材、板材、门窗等应采用工厂化加工。

(4) 建筑装饰装修工程的五金件、连接件、构造性构件宜采用工厂化标准件。

(5) 建筑装饰装修工程使用的动力线路，如施工用电线路、压缩空气管线、液压管线等，应优化缩短线路长度，严禁跑、冒、滴、漏。

(6) 建筑装饰装修工程施工，宜选用节能、低噪的施工机具，具备电力条件的施工工地，不宜选用燃油施工机具。

(7) 建筑装饰装修工程中采用的需要用水泥或白灰类拌合的材料，如砌筑砂浆、抹灰砂浆、粘贴砂浆、保温专用砂浆等，宜采用预拌，条件不允许的情况下宜采用干拌砂浆，不宜进行现场配制。

(8) 建筑装饰装修工程中使用的易扬尘材料，如水泥、砂石料、粉煤灰、聚苯颗粒、陶粒、白灰、腻子粉、石膏粉等，应封闭运输、封闭存储。

(9) 建筑装饰装修工程中使用的易挥发、易污染材料，如油漆涂料、黏结剂、稀释剂、清洗剂、燃油、燃气等，必须采用密闭容器储运，使用时，应使用相应容器盛放，不得随意溢洒或散放。

(10) 建筑装饰装修工程室内装修前，宜先进行外墙封闭、室外窗户安装封闭、屋面防水等工序。

(11) 建筑装饰装修工程中受环境温度限制的工序、不易成品保护的工序，应合理安排工序。

(12) 建筑装饰装修工程应采取成品保护措施。

(13) 建筑装饰装修工程所用材料的包装物应全部分类回收。

(14) 民用建筑工程室内装修严禁使用沥青、煤焦油类防腐、防潮处理剂等。

(15) 高处作业清理现场时，严禁将施工垃圾从窗口、洞口、阳台等处向外抛撒。

(16) 建筑装饰装修工程应制定材料节约措施。节材与材料资源利用应满足以下指标。

① 材料损耗不应超出预算定额损耗率的70%。

② 应充分利用当地资源。施工现场300 km以内的材料用量宜占材料总用量的70%以上，或达到材料总价值的50%以上。

③ 材料包装回收率应达到100%，有毒有害物资分类回收率应达到100%，可再生利用的施工废弃物回收率应达到70%以上。

2) 楼、地面工程

(1) 楼、地面基层处理。

① 基层粉尘清理应采用吸尘器，如没有防潮要求的，可采用洒水降尘等措施。

② 基层需要剔凿的，应采用噪声小的剔凿方式，如手钎、电铲等低噪声工具。

(2) 楼、地面找平层、隔音层、隔热层、防水保护层、面层等使用的砂浆、轻集料混凝土、混凝土等应采用预拌或干拌料，干拌料现场运输、仓储应采用袋装等措施。

(3) 水泥砂浆、水泥混凝土、现制水磨石、铺贴板块材等楼、地面在养护期内严禁上人，地面养护用水应采用喷洒方式，保持表面湿润为宜，严禁养护用水溢流。

(4) 水磨石楼、地面磨制。

① 应有污水回收措施，对污水进行集中处理。

② 对楼、地面洞口、管线口进行封堵，防止泥浆等进入。

③ 高出楼、地面 400 mm 范围内的成品面层应采取贴膜等防护措施，避免污染。

④ 现制水磨石楼、地面房间装饰装修，宜先进行现制水磨石工序的作业。

(5) 板块面层楼、地面。

① 应进行排板设计，在保证质量和观感的前提下，应减少板块材的切割量。

② 板块材宜采用工厂化下料加工(包括非标尺寸块材)，需要现场切割时，对切割用水应有收集装置，室外机械切割应有隔声措施。

③ 采用水泥砂浆铺贴时，砂浆宜边用边拌。

④ 石材、水磨石等易渗透、易污染的材料，应在铺贴前做防腐处理。

⑤ 严禁采用电焊、火焰对板块材进行切割。

3) 抹灰工程

(1) 墙体抹灰基层处理。

① 基层粉尘清理应采用吸尘器，如没有防潮要求的，可采用洒水降尘等措施。

② 基层需要剔凿的，应采用噪声小的剔凿方式，如手钎、电铲等低噪声工具。

(2) 落地灰应采取回收措施，经过处理后用于抹灰，抹灰砂浆损耗率应不大于 5%，落地砂浆应全部回收利用。

(3) 应严格按照设计要求控制抹灰砂浆厚度。

(4) 白灰宜选用白灰膏。如采用生石灰，必须采用袋装，熟化要有容器或熟化池。

(5) 墙体抹灰砂浆养护用水以保持表面湿润为宜，严禁养护用水溢流。

(6) 混凝土面层抹灰，在混凝土施工工艺选择时，宜采用清水混凝土支模工艺，取消抹灰层。

4) 门窗工程

(1) 外门窗宜采用断桥型、中空玻璃等密封、保温、隔音性能好的型材和玻璃等。

(2) 门窗固定件、连接件等，宜选用标准件。

(3) 门窗制作应采用工厂化加工。

(4) 应进行门窗型材的优化设计，减少型材各边角余料的剩余量。

(5) 门窗洞口预留应严格控制洞口尺寸。

(6) 门窗制作尺寸应现场实际测量，并进行核对，避免尺寸有误。

(7) 门窗油漆应在工厂完成。

(8) 木制门窗存放应做好防雨、防潮等措施，避免门窗损坏。

(9) 木制门窗应用铁皮、木板或木架进行保护，塑钢或金属门窗口用贴膜或胶带贴严加保护，玻璃应妥善运输，避免磕碰。

(10) 外门窗安装操作应与外墙装修同步进行，宜同时使用外墙操作平台。

(11) 门窗框与墙体之间的缝隙不得采用含沥青的水泥砂浆、水泥麻刀灰等材料填嵌。

5) 吊顶工程

(1) 吊顶龙骨间距等在满足质量、安全要求的情况下，应进行优化。

(2) 吊顶高度应充分考虑吊顶内隐蔽的各种管线、设备，进行优化设计。

(3) 隐蔽验收合格后方可进行吊顶封闭。

(4) 吊顶应进行块材排板设计，保证质量、安全前提下，应减少板材、型材切割量。

(5) 吊顶板块材(非标板材)、龙骨、连接件等宜采用工厂化材料，现场安装。

(6) 吊顶龙骨、配件以及金属面板、塑料面板等下脚料应全部回收。

(7) 在满足使用功能的前提下，不宜进行吊顶。

6) 轻质隔墙工程

(1) 预制板轻质隔墙。

① 预制板轻质隔墙应对预制板尺寸进行排板设计，避免现场切割。

② 预制板轻质隔墙应采取工厂加工，现场安装。

③ 预制板轻质隔墙固定件宜采用标准件。

④ 预制板运输应有可靠的保护措施。

⑤ 预制板的固定需要电锤打孔时，应有降噪、防尘措施。

(2) 龙骨隔墙。

① 在满足使用和安全的前提下，宜选用轻钢龙骨隔墙。

② 轻钢龙骨应采用标准化龙骨。

③ 龙骨隔墙面板应进行排板设计，减少板材切割量。

④ 墙内管线、盒等预埋应进行验收后，方可进行面板安装。

(3) 活动隔墙、玻璃隔墙应采用工厂制作，现场安装。

7) 饰面板(砖)工程

(1) 饰面板应进行排板设计，宜采用工厂下料制作。

(2) 饰面板(砖)粘贴剂应采用封闭容器存放，严格计量配合比，采用容器拌制。

(3) 用于安装饰面块材的龙骨和连接件，宜采用标准件。

8) 幕墙工程

(1) 幕墙应进行安全计算和深化设计。

(2) 用于安装饰面块材的龙骨和连接件，宜采用标准件。

(3) 幕墙玻璃、石材、金属板材应采用工厂加工，现场安装。

(4) 幕墙与主体结构的连接件，宜采取预埋方式施工。幕墙构件宜采用标准件。

9) 涂饰工程

(1) 基层处理找平、打磨应进行扬尘控制。

(2) 涂料应采用容器存放。

(3) 涂料施工应采取措施，防止对周围设施的污染。

(4) 涂料施涂宜采用涂刷或滚涂，采用喷涂工艺时，应采取有效遮挡。

(5) 废弃涂料必须全部回收处理，严禁随意倾倒。

10) 裱糊与软包工程

(1) 裱糊、软包施工，一般应在其环境中其他易污染工序完成后进行。

(2) 基层处理打磨应防止扬尘。

(3) 裱糊粘贴剂应采用密闭容器存放。

11) 细部工程

(1) 橱柜、窗帘盒、窗台板、暖气罩、门窗套、楼梯扶手等成品或半成品宜采用工厂制作，现场安装。

(2) 橱柜、窗帘盒、窗台板、暖气罩、门窗套、楼梯扶手等成品或半成品固定打孔应有防止粉尘外泄措施。

(3) 现场需用木材切割设备时，应有降噪、防尘及木屑回收措施。

(4) 木屑等下脚料应全部回收。

5. 屋面工程

(1) 屋面施工应搭设可靠的安全防护设施、防雷击设施。

(2) 屋面结构基层处理应洒水湿润，防止扬尘。

(3) 屋面保温层施工，应根据保温材料的特点，制定防扬尘措施。

(4) 屋面用砂浆、混凝土应采用预拌。

(5) 瓦屋面应进行屋面瓦排板设计，各种屋面瓦及配件应采用工厂制作。屋面瓦应按照其型号、材质特征，进行包装运输，减少破损。

(6) 屋面焊接应有防弧光外泄遮挡措施。

(7) 有种植土的屋面，种植土应有防扬尘措施。

(8) 遇 5 级以上大风天气，应停止屋面施工。

6. 建筑保温及防水工程

1) 一般规定

(1) 建筑保温及防水工程的施工设施和施工技术措施应与基础及结构、建筑装饰装修、机电安装等工程施工相结合，统一安排，综合利用。

(2) 建筑保温及防水工程的块材、卷材用料等应进行排板深化设计，在保证质量的前提下，应减少块材的切割量及边角余料量。

(3) 对于保温材料、防水材料应根据其性能，制定相应的防火、防潮等措施。

2) 建筑保温

(1) 外墙保温材料选用时，除应考虑材料的吸水率、燃烧性能、强度等指标外，其导热系数应满足外墙保温要求。

(2) 现浇发泡水泥保温。

① 加气混凝土原材料(水泥、砂浆)宜采用干拌、袋装。

② 加气混凝土设备应有消音棚。

③ 拌制的加气混凝土宜采用混凝土泵车、管道输送。

④ 搅拌设备、泵送设备、管道等冲洗水应有收集措施。

⑤ 养护用水应采用喷洒方式，严禁养护用水溢流。

(3) 陶瓷保温。

① 陶瓷外墙板应进行排板设计，减少现场切割。

② 陶瓷保温外墙的干挂件宜采用标准挂件。

③ 陶瓷切割设备应有消音棚。

④ 固定件打孔产生的粉末应有回收措施。

⑤ 固定件宜采用机械连接，如需要焊接，应对弧光进行遮挡。

(4) 浆体保温。

① 浆体保温材料宜采用干拌半成品、袋装，避免扬尘。

② 现场拌合应随用随拌，以免浪费。

③ 现场拌合用搅拌机，应有消音棚。

④ 落地浆体应及时收集利用。

(5) 泡沫塑料类保温。

① 当外墙为全现浇混凝土外墙时，宜采用混凝土及外保温一体化施工工艺。

② 当外露混凝土构件、砌筑外墙采用聚苯板外墙保温材料时，应采取措施防止锚固件打孔等产生扬尘。

③ 外墙如采用装饰性干挂板时，宜采用保温板及外饰面一体化挂板。

④ 屋面采用泡沫塑料保温时，应对聚苯板进行覆盖，防止风吹造成颗粒飞扬。

⑤ 聚苯板下脚料应全部回收。

(6) 屋面工程保温和防水宜采用防水保温一体化材料。

(7) 玻璃棉、岩棉保温材料应封闭存放，剩余材料全部回收。

3) 防水工程

(1) 防水基层应验收合格后方可进行防水材料的作业，基层处理应防止扬尘。

(2) 卷材防水层。

① 在符合质量要求的前提下，对防水卷材的铺贴方向和搭接位置进行优化，减少卷材剪裁量和搭接量。

② 宜采用自粘型防水卷材。

③ 采用热熔粘贴的卷材时，使用的燃料应采用封闭容器存放，严禁倾洒或溢出。

④ 采用胶粘的卷材时，粘贴剂应为环保型，封闭存放。

⑤ 防水卷材余料应全部回收。

(3) 涂膜防水层。

① 液态涂抹原料应采用封闭容器存放，严禁溢出污染环境，剩余原料应全部回收。

② 采用粉末状涂抹原料，应采用袋装或封闭容器存放，严禁扬尘污染环境，剩余原料应全部回收。

③ 涂膜防水宜采用滚涂或涂刷方式，采用喷洒方式的，应有防对周围环境污染的措施。

④ 涂膜固化期内严禁上人。

(4) 刚性防水层。

① 混凝土结构自防水施工，严格按照混凝土抗渗等级配置混凝土。混凝土施工缝的留置在保证质量的前提下，应进行优化，减少施工缝的数量。

② 采用防水砂浆抹灰的刚性防水，应严格控制抹灰厚度。

③ 采用水泥基渗透结晶型防水涂料的，对混凝土基层进行处理时，防止扬尘。

(5) 金属板防水。

① 采用金属板材作为防水材料的，应对金属板材进行下料设计，提高材料利用率。

② 金属板焊接时，应有防弧光外泄措施。

(6) 防水作业宜在干燥、常温环境下进行。

(7) 闭水试验时，应有防止漏水的应急措施，以免漏水造成对环境的污染和对其他物品的损坏。

(8) 闭水试验前，应制定有效的回收利用闭水试验用水的措施。

7. 机电安装工程

1) 一般规定

(1) 机电工程的施工设施和施工技术措施应与基础及结构、装饰装修等工程施工相结合，统一安排，综合利用。

(2) 机电工程施工前，应包括土建工程在内，进行图纸会审，对管线空间布置、管线线路长度进行优化。

(3) 机电工程的预留预埋应与结构施工、装修施工同步进行，严禁重新剔凿、重新开洞。

(4) 机电工程材料、设备的存放、运输应制定保护措施。

2) 建筑给水排水及采暖工程

(1) 给排水及采暖管道安装前应与通风空调、强弱电、装修等专业做好管绘图的绘制工作，专业间确认无交叉问题且标高满足装修要求后方可进行管道的制作及安装。

(2) 应加强给排水及采暖管道打压、冲洗及试验用水的排放管理工作。

(3) 加强节点处理，严禁冷热桥产生。

(4) 管道预埋、预留应与土建及装修工程同步进行，严禁重新剔凿、重新开洞现象。

(5) 管道工程进行冲洗、试压时，应制定合理的冲洗、试压方案，成批冲洗、试压，合理安排冲洗、试压次数。

8. 通风与空调工程

(1) 通风管道安装前应与给排水、强弱电、装修等专业做好管绘图的绘制工作，专业间确认无交叉问题且标高满足装修要求后方可进行通风管道的制作及安装。

(2) 风管制作宜采用工厂计算机下料，集中加工，下料应对不同规格风管优化组合，做到先下大管料，后下小管料，先下长料，后下短料，能拼接的材料在允许范围内要拼接使用，边角料按规格码放，做到物尽其用，避免材料浪费。

(3) 空调系统各设备间应进行联锁控制，耗电量大的主要设备应采用变频控制。

(4) 设备基础的施工宜在空调设备采购订货完成后进行。

(5) 加强节点处理，严禁冷热桥产生。

(6) 空调水管道打压、冲洗及试验用水的排放应有排放措施。系统中排出应进行收集再利用。

(7) 管道打压、冲洗及试验用水应优先利用施工现场收集的雨水或中水。多层建筑宜采用分层试压的方法，先进行上一楼层管道的水压试验，合格后，将水放至下一层，层层利用，以节约施工用水。

(8) 风管、水管管道预埋、预留应与土建及装修工程同步进行，严禁重新剔凿、重新开洞现象。

(9) 机房设备位置及排列形式应合理布置，宜使管线最短、弯头最少、管路便于连接，并留有一定的空间，便于管理操作和维修。

9. 建筑电气工程及智能建筑工程

(1) 加强与土建的施工配合，提高施工质量，缩短工期，降低施工成本。

① 施工前，电气安装人员应会同土建施工工程师共同审核土建和电气施工图纸，了解

土建施工进度计划和施工方法，尤其是梁、柱、地面、屋面的做法和相互间的连接方式，并仔细地校核准备采用的电气安装方法能否和这一项目的土建施工相适应。

② 针对交叉作业制定科学、详细的技术措施，合理安排施工工序。

③ 在基础工程施工时，应及时配合土建做好强、弱电专业的进户电缆穿墙管及止水挡板的预留预埋工作。

④ 在主体结构施工时，根据土建浇捣混凝土的进度要求及流水作业的顺序，逐层逐段地做好预留预埋配合工作。

⑤ 在土建工程砌筑隔断墙之前应与土建工长和放线员将水平线及隔墙线核实一遍，电气人员将按此线确定管路预埋的位置及各种灯具、开关插座的位置、高程。抹灰之前，电气施工人员应将所有电气工程的预留孔洞按设计和规范要求查对核实一遍，符合要求后将箱盒稳好。

(2) 采用高性能、低材耗、耐久性好的新型建筑材料；选用可循环、可回用和可再生的建材；采用工业化生产的成品，减少现场作业；遵循模数协调原则，减少施工废料；减少不可再生资源的使用。

(3) 电气管线的预埋、预留应与土建及装修工程同步进行，严禁重新剔凿、重新开洞。

(4) 电线导管暗敷时，宜沿最近的线路敷设并应减少弯曲，注意短管的回收利用，节约材料。

(5) 不间断电源柜试运行时应有噪声监测，其噪声标准应满足：正常运行时产生的 A 级噪声应不大于 45 dB；输出额定电流为 5 A 及以下的小型不间断电源噪声，应不大于 30 dB。

(6) 不间断电源安装应注意防止电池液泄漏污染环境，废旧电池应注意回收。

(7) 锡焊时，为减少焊剂加热时挥发出的化学物质对人体的危害，减少有害气体的吸入量，一般情况下，电烙铁到人体的距离应不少于 20 cm，通常以 30 cm 为宜。

(8) 推广免焊接头，尽量减少焊锡锅的使用。

(9) 电气设备的试运行时间按规定运行，但不应超过规定时间的 1.5 倍。

(10) 临时用电宜选用低耗低能供电导线，临电线路合理设计、布置，临电设备宜采用自动控制装置，采用声控、光控等节能照明灯具。

(11) 放线时应由施工员计算好剩余线量，避免浪费。

(12) 建筑物内大型电气设备的电缆供应应在设计单位对实际用电负荷核算后进行。

10. 电梯工程

(1) 电梯井结构施工前应确定电梯的有关技术参数，以便做好预留预埋工作。

(2) 电梯安装过程中，应对导轨、导靴、对重、轿厢、钢丝绳及其他附件按说明书要求进行防护，露天存放时防止受潮。

(3) 井道内焊接作业应保证良好通风。

11. 拆除工程

1) 一般规定

(1) 拆除工程应贯彻环保拆除的原则，重视建筑拆除物的再生利用，积极推广拆除物分类处理技术。建筑拆除过程中产生的废弃物的再利用和回收率应大于 40%。

(2) 拆除工程应制定施工方案。

(3) 拆除工程应对其施工时间及施工方法予以公告。

(4) 建筑拆除后，场地不应成为废墟，应对拆除后的场地进行生态复原。

(5) 在恶劣的气候条件下，严禁进行拆除工作。

(6) 实行“四化管理”。“四化管理”包括强化建筑拆除物“减量化”管理、加强并推进建筑拆除物的“资源化”研究和实践、实行“无害化”处理、推进建筑拆除物利用的“产业化”。

(7) 应按照“属地负责、合理安排、统一管理、资源利用”的原则，合理确定建筑拆除物临时消纳处置场所。

2) 施工准备

(1) 拆除施工前应对周边 50 m 以内的建筑物及环境情况进行调查，对将受影响的区域予以界定；对周边建筑现状采用裂缝素描、摄影摄像等方法予以记录。

(2) 拆除施工前应对周边进行必要的围护。围护结构应以硬质板材为主，且应在围护结构上设置警示性标示。

(3) 拆除施工前应制定应急救援方案。

(4) 在拆除工程作业中，发现不明物体，应停止施工并采取相应的应急措施保护现场，及时向有关部门报告。

(5) 根据拆除工程施工现场作业环境，应制定消防安全措施。施工现场应设置消防车通道，保证充足的消防水源，配备足够的灭火器材。

3) 绿色拆除施工措施

(1) 拆除工程按建筑构配件的破坏与否可分为保护性拆除和破坏性拆除；按施工方法可分为人工拆除、机械拆除和爆破拆除。

(2) 保护性拆除。

① 装配式结构、多层砖混结构和构配件直接利用价值高的建筑应采用完好性拆除。

② 可采用人工拆除或机械拆除，亦可两种方法配合拆除。

③ 拆除时应按建造施工顺序逆向进行。

④ 为防粉尘，应对拆除部位用水淋洒，但淋洒后的水不应污染环境。

(3) 对建筑构配件直接利用价值不高的建筑物、构筑物可采用破坏性拆除。

① 破坏性拆除可选用人工拆除、机械拆除或爆破拆除方法，亦可几种方法配合使用。

② 在正式爆破之前，应进行小规模范围试爆，根据试爆结果修改原设计，采取必要的防护措施，确保爆破飞石控制在有效范围内。

③ 当用钻机钻成爆破孔时，可采用钻杆带水作业或减少粉尘的措施。

④ 爆破拆除时，可采用悬挂塑料水袋于待爆破拆除构筑物各爆点四周或多孔微量爆破方法。

⑤ 在爆破完成后，可及时用消防高压水枪进行高空喷洒水雾消尘。

⑥ 防护材料可选择铁丝网、草袋子和胶皮带等。

⑦ 对于需要重点防护的范围，应在其附近架设防护排架，其上挂金属网。

(4) 爆破拆除尽量采用噪声小、对环境影响小的措施，如静力破碎、线性切割等。

① 采用具有腐蚀性的静力破碎剂作业时，灌浆人员必须戴防护手套和防护眼镜。孔内

注入破碎剂后，作业人员应保持安全距离，严禁在注孔区域行走。

② 静力破碎剂严禁与其他材料混放。

③ 在相邻的两孔之间，严禁钻孔与注入破碎剂同步进行施工。

④ 使用静力破碎发生异常情况时，必须停止作业，查清原因并采取相应措施确保安全后，方可继续施工。

(5) 对烟囱、水塔等高大建构筑物进行爆破拆除时，爆破拆除设计应考虑控制构筑物倒塌时的触地振动，必要时应采取在倒塌范围内铺设缓冲垫层和开挖减震沟等措施。

4) 拆除物的综合利用

(1) 建筑拆除物处置单位不得将建筑拆除物混入生活垃圾，不得将危险废弃物混入建筑拆除物。

(2) 拆除的门窗、管材、电线等完好的材料应回收重新利用。

(3) 拆除的砌体部分，能够直接利用的砖应回收重新利用，不能直接利用的宜运送统一的管理场地，可作为路基垫层的填料。

(4) 拆除的混凝土经破碎筛分级、处理后，可作为再生骨料配制低强度等级再生骨料混凝土，用于地基加固、道路工程垫层、室内地坪及地坪垫层等。

(5) 拆除的钢筋和钢材(铝材)经分拣、集中，再生利用，可再加工制成各种规格的钢材(铝材)。

(6) 拆除的木材或竹材可作为模板和建筑用材再生利用。亦可用于制造人造木材或将木材用破碎机粉碎，作为造纸原料或燃料使用。

5) 拆除场地的生态复原

(1) 拆除工程的场地应进行生态复原。

(2) 拆除工程的生态复原贯彻生态性与景观性原则和安全性与经济性原则。

(3) 当需要生态复原时，拆除施工单位应按拆除后的土地用途进行生态复原。

(4) 建筑物拆除后应恢复地表环境，避免土壤被有害物质侵蚀、流失。

(5) 建筑拆除场地内的沉淀池、隔油池、化粪池等不发生堵塞、渗漏、溢出等现象，并应有应急预案，避免因堵塞、渗漏、溢出等现象而导致对土壤、水等环境的污染。

项目实训

【实训内容】

进行绿色施工的项目实训(指导教师选择一个真实的工程项目或学校实训场地，带学生实训操作)，熟悉绿色施工技术和管理的基本知识，从绿色施工管理、环境保护、节材与材料资源利用、节水与水资源利用、节能与能源利用、节地与施工用地保护等方面进行全过程模拟训练，熟悉绿色施工管理技术要点和国家相应的规范要求。

【实训目的】

通过课堂学习结合课下实训达到熟练掌握绿色施工和国家绿色施工导则的要求，提高学生进行绿色施工管理的综合能力。

【实训要点】

(1) 通过对绿色施工的运行与实训，培养学生加深对绿色施工国家标准的理解，掌握绿色施工管理要点，进一步加强对专业知识的理解。

(2) 分组制订计划与实施，培养学生团队协作的能力，获取绿色施工管理技术和经验。

【实训过程】

1) 实训准备要求

(1) 做好实训前相关资料查阅，熟悉绿色施工有关的规范要求。

(2) 准备实训所需的工具与材料。

2) 实训要点

(1) 实训前做好交底。

(2) 制订实训计划。

(3) 分小组进行，小组内部分工合作。

3) 实训操作步骤

(1) 按照绿色施工要求，选择绿色施工方案。

(2) 模拟进行绿色施工方案的编制。

(3) 进行绿色施工成果分析。

(4) 做好实训记录和相关技术资料整理。

(5) 进行小组互评和最终评定。

4) 教师指导点评和疑难解答

5) 实地观摩

6) 进行总结

【实训项目基本步骤表】

步　骤	教师行为	学生行为
1	交代工作任务背景，引出实训项目	分好小组； 准备实训工具、材料和场地
2	布置绿色施工实训应做的准备工作	
3	使学生明确绿色施工实训的步骤	
4	学生分组进行实训操作，教师巡回指导	完成绿色施工实训全过程
5	结束指导点评实训成果	自我评价或小组评价
6	实训总结	小组总结并进行经验分享

【实训小结】

项目：		指导老师：
项目技能	技能达标分项	备 注
绿色建筑 施工管理	方案完善 得0.5分 准备工作完善 得0.5分 设计过程准确 得1.5分 施工措施合理 得 1.5分 分工合作合理 得1分	根据职业岗位所需，技能需求，学生可以补充完善达标项
自我评价	对照达标分项 得3分为达标 对照达标分项 得4分为良好 对照达标分项 得5分为优秀	客观评价
评议	各小组间互相评价 取长补短，共同进步	提供优秀作品观摩学习

自我评价________________ 个人签名______________

小组评价 达标率__________ 组长签名______________

良好率__________

优秀率__________

年 月 日

小 结

绿色施工作为建筑全寿命周期中的一个重要阶段，是实现建筑领域资源节约和节能减排的关键环节。绿色施工是指工程建设中，在保证质量、安全等基本要求的前提下，通过科学管理和技术进步，最大限度地节约资源并减少对环境负面影响的施工活动，实现节能、节地、节水、节材和环境保护(“四节一环保”)。

环境保护是按照法律法规、各级主管部门和企业的要求，保护和改善作业现场的环境，控制现场的各种粉尘、废水、废气、固体废弃物、噪声、振动等对环境的污染和危害。环境保护也是文明施工的重要内容之一。

为保障作业人员的身体健康和生命安全，改善作业人员的工作环境与生活环境，防止施工过程中各类疾病的发生，建设工程施工现场应加强卫生与防疫工作。

绿色施工技术要点包括绿色施工管理、环境保护技术要点、节材与材料资源利用技术要点、节水与水资源利用的技术要点、节能与能源利用技术要点、节地与施工用地保护的技术要点等6方面内容，每项内容又有若干项要求。

为了在建筑工程中实施绿色施工，达到节约资源、保护环境和施工人员健康的目的，国家制定《建筑工程绿色施工规范》GB/T 50905对绿色施工提出具体要求。

习　题

1. 什么是绿色施工？包括哪些内容？
2. 绿色施工基本原则有哪些？
3. 绿色施工基本要求有哪些？
4. 绿色施工环境保护技术要点有哪些？
5. 绿色施工节材与材料资源利用技术要点有哪些？
6. 绿色施工节水与水资源利用技术要点有哪些？
7. 绿色施工节能与能源利用技术要点有哪些？
8. 绿色施工节地与施工用地保护技术要点有哪些？
9. 土石方与地基工程绿色施工有何要求？
10. 基础及主体结构工程绿色施工有何要求？
11. 装饰装修工程绿色施工有何要求？
12. 建筑保温工程绿色施工有何要求？

参 考 文 献

[1] 中华人民共和国住房和城乡建设部. GB/T 50378—2019 绿色建筑评价标准[S]. 北京：中国建筑工业出版社，2019.

[2] 中华人民共和国住房和城乡建设部. 绿色建筑评价技术细则(试行)[S]. 北京：中国建筑工业出版社，2015.

[3] 中华人民共和国住房和城乡建设部. 绿色建筑评价标识管理办法[S]. 北京：中国建筑工业出版社，2007.

[4] 中华人民共和国住房和城乡建设部. 绿色施工导则[S]. 北京：中国建筑工业出版社，2007.

[5] 中华人民共和国住房和城乡建设部. GB/T 50640—2010 建筑工程绿色施工评价标准[S]. 北京：中国建筑工业出版社，2010.

[6] 中华人民共和国住房和城乡建设部. GB 50325—2010 民用建筑工程室内环境污染控制规范[S]. 北京：中国建筑工业出版社，2010.

[7] 中华人民共和国住房和城乡建设部. GB 50189—2005 公共建筑节能设计标准[S]. 北京：中国建筑工业出版社，2007.

[8] 中华人民共和国住房和城乡建设部. JGJ/T 132—2009 居住建筑节能检测标准[S]. 北京：中国建筑工业出版社，2009.

[9] 张希黔. 建筑施工中的新技术[M]. 北京：中国建筑工业出版社，2005.

[10] 白润波，孙勇，马向前，徐宗美. 绿色建筑节能技术与实例[M]. 北京：化学工业出版社，2012.

[11] 图书编写组. 绿色建筑施工新技术[M]. 郑州：黄河水利出版社，2012.

[12] 吴兴国. 绿色建筑和绿色施工技术[M]. 北京：中国环境出版社，2013.

[13] 杜运兴，李丛笑，张国强，尚守平，徐峰. 土木建筑工程绿色施工技术[M]. 北京：中国建筑工业出版社，2003.

[14] 卜一德. 绿色建筑技术指南[M]. 北京：中国建筑工业出版社，2008.

[15] 中华人民共和国住房和城乡建设部. GB50180—2018 城市居住区规划设计标准[S]. 北京：中国建筑工业出版社，2018.

[16] 程大章，沈晔. 论绿色建筑的运营管理[C]. 北京：第九届国际绿色建筑与建筑节能大会论文集，2013.